L’Homme microbiotique

Patrice Debré

L'Homme microbiotique

Odile Jacob

15, rue Soufflot, 75005 Paris

www.odilejacob.fr

ISBN : 978-2-7381-3337-3

À mes collaborateurs,
en souvenir des merveilleux moments passés avec eux
dans le cadre de la lutte contre le VIH
et les maladies transmissibles. Non pas pour tourner la page,
ce que je ne sais pas faire, mais pour continuer
à la remplir ensemble.

« Il est extraordinaire que la vie fonctionne en moi sans moi. »

Paul Ricœur

Introduction

C'était l'hiver. Il neigeait sur la campagne tourangelle. La porte de l'atelier où se trouvaient entreposées les toiles de mon père, le peintre abstrait Olivier Debré, laissait pénétrer quelques flocons qui venaient fondre au pied d'une immense toile rouge. Blanc et rouge, nature et abstraction lyrique, les couleurs qui auraient dû jurer de leurs contrastes étaient comme assourdies.

J'avais rencontré Madame M., jeune conservatrice, et la recevais ce jour-là dans ce lieu isolé car elle recherchait une œuvre pour une exposition dont elle était commissaire. Son attention, son choix surtout, s'était portée sur la toile, d'un rouge profond construit autour de grands aplats, qui était adossée à la charpente de la pièce. Mais l'œuvre avait un défaut. Elle était recouverte d'une sorte de voile translucide blanchâtre, une fausse membrane, comme une seconde matière qui cachait l'intensité et les valeurs du rouge. La toile en paraissait terne. La mue qui s'était installée endommageait l'œuvre et lui faisait perdre tout éclat. La décision de la conservatrice était pourtant prise : le tableau lui paraissait indispensable à l'exposition à venir et il fallait le restaurer. Sans doute ai-je esquissé alors un geste trop vague, car elle insista. La toile était trop longue, trop grande, trop fragile aussi, pour être déplacée. Il fallait faire la restauration sur place et elle s'en chargerait. Le froid, l'hiver, les jours enneigés à venir, aucun de mes arguments ne la dissuada.

Lorsque je revins quelques jours plus tard, la toile était d'un rouge vif, carmin, contrastant magnifiquement avec la campagne blanche. La pellicule avait disparu. La conservatrice guettait mon approbation ; elle devina ma surprise. « J'ai recouvert la toile de ma salive, centimètre par centimètre », dit-elle. Les enzymes et les microbes de sa bouche, le microbiote buccal, avaient fait le reste. J'appris que ce procédé était utilisé de toujours par les artisans pour raviver les couleurs. Les pages à venir montreront que la flore microbienne de nos tissus et muqueuses a aussi d'autres vertus et défis, quelle que soit la part que lui doit cet exploit…

L'homme abrite dans l'intestin des milliards de microbes qu'il nourrit de son alimentation. Ceux-ci en retour renforcent ses moyens de lutte contre les autres germes, ceux qui sont à l'origine des infections, en stimulant le système immunitaire, ou contribuent à la digestion. Chacun profite ainsi de l'autre avec un bénéfice réciproque. D'autres microbiotes, semblables sinon strictement identiques, peuplent la trachée, les bronches, le vagin, la peau. Cependant le partenariat dépasse l'échange. Il est à ce point indispensable à l'homme que nul ne peut survivre sans ces bactéries, virus, ou champignons qui prolifèrent en nous grâce à une extraordinaire symbiose. Les maladies infectieuses ont fait des microbes des êtres nuisibles et dangereux. Ils nous sont pourtant indispensables. Mais cette vie en partage, qui est le résultat d'un subtil équilibre, n'est pas sans danger lorsqu'il est rompu : les germes commensaux peuvent devenir néfastes. Obésité, cancer, troubles du comportement ou allergie leur sont aussi récemment rapportés lorsque le comportement ou la composition du microbiote sont modifiés.

La connaissance du microbiote est faite de découvertes disparates et fragmentées. Ce livre présente pour la première fois les mille et une facettes de la vie en commun de l'homme et des microbes, qui est une des plus fascinantes énigmes de l'histoire du vivant. Tenter d'en révéler quelques-uns de ses aspects, c'est entrer au cœur du mystère, dévoiler que l'homme n'est pas seul mais doit aux multitudes de micro-organismes qui vivent pour lui et avec lui, d'avoir franchi les milliards d'années qui nous séparent de leur première rencontre. Au-delà, il y a pour celui qui observe, l'étrange, la fascinante aventure du système immunitaire qui se façonne et se moule autour des signaux que lui procurent les germes, tolère ces micro-organismes étrangers, mais réagit aux dangers qu'ils peuvent induire. J'ai souhaité précisément apporter ce regard de l'autre, de l'immunologiste, en éveil à ces multiples avancées des sciences de la vie et de leur histoire, pour tenter de comprendre et de faire comprendre les rapports de l'homme et des microbes qui le peuplent et sont indispensables à la survie de cette étrange chimère.

Ce livre est construit autour des bienfaits et des risques de leur vie en commun, de leurs menaces, des défis aussi. Avoir plus de bactéries en nous que de cellules somatiques, celles qui composent nos organes, nous oblige à quelques devoirs et avant tout à les connaître... Le début de l'ouvrage reprend quelques-unes des notions qui sont utiles pour comprendre ce partenariat entre hommes et microbes qui font de la bactérie le héros du livre, même si l'homme en tourne les pages. Cette vie en partenariat peut paraître une étrange nécessité pour tous ceux qui lisent ou vivent chaque jour les risques d'Ebola et les perspectives des nombreuses autres épidémies qui menacent la planète. C'est pourtant ainsi. Les microbes sont ambivalents : tantôt ils nous menacent et nous détruisent, tantôt ils nous aident à vivre. Leur finalité est peut-être l'association durable, les maladies et morts qu'ils nous infligent ne sont sans doute que des états intermédiaires, des circonstances passagères qui préexistent à une intégration pacifique. Le mutualisme, le commensalisme des microbes qui vivent en nous ne sont-ils pas l'étape ultime, un partage des richesses, l'entente cordiale après la fin des combats ? Ainsi les germes les plus virulents s'atténuent et deviennent chroniques. À trop vouloir détruire, les microbes ne peuvent survivre.

Un destin qui illustre une telle évolution est celui d'un rétrovirus qui attaque les koalas d'Australie depuis une centaine d'années. Les chercheurs ont fait à leur propos une série de découvertes étonnantes. Dans certains cas il donne des leucémies qui déciment ces animaux. Mais chez certains le rétrovirus est totalement intégré au génome et se transmet sans dommage par les cellules germinales, de sorte qu'il n'est dangereux que pour une partie des marsupiaux. Pour les uns, il est un risque mortel, pour les autres, un bénéfice évolutif. Tout semble indiquer que ces animaux sont le témoin des différentes étapes, en temps réel, depuis l'interaction féroce entre le virus exogène et l'hôte, suivie de l'épidémie meurtrière, puis du partenariat symbiotique, et enfin de la fusion des deux génomes, avec un nouvel héritage génétique qui est la somme des deux génomes[1]. Le microbiote de l'homme partage de même avec son hôte bénéfice et risque. Les mitochondries, petits organites de nos cellules, dont on pense qu'il s'agit de bactéries ancestrales qui vivent en symbiose, ou encore les rétrovirus intégrés à nos génomes sont sans doute les premières formes de mutualisme entre l'homme et les microbes. Mais il est probablement indispensable que tout ne soit pas intégration et que la symbiose entre organismes distincts, sinon distants, puisse continuer d'exister pour favoriser la biodiversité.

On peut ainsi regarder l'évolution des espèces, non par le seul biais de la dynamique décrite par Darwin, qui va de la racine aux extrémités des embranchements, mais sous l'angle de l'union d'organismes différents, de génomes disparates évoluant pour leur propre compte, mais que la symbiose sélectionne pour un avantage évolutif de l'ensemble. La science découvre chaque jour les innombrables ramifications de la vie des microbes partagées avec l'homme. Mieux connaître la symbiose de l'homme et des microbes, est sans doute, tout autant que la lutte contre les infections, le moyen d'affronter les périls à venir. L'environnement de nos muqueuses, les sueurs et odeurs de l'homme sont une proie et une conquête pour ce monde des microbes qui recycle la vie, mais c'est aussi une vie en nous au bénéfice de notre condition humaine, sans laquelle nous ne pourrions exister.

1. Tarlington R., Meers J., Young P. R., « Retroviral invasion of the Koala genome », *Nature*, 2006, 442, p. 69-81.

CHAPITRE PREMIER

Ces microbes qui nous gouvernent

En 1698, Philippe de Dangeau (1638-1720), qui prétendait qu'on purgeait volontiers Louis XIV le dernier jour de la Lune, écrivait dans le *Journal de santé* :

> Le 30 de ce mois de Juillet, le roi se réveilla avant sept heures du matin et fit une grande selle de matière de bouse de vache. Il en fit encore deux dans la matinée et deux après dîner de manière détrempée. Le lendemain, il s'éveilla une heure avant minuit, fit une grande selle d'humeur qui n'empêcha pas le roi de dormir tranquillement le reste de la nuit [...] Il fut purgé le 13 de ce mois d'Août et le 29 septembre, chaque fois avec un très heureux succès, car [...] excepté le flux de ventre de trois jours qui valut une purgation, Sa Majesté se porta fort bien [...] (1).

Louis XIV et son médecin auraient sûrement été étonnés d'apprendre qu'il y a 100 milliards de bactéries dans 1 gramme de selles, autant que de cellules qui constituent notre cerveau, même si les neurones sont de plus grande taille. N'auraient-ils pas l'un et l'autre froncé le sourcil d'apprendre que, entre la bouche et l'anus, sur une surface considérable de près de 400 mètres carrés, plusieurs centaines de milliards de bactéries cohabitent, sans compter les virus et les champignons ? Ces bactéries qui dégagent parfois du méthane

– comme l'indique le flux de ventre de Sa Majesté, inconsciemment répandues à l'air libre par la purge du grand roi – vivent chez chacun d'entre nous. Convives commensaux, elles partagent notre alimentation, s'adaptent en parfaite symbiose au développement durable de notre vie. Elles dialoguent avec notre système immunitaire, nous protègent des intrus. Ce que les anciens appelaient microflore est aujourd'hui le microbiote.

Influencé par l'alimentation, le microbiote se diversifie avec l'âge, s'enrichit de nouveaux gènes au fil des ans. Les bactéries et autres microbes ne résident pas que dans l'intestin, ils parasitent aussi la bouche, la gorge, le nez, la trachée, les bronches, le vagin. Les microbes qui nous habitent nous sont propres : si certains d'entre eux vivent en partage chez tous les hommes, d'autres sont spécifiques à chacun. Noblesse du microbiote oblige, sa qualité ne dépend pas du rang ou de la richesse, mais de celle héritée de notre mère à la naissance, de notre table qui la module, de nos baisers qui la nuancent, de notre environnement qui la conditionne. Le microbiome[1], qui désigne leur aire de vie, correspond, comme pour tout être vivant, à un environnement spécifique avec ses conditions écologiques de température, teneur en hormone, état des muqueuses, obscurité (intestin), présence d'ultra-violets (peau), etc.

Et pourtant vous serez semblable à cette ordure,
À cette horrible infection,
Étoile de mes yeux, soleil de ma nature,
Vous, mon ange et ma passion !
Oui ! Telle vous serez, ô la reine des grâces,
Après les derniers sacrements,
Quand vous irez, sous l'herbe et les floraisons grasses,

1. Le microbiome désigne le plus souvent la niche écologique dans laquelle vivent les populations microbiennes intestinales. Toutefois, la première utilisation de ce terme faisait allusion à l'ensemble du matériel génétique de ces populations bactériennes. C'est dans ce sens que le terme a été utilisé pour la première fois dans un article fréquemment cité du microbiologiste J. Lederberg et de A. T. McCray, « Ome sweet omics – a genealogical treasury of words », *Scientist*, 2001, 15, p. 8.

Moisir parmi les ossements.
Alors, ô ma beauté ! Dites à la vermine
Qui vous mangera de baisers,
Que j'ai gardé la forme et l'essence divine
De mes amours décomposées (2).

Baudelaire (1821-1867) l'avait compris : les bactéries vivent en nous, avec nous, par nous et pour nous. Vivants, elles nous habitent ; morts, elles nous dévorent. La vie est un partage jusque dans le trépas, et l'homme une chimère…

Des flores du mal aux microbiotes

En 1878, Émile Littré (1801-1881) invente le mot « microbe ». Louis Pasteur (1822-1895) lui fit faire le tour du monde, bien avant qu'on comprenne qu'il fut à l'origine de l'évolution de la vie (3). Parce qu'ils sont observés au microscope, on parle de microscopiques êtres vivants, d'où le mot de « microbiologie » en référence à cette échelle de la vie. Car ces merveilleuses bestioles, dont l'association est comparée à la flore, doivent beaucoup à l'invention du microscope, capable de grossir suffisamment pour les voir. Son histoire est aussi la leur.

C'est dans les ruines de Ninive, en Irak, près de 750 ans avant J.-C., que fut découverte la plus vieille lentille grossissante connue, faite d'un cristal de quartz soigneusement poli (4). Les Grecs, les Égyptiens et les Romains, qui quant à eux utilisaient des verres ardents, sphères remplies d'eau pour allumer des feux, connaissaient l'effet grossissant des lentilles. Maints auteurs, tels Aristophane (450-385) dans *Les Nuées*, jusqu'à Sénèque (4-65), Pline (23-79), Plutarque (46-125) y font allusion. Les intailles montées en bagues qu'ont laissées les artistes grecs et romains nécessitaient à l'évidence l'emploi d'appareils optiques amplifiant. Mais il fallut attendre le XIIIe siècle pour voir naître les premières lunettes correctrices, et le début du XVIIe pour parler de véritables microscopes, ou plutôt de leur utilisation. Car, comme le rappelle le Larousse du XIXe siècle, « à côté de ceux qui ont vu, il y a la foule immense de ceux qui ont cru voir. Voir au microscope est une chose plus rare qu'on ne l'imagine… La bonne foi est presque aussi rare chez les observateurs au microscope que chez les hommes amateurs de somnambulisme, et l'illusion est à peu près également facile dans les deux cas (5) ».

La complexité et qualité de l'instrument devaient compenser la subjectivité et récompenser les plus audacieux. Ainsi certains attribuent à Zacharias Janssen (vers 1585-vers 1630), lunetier hollandais comme son père, le mérite d'avoir inventé à la fin du XVIe siècle le microscope composé d'un simple tube muni de deux ou plusieurs lentilles. La décennie voit également naître le télescope. Mais la lunette simple va longtemps prévaloir, et c'est à travers elle que la science du microscope prend son essor. Elle est dominée par les travaux de l'Anglais Robert Hooke (1635-1703) et ceux d'Antoni Van Leeuwenhoek (1632-1723). Né sur l'île de Wright, Hooke travaille longtemps sur des sujets aussi variés que la physique, la théorie ondulatoire de la lumière, l'astronomie et la mécanique. Ces sciences le mènent à l'usage du microscope qui lui ouvre les portes d'un monde invisible. Illustré de superbes gravures, parmi lesquelles une respectable puce de 40 centimètres, son livre *Microbiographie* se vend comme un best-seller. On doit surtout à Hooke l'observation des cellules, qu'il nomme ainsi en référence à l'organisation des alvéoles du miel dans les ruches des abeilles (6). La ressemblance est frappante parce que le savant britannique observe une coupe d'écorce de chêne-liège composée d'un agencement répétitif de cavités vides et desséchées. Il analyse aussi la structure des racines, mais Hooke s'intéresse plus aux formes qu'à la description de la vie malgré les quelques micro-organismes qu'il examine avec son appareil : moisissures, acariens, anguillules du vinaigre.

Le second virtuose du microscope est Antoni Van Leeuwenhoek, drapier de Delft, où il naquit en 1632. L'utilisation du compte-fils l'inspira-elle ? Quoi qu'il en soit, il se lance dans l'observation du monde invisible, fabriquant lui-même son microscope à l'aide d'une seule lentille presque sphérique, enchâssée dans une plaque métallique. En 1674, il décrit les globules rouges, l'année suivante des animaux couverts de cils nageant dans une goutte d'eau, nos paramécies d'aujourd'hui. Il multiplie les observations et les rapports à la Royal Society de Londres. On lui doit les premières descriptions des spermatozoïdes, des protistes, et surtout celle des bactéries qu'il distingue selon leurs formes rondes, allongées ou spiralées. Il les rencontre d'abord en 1683 dans un prélèvement de plaque dentaire et signe ainsi, bien involontairement, la première description du microbiote buccal. Il est frappé par la prolifération de ces créatures qui pullulent dans les bouches : « Il y a plus d'"animaux" qui s'accumulent sur les dents de chacun de nous que d'êtres vivants dans tout le royaume, en particulier chez ceux qui ne se lavent jamais les dents (7). » Ses travaux, principalement ses dessins, devaient le rendre célèbre. Les aficionados du petit monde de la vie venaient de toute l'Europe pour assister à des démonstrations sur lames. Mais plus couturier que scientifique, et meilleur observateur que théoricien, il n'en tire aucune leçon, et passe à côté de l'universalité de la cellule, unité structurelle et fonctionnelle du monde vivant.

En fait, la science des micro-organismes devint expérimentale grâce à l'Italien Lazzaro Spallanzani (1729-1799), professeur de sciences naturelles, un enseignement qui le mettait assez naturellement au contact des microbes. Pour les problèmes qu'ils lui posaient, notamment pour mieux les caractériser, le savant devait réaliser un grand nombre d'expériences de laboratoire. Il fut ainsi le premier à avoir l'idée de cultiver les micro-organismes dans des bocaux contenant du jus de viande, montrant que ceux-ci n'étaient troublés par les « animalcules » que s'ils conservaient un contact avec l'air et n'avaient pas été bouillis. Mais les savants aiment le débat. Cette expérience devait être contredite par John Needham (1713-1781), observateur habile et surtout prêtre catholique, circonstance qui, remarque Pasteur, s'offre comme garant de la sincérité de ses convictions. En 1745, il fait paraître un ouvrage dans lequel il affirme que les animalcules naissent par génération spontanée.

Avec son ami Buffon (1707-1788) il défend cette hypothèse purement spéculative pour appuyer leur théorie, non moins spéculative, des « molécules organiques ». Tout animal est formé de ces parties élémentaires indestructibles qui survivent à sa disparition en tant qu'individu, et peuvent à tout moment s'assembler pour produire un nouvel organisme. Dans cette hypothèse les bactéries naîtraient des molécules recyclées… Si Spallanzani avait raison, comme le souligne Voltaire, la controverse reste sans vainqueur. Repris par Félix Archimède Pouchet (1800-1872), qui se fait le chantre de la théorie de la génération spontanée, le débat rebondit, fait sortir Pasteur de son silence, et même de ses gonds. Il s'empare du sujet avec la passion qui le caractérise et s'engage dans le débat pour montrer que la génération spontanée n'a pas lieu d'être. Les microbes n'apparaissent pas spontanément.

C'est à travers ses travaux sur l'écologie microbienne, en démontrant la présence de germes dans l'air ambiant de son laboratoire de la rue d'Ulm, qu'il cultive dans ses tubes à col-de-cygne, et en affirmant leur absence dans les sommets enneigés des Alpes, que Pasteur déboute définitivement Pouchet et ses chimères sur l'émergence de la vie. Vainqueur du débat, Pasteur ne s'intéressait pas seulement à contrer une théorie oiseuse, elle lui avait permis d'entrer dans le monde des microbes et de faire ses armes là où l'on avait besoin de sa rigueur et de son imagination, au cœur de cette science naissante qu'était alors la microbiologie. Il devait s'y jeter à corps perdu, abandonnant la chimie qui avait auréolé ses premiers travaux, à l'exception des pesées de poudre de corps aromatiques pour ses premiers bouillons de culture. Avec Pasteur, et ses contemporains, la microbiologie prit son essor et l'on rapprocha l'homme du microbe pour décrire leur lutte, comme leur possible symbiose, leur vie commune, sinon communautaire.

Pendant longtemps, il n'a pas été évident que microbes et homme se côtoyaient pour de bonnes et de mauvaises raisons, pour la coexistence pacifique ou l'agression infectieuse. Et si on commençait à accepter la saturation des germes dans l'air ambiant, on était loin d'imaginer leur pullulement dans l'obscurité de nos entrailles. D'ailleurs jusqu'au XIXe siècle, les préoccupations de la science devaient s'éloigner du petit monde. En 1839, Theodor Schwann (1810-1882) propose une théorie cellulaire universelle du monde vivant rassemblant animaux et plantes. Il énonce qu'elles sont constituées d'une unité fonctionnelle : la cellule. « Les cellules sont des organismes et les animaux comme les plantes sont les agrégats de ces organismes suivant des lois définies (8) ». Le microbe était loin de prendre toute sa part dans ces nouvelles communautés de cellules.

Il fallut passer par la pathologie pour s'intéresser aux microbes commensaux. La société ne conduit-elle pas plus souvent les scientifiques à s'intéresser au mal plutôt qu'au bien, aux maladies plus qu'à la physiologie ? Les désastres ont toujours été source de connaissance. L'histoire des bactéries débute ainsi par la recherche des causes des maladies infectieuses. Pourtant, durant de longues années au XIXe siècle, le germe n'attire pas l'attention en tant qu'agent de morbidité, encore moins par sa présence dans les tissus humains. De fait, l'idée que des êtres vivants étrangers à l'organisme puissent s'y implanter et modifier la physiologie ne va pas de soi. Il a d'abord fallu débattre du rôle des germes sur la morbidité et la mortalité des maladies infectieuses pour en admettre l'existence. Or, au début du XIXe siècle, le microbe comme agent de morbidité est loin d'avoir conquis ses lettres de noblesse. Au moment où le chimiste allemand Justus von Liebig (1803-1873) et ses disciples triomphent en minimisant ou rejetant la responsabilité de la levure dans la fermentation, Charles Cagniard de Latour (1777-1859) et Theodor Schwann sont les seuls à vainement plaider en faveur de l'action délétère des micro-organismes. Cytologie et bactériologie auraient pourtant dû voguer de concert. Il est paradoxal que leurs études aient tant divergé. Mais ne regardant que ce qu'ils cherchent à voir, le tissu ou la cellule, les scientifiques de l'anatomie dite pathologique, qui ont dominé la médecine au début du XIXe siècle, ont tendance à ignorer le germe. En bref, on s'intéressait plus aux formes qu'aux fonctions, à l'image plutôt qu'au récit, aux symptômes qu'aux causes de leur apparition.

Pourtant, certains anatomopathologistes se sont intéressés au rôle du microbe dans les lésions pathologiques. Jakob Henle (1809-1885), à qui l'on doit la description du tissu rénal, est un des précurseurs qui ont plaidé en faveur de la théorie microbienne des maladies infectieuses. En 1840, il publie ses recherches pathologiques, faisant la synthèse de nombreuses études qui prouvent définitivement que des agents infectieux peuvent être cause de maladies. Il anticipe sur les principes que mettra en application son élève Robert Koch pour démontrer le rôle causal des agents infectieux, dont il faut constater la présence, puis qu'il faut isoler et cultiver pour reproduire la maladie par inoculation.

Ce n'est qu'en 1825 qu'Agostino Bassi (1773-1856), de Lodi, démontre que la muscardine du ver à soie est provoquée par un parasite. Peu après, Johann Lukas Schönlein (1793-1864) identifie la cause de la teigne et montre que des champignons microscopiques peuvent nuire à l'homme. Vers le milieu du XIXe siècle, on se trouve ainsi poussé à admettre que des organismes difficilement visibles à l'œil nu, le plus souvent des parasites, sont responsables de certaines maladies de la peau et des muqueuses comme l'herpès tonsurant, le muguet, la gale. Ce faisant, on se limite à des infections locales et bénignes sans aborder le concept de maladies infectieuses, ni reconnaître que des microbes peuvent être à l'origine de fléaux tels la peste, le choléra ou la fièvre puerpérale, encore moins qu'elles puissent vivre en nous. De fait, ce sont les bactéries pathogènes qui attirent d'abord l'attention. Robert Koch (1843-1910) et Louis Pasteur, par leurs expériences de cultures de microbes diluées pour l'un dans le sérum, pour l'autre dans l'urine, allaient démontrer leur rôle dans les maladies infectieuses et, par là même, l'interaction qu'ils pouvaient avoir avec l'individu. Mais l'identification des germes est restée longtemps une opération délicate surtout quand on ne disposait pas des techniques de coloration. Il fallait un œil très entraîné comme celui de Pasteur, pour tenter d'isoler et de reconnaître les souches bactériennes. En fait, pour identifier un microbe, il s'agit de trouver un milieu de culture approprié à son développement. En intervenant sur la composition de ce bouillon, on tenait là un moyen de sélectionner les bactéries et on tentait de favoriser par repiquage la pousse de telle ou telle autre souche.

C'est au cours de ses travaux en chimie fermentative, à l'occasion des études sur les levures, que Pasteur s'était aperçu du rôle primordial du milieu de culture sur la prolifération des germes. Il avait compris que la levure qui vit réutilise à son profit les composés de la levure qui meurt. Dans le cas de la production alcoolique par levure de bière, Louis Jacques Thénard (1777-1857) avait le premier émis cette hypothèse, mais il avait buté sur une observation incompréhensible pour lui : on retrouvait après fermentation moins de levures qu'on en avait au départ, sans pour autant déceler la quantité d'azote qui devait provenir de leur destruction. Pasteur poursuit l'expérimentation et découvre que l'azote des levures mortes est réutilisé par les levures vivantes pour leur propre synthèse. Il n'apparaît donc pas sous la forme d'un gaz, mais d'un composé organique. Il en est de même pour le sucre : le carbone est utilisé pour de nouvelles levures. Il ne reste plus qu'à identifier quels autres composés devaient être indispensables à cette prolifération microbienne. Pasteur découvre qu'il faut également des sels minéraux et décrit ainsi les bases des milieux de culture. Cette découverte indique que pour se multiplier, le germe doit trouver les ingrédients nécessaires à son développement dans son environnement. Mais la réciproque est également vraie : la détermination de ce qui contribue à la croissance d'un germe devient une méthode d'identification bactérienne.

Le bouillon de culture

Le bouillon de culture s'impose comme un outil essentiel pour le diagnostic bactériologique. Pasteur et ses contemporains vont adapter leurs laboratoires à ces techniques nouvelles : à chaque germe sa recette. Pasteur décrit de nombreux milieux qui favorisent la multiplication de la levure lactique ou alcoolique, le développement de la bactérie charbonneuse ou encore celle du choléra des poules. Urine neutre, bouillon de muscles, eau peptonée et autres milieux permettent l'identification du pneumocoque, du staphylocoque, du vibrion butyrique ou septique. La compétition entre bactériologistes est ainsi faite d'armes qui ne sont souvent que des recettes de cuisine. D'autres méthodes allaient compléter les premiers dispositifs de cultures et de caractérisation des microbes. Ainsi celle utilisant l'agar-agar, produit gélifiant obtenu à partir d'une algue rouge, un procédé mis au point en 1881 par le découvreur du bacille de la tuberculose, Robert Koch, en observant la manière dont sa femme faisait les confitures. La technique dite en plaques de Pétri, du nom de son élève Julius Richard Pétri (1852-1921), compléta la formule quelques années plus tard par étalement de la gélose dans des boîtes cylindriques. Il faut penser que les chercheurs tentent de découvrir ce que notre organisme fait si bien pour faire proliférer en nous nombre de bactéries. S'il faut trouver pour chaque espèce les ingrédients nécessaires, nos muqueuses ont leurs secrets. Elles ont su produire le milieu qui convenait à certaines souches et la sélection naturelle a opéré ensuite au bénéfice des deux parties.

Le champ d'investigation est si vaste que la moindre étude peut devenir un progrès, surtout si l'on ajoute à la diversité des recettes, l'exploration de nouveaux territoires de chasse aux microbes. Charles Chamberland (1851-1908), un des collaborateurs de Pasteur, se plaignait régulièrement de souffrir de nombreux furoncles sur le cou, la nuque et la cuisse. Pasteur lui propose de se prêter à une expérience. On est en juin, il fait chaud et sur son col cassé,

Chamberland transpire abondamment. Pasteur effile une pipette de verre et demande à son collaborateur de pencher la tête en avant. Il prélève un peu de pus qu'il dépose dans deux bouillons : l'un du muscle de poule, l'autre de levure. Le lendemain, les deux liquides sont troubles et remplis de germes, mais l'aspect diffère selon le milieu. Dans l'eau de levure, les microbes sont dispersés ; avec le bouillon de poule, ils se groupent en amas et collent aux parois. Pasteur vient ainsi de mettre en évidence le staphylocoque, le plus fréquent de nos germes pathogènes (9).

À quelque temps de là, en février 1880, Odilon Lannelongue (1840-1911), chirurgien réputé pour ses travaux sur les infections osseuses (l'ostéomyélite), demande à Pasteur de venir observer un cas à l'hôpital Trousseau. Il doit opérer une petite fille d'une douzaine d'années qui souffre d'une tumeur au genou droit. Après une longue incision, Lannelongue fait jaillir un pus abondant que recueille Pasteur venu avec ses bouillons. Penché sur la table d'opération, il sort ses tubes, prend le pus qui s'écoule puis retourne dans son laboratoire les poches remplies de son précieux chargement. Au microscope, l'aspect du pus ne montre qu'un amas confus et feutré, mais le liquide est mis à l'étuve. Quelques heures plus tard, Pasteur observe que les microbes se développent ; il note alors avec surprise qu'il est devant le même type de bactéries qu'il a observé dans les furoncles de Chamberland. L'ostéomyélite est un furoncle de la moelle de l'os, affirme-t-il sans hésitation. Il vient de découvrir que le staphylocoque peut provoquer des infections non seulement cutanées mais aussi osseuses et que l'ostéomyélite, dont on ignorait jusqu'ici la cause, est une infection staphylococcique (10).

Des furoncles de Chamberland à l'ostéomyélite d'Odilon Lannelongue, Pasteur, ses contemporains et leurs élèves, apprirent à traquer les bactéries. D'abord dans les plaies et les os infectés, puis au cours des maladies infectieuses pour en caractériser les germes responsables, avant de s'apercevoir que les microbes étaient partout et colonisaient aussi l'homme sain. La théorie microbienne doit beaucoup au bouillon de culture, mais comme tout procédé, aussi établi soit-il, et malgré l'immensité des services rendus, la technique a ses limites. De nombreuses bactéries, en particulier celles du microbiote intestinal, ne sont en effet pas cultivables. Ici la boîte de Pétri devient un obstacle, et il sera presque aussi difficile d'apprendre à s'en départir qu'il ne l'avait été de la concevoir.

À l'époque de Pasteur, les bouillons remportent la première victoire du laboratoire sur la clinique, une découverte au bénéfice de l'homme malade comme de l'homme sain. Mais le laboratoire doit rendre un diagnostic. Or la détection des germes franchit une étape supplémentaire quelques années plus tard, en associant la couleur à la forme, passant des ombres chinoises au technicolor grâce à l'ingéniosité du bactériologiste danois Hans Christian Gram (1853-1938).

Avant d'entamer des études médicales, Gram avait étudié la botanique, ce qui explique son intérêt pour les propriétés des gentianes. Ses nombreux voyages à travers l'Europe sont l'occasion de maintes rencontres avec des bactériologistes et des anatomopathologistes. Il est à Berlin en 1884 lorsqu'il observe chez un patient décédé de pneumonie que certains colorants sont retenus par les bactéries. Le violet de gentiane, ces magnifiques fleurs d'altitude, le mordançage au lugol, puis la décoloration à l'alcool inspirée d'une pratique de pharmacie, démontrent que certaines bactéries sont enveloppées d'un grillage serré de chaînes de sucre qui fixe le colorant. Modeste, « j'ai publié la méthode et comprends que c'est imparfait (11) », il imagine cependant que le procédé pourrait être utilisé par d'autres. Car c'est une découverte majeure, au moins pour les traqueurs de microbes qui distinguent désormais deux groupes de bactéries : les Gram + et les Gram -. Hans Gram disqualifie l'allusion du Larousse au somnambulisme à propos de l'usage de microscope. L'histoire ne dit pas si l'association de son nom tantôt à du positif, tantôt à du négatif, même s'il s'agit toujours de microbes, fit plaisir au savant danois.

Par ces méthodes de culture et de coloration, on apprit que les bactéries étaient de petits organismes constitués d'une seule cellule.

Les virus, qui ne sont pas des êtres unicellulaires mais des machines parasitaires, rejoignirent plus tard les bactéries et les parasites dans la nomenclature de cette science née à la fin du XIXe siècle. On comprit que le microbe formait un monde peuplé d'espèces, de familles et de variétés différentes. Il y a cinquante milliards de fois plus de bactéries que d'étoiles dans l'univers connu, et cent cinquante milliards de fois plus que d'hommes vivants sur la Terre. En inventant la respiration et la photosynthèse pourvoyeuse d'énergie à partir de la lumière du soleil, sans lesquelles ne seraient ni plantes, ni arbres, ni fleurs, elles sont à l'origine de l'évolution de la vie. Libres ou fixées, solitaires ou agrégées, à l'état végétatif ou bien encore sous forme de spores, les bactéries investissent aussi bien les forêts, les déserts, les glaces polaires, l'eau brûlante des sources volcaniques, l'air que nous respirons, que la bouche des castors, l'intestin des termites et le dessous de nos aisselles. Elles s'adaptent à chaque milieu ; elles s'adaptent à l'homme. Chaque espèce bactérienne manifeste des tolérances et des préférences vis-à-vis des facteurs de son environnement, qu'il s'agisse d'oxygène, de température, d'humidité, de salinité ou d'acidité. Jusqu'au XIXe siècle, les naturalistes partageaient le monde vivant en deux règnes : animal et végétal. Les plantes et les champignons étaient classés dans le règne végétal, les petits parasites et les hommes dans le monde animal, les bactéries dont on ne savait que faire dans l'un ou l'autre. En 1870, l'Allemand Ernst Haeckel (1834-1919), qui pensait que la biologie était fortement apparentée avec l'art, tenta d'ordonner l'ensemble en rassemblant dans un même groupe, les protistes, les algues, les parasites et les champignons. Il inventa le premier arbre phylogénétique reconstituant l'histoire évolutive des êtres vivants (12). Il fallut l'arrivée du microscope électronique en 1937 pour observer la structure interne des cellules et révéler l'existence de deux organisations distinctes aujourd'hui devenues la base de la classification du vivant.

Dans l'une de ces branches du vivant qui englobe les bactéries, le chromosome n'est pas entouré d'une membrane. Ces cellules sans noyau caractérisent les procaryotes. Dans l'autre, qui regroupe les cellules animales, celles de l'homme, des plantes, et de certains parasites, existe un noyau qui signe l'appartenance au règne des eucaryotes. Deux règnes, à une membrane près, semblent ainsi constituer le monde vivant. Mais les scientifiques sont friands de ces considérations qui mettent à bas les certitudes de la veille. C'est ainsi qu'on parvint à découvrir un nouvel embranchement à l'arbre du vivant, celui des bactéries de l'extrême.

Les bactéries de l'extrême

En 1977, l'Américain Karl Woese (1928-2012), qui étudie la parenté génétique de populations de bactéries capables de synthétiser le méthane, découvre que leurs molécules diffèrent à la fois des autres bactéries et de celles des eucaryotes, et offre superbement à *Sulfolobus acidocaldarius* un nouveau règne. *Sulfolobus acidocaldarius* avait été isolé par Thomas D. Brock dans une source d'acide bouillant (13), une découverte qui ne doit rien au hasard car ce biologiste s'intéressait aux conditions de vie extrêmes. Quelques années auparavant, il s'était installé aux abords du parc de Yellow Stone dans un magnifique site au pied des montagnes, au milieu des bisons, des loups, des ours, à proximité de l'arc bouillonnant et multicolore d'où jaillissent les geysers. Brock s'intéressait à la végétation qui tapissait les bords des lacs. C'est là qu'il découvrit ces curieuses bactéries qui aiment l'acide et donnent une couleur chatoyante à ces eaux, allant du bleu turquoise au rouge vif en passant par le jaune et l'ocre. *Sulfolobus* n'occupa pas longtemps ce nouveau règne à elle seule. Elle fut vite rejointe par toute sorte de bactéries qui vivent dans les milieux extrêmes et qui appartiennent à ce nouveau domaine de la vie, celui des archées ou archéobactéries, par opposition aux eubactéries. Ces bactéries de l'extrême, qui vivent dans des conditions thermiques et de pH habituellement hostiles à la vie, habitent les lacs salés ou la mer Morte, envahissent les marais salants qu'elles colorent d'un dégradé allant du rouge au pourpre, ces micro-organismes capables de vivre dans le pétrole ou à plusieurs centaines de mètres de profondeur produisent une part importante du méthane atmosphérique et contribuent ainsi au réchauffement de la planète par augmentation de l'effet de serre. On les trouve dans les tourbières, au fond des océans, dans les glaciers, dans les sources chaudes, les calottes polaires… Elles existent chez l'homme, au plus profond de ses entrailles.

Quant aux autres bactéries, les eubactéries qui rassemblent l'essentiel des bactéries, il en existe des rondes, en bâtonnets, de formes irrégulières, d'autres qui font des spores ou n'en font pas, qui ont besoin d'oxygène ou se multiplient en son absence, qui fixent l'azote, facilitent le transit intestinal, s'établissent dans le sol, qu'elles soient partagées ou indispensables à la vie sur Terre, qu'elles aient ou non comme Protée, le fils de Poséidon, la capacité de métamorphose, d'où le nom de protéobactérie. Les bactéries sont des êtres vivants et comme tels, elles sont capables de se reproduire, se nourrir, excréter, respirer, communiquer. À la fin du XXe siècle, 4 760 espèces de bactéries avaient été décrites, soit 12 % seulement des 40 000 espèces estimées.

La Terre est âgée de 4,5 milliards d'années, les plus vieux fossiles de bactéries trouvées dans des formations calcaires récifales datent de 3,5 milliards d'années. Les premiers hominidés sont apparus 7 millions d'années avant notre ère et les traces de l'homme (*Homo sapiens*) ne datent que de 200 000 ans. Si toute l'histoire de la Terre devait être condensée en 12 heures, les bactéries, première manifestation de vie, apparaîtraient à 2 h 45. Elles occuperaient la scène durant 9 heures et 15 minutes et l'homme ne serait présent que durant la dernière seconde de cette horloge du temps. Mais depuis que l'homme existe, les bactéries parasitent sa peau, ses intestins, sa bouche. L'homme fait partie de leur habitat. Faut-il admettre avec le paléontologue Stephen Jay Gould (1941-2002) que « l'homme n'est que le résultat hasardeux de l'évolution des vivants et ne constitue en rien son apogée (14) » ? Quoi qu'il en soit, l'histoire se poursuit, l'homme et ses bactéries commensales évoluent maintenant de concert.

Une sexualité et des poils

Si l'on admet qu'un organisme vivant doit croître et se multiplier, sa survie dépend de son environnement. Pour les microbes comme pour l'éléphant, la règle est la même : trouver l'adéquation entre le milieu et les gènes sélectionnés au fil des générations, créer les conditions propices pour se reproduire. Les bactéries évoluent ainsi, par sélection de leur patrimoine génétique par l'environnement qui leur convient le mieux, celui qui favorise leur croissance et prolifération. Quant à celles douées de mobilité, elles peuvent partir à la recherche de cet Eldorado qu'il leur faut conquérir, l'homme y compris. Bref, il faut des gènes pour emmagasiner l'énergie, des cils vibratiles pour se déplacer, autrement dit du combustible et des bras. Les bactéries du microbiote se définissent à l'aune de ces caractéristiques et aussi à l'histoire de leurs découvertes.

C'est par des bactéries qu'un savant méconnu comme Mendel, Oswald Avery (1877-1955), devait établir un point capital en génétique : les gènes sont constitués d'acide désoxyribonucléique, le fameux ADN. Avery travaillait au prestigieux Institut Rockefeller de New York où il cherchait à caractériser les pneumocoques responsables des pneumonies. Il était réputé pour sa fine analyse des bactéries. Il avait montré que les pneumocoques sont dotés de véritables coques qui les protègent des défenses immunitaires et leur confèrent un caractère potentiellement infectieux. Or, tandis que les bactéries encapsulées causent des pneumonies, il en est des variants sans coque qui ne sont pas pathogènes. En 1928, un médecin du service de santé britannique, Fred Griffith (1879-1941), avait observé un étrange phénomène. En injectant en même temps à des souris des bactéries encapsulées mortes et des bactéries sans coque vivantes, ces dernières étant théoriquement non pathogènes, les animaux mouraient quand même. Une des seules explications était d'admettre que les bactéries sans coque sont elles-mêmes devenues encapsulées. Il y aurait eu en quelque sorte transformation d'une forme en l'autre. Une telle hypothèse supposait qu'une information conditionnant le caractère lisse dû à la coque avait été transmise des bactéries tuées aux bactéries vivantes.

Pour aller plus loin, Avery tenta d'identifier le facteur transformant qui donnait l'information aux bactéries sans coque de changer de configuration. Étape après étape, Avery chercha à purifier le facteur transformant. Combien de fois ce petit bonhomme rondouillard qui portait des lorgnons n'avait-il pas été tenté de jeter sa préparation par la fenêtre car ses résultats le laissaient perplexe ? L'expérience ne mit en évidence aucune protéine, même pas une enzyme. Le message semblait être transmis par une autre substance composée d'acides nucléiques. Cette découverte, qui identifiait la composition chimique des gènes, séquence moléculaire porteuse d'hérédité et située sur les chromosomes, est certes une avancée incalculable. Mais Avery eut du mal à convaincre ses propres collègues de l'Institut Rockefeller. On trouva mille arguments pour contredire ses expériences, on l'accusa en particulier d'avoir contaminé sa préparation par l'une ou l'autre des enzymes bactériennes. On pourrait répondre qu'aux températures d'extraction où le facteur avait été isolé, les protéines sont largement détruites, mais la vraie résistance à la découverte scientifique était plus d'ordre épistémologique : les résultats paraissaient si extraordinaires qu'on ne savait ni comment réagir, ni que faire d'une telle observation. La transformation du pneumocoque lisse ou rugueux est peut-être un phénomène à part, original, mais en soi rien ne saurait légitimer sa généralisation. Avery avait 67 ans au moment de sa découverte.

Ces travaux n'ont pas fait de lui un chantre de la science. Il n'avait pas le charisme pour s'imposer, d'autant qu'il existait des résultats contradictoires. Son travail était jugé imprécis et peu reproductible. Il faut dire que l'espèce moléculaire, l'ADN, a de quoi intriguer et les résultats ont leur limite. On imagine difficilement que la complexité génétique soit associée à un composant biochimique aussi simple et répétitif. D'autres cependant reprirent la balle au bond. En 1927, Avery rendit sans le savoir un grand service à la compréhension du microbiote en recrutant pour le compte de l'Institut Rockefeller un jeune microbiologiste spécialiste des sols, le Français René Dubos, futur découvreur du premier antibiotique et grand explorateur des bactéries qui nous habitent.

Le sexe des bactéries

C'est en 1945 qu'un étudiant de 19 ans de l'Université Columbia à New York, Joshua Lederberg (1925-2008), ayant lu l'article d'Avery, tombe sur la problématique et la trouve si excitante qu'il décide de s'atteler à la question. Il imagine alors – fallait-il avoir 19 ans pour nourrir l'intuition d'un tel comportement ? – que le phénomène repose sur une sexualité bactérienne. Il s'attaque au problème avec des bactéries qui ne peuvent croître qu'en présence d'acides aminés ou de certaines vitamines. Qu'obtient-on lorsqu'on cultive ensemble deux souches de bactéries mutantes : l'une dont la croissance nécessite un acide aminé spécifique et qui trouve en elle-même les moyens de synthétiser les indispensables vitamines, l'autre qui montre une déficience vitaminique, mais qui peut produire l'acide aminé considéré ? Les bactéries peuvent-elles conjuguer leur potentiel génétique et se passer d'un apport extérieur en vitamines et en acides aminés ? C'est effectivement ce qu'observe Lederberg. Lorsqu'on étale les bactéries sur la gélose, point n'est besoin d'ajouter des acides aminés ou des vitamines, des colonies apparaissent et, bien que rares, elles peuvent proliférer sans aide nutritive. Une seule hypothèse pour expliquer le phénomène : les bactéries se sont accouplées, une information génétique a été transmise de l'une à l'autre.

Lorsqu'il présente ses résultats au congrès de Cold Spring Arbor en 1946, Lederberg est convaincu qu'il s'agit d'une vraie union sexuelle, de la fusion de deux cellules qui mettent en commun leurs gènes comme le font le spermatozoïde et l'ovule. Quelques années plus tard, l'Irlandais William Hayes (1913-1994) confirme que les partenaires de sexualité ont des rôles clairement définis : certaines bactéries se comportent bel et bien comme des mâles et transmettent l'information, tandis que d'autres agissent comme des femelles et la reçoivent. À 21 ans, si le phénomène est rare, Joshua Lederberg peut se vanter d'avoir fait entrer les bactéries dans le monde des êtres sexués et d'avoir montré que les organismes vivants les plus simples sont doués de sexualité. Si ce mécanisme n'est pas le seul mode d'échange génétique entre bactéries, il faut reconnaître que le monde du vivant se trouve ainsi en partie unifié autour de mécanismes de reproduction. L'évolution des espèces est liée à la reproduction des organismes régulés par une structure : le gène. Le brassage des gènes entre sexes mâle et femelle favorise la biodiversité et l'adaptation à l'environnement – un moteur de la vie ! À propos des expériences de Lederberg, certains suggèrent que l'échange n'est pas chromosomique et qu'il pourrait être question du seul échange d'enzymes. Le jeune scientifique n'a pas de mal à répondre : isolant sous son microscope les bactéries complémentées, il peut les répliquer et les faire proliférer en montrant qu'elles ont acquis des caractères distincts de génération en génération.

Transposition et mutation

Ces fonctions, au moins pour les bactéries, dépendent des échanges de matériel génétique qui ne se réduisent pas à la sexualité. Au-delà de la transformation, phénomène décrit par Griffith pour caractériser l'intégration de gènes au contact de cadavres bactériens, et de la conjugaison étudiée par Lederberg par transfert actif entre mâle et femelle, il existe d'autres occasions pour l'ADN de se modifier. Des gènes peuvent produire des enzymes capables de déplacer une partie de l'ADN d'un point à l'autre du génome : c'est la transposition. Les bactéries s'adaptent ainsi aux circonstances du moment. Un gène empêche-t-il la production d'une enzyme indispensable ? S'il est déplacé, l'enzyme est produit. Dans d'autres cas, les gènes peuvent être copiés et insérés ailleurs.

Mais un des phénomènes les plus connus, qui bouleverse l'architecture et la lecture des gènes, est la mutation. Les mutations sont des modifications dans les séquences d'ADN qui forment les gènes. La stabilité du message génétique est certes nécessaire pour garantir celle des caractères vitaux. La vie elle-même est stabilisée par la redondance du code génétique qui permet de limiter les effets néfastes des erreurs de transcription et de traduction au moment de la synthèse des protéines. Pourtant l'évolution des espèces et la production de biodiversité imposent que la langue génétique soit une langue vivante. Elle doit être apte à se modifier au cours du temps par la transformation des mots et l'intégration des mots nouveaux.

Ces variations génétiques sont faites de mutations spontanées ou induites. Elles correspondent à des modifications de séquence de nucléotide de la molécule d'ADN. Leurs effets peuvent être néfastes, apparemment neutres ou bénéfiques. Certaines sont ponctuelles ne touchant qu'à la substitution d'une base nucléique, d'autres se traduisent par l'addition ou la délétion de plusieurs bases, voire d'un fragment entier d'ADN, et auront alors plus de conséquences car elles altèrent le plan de lecture du gène. Bien que la fréquence d'apparition des mutations soit relativement faible (une chance sur un à dix milliards chez le colibacille à chaque division), le très grand nombre de bactéries et leur rapidité de reproduction font qu'elles constituent un moteur évolutif important. Car plus le temps de génération est bref, plus nombreuses sont les occasions que des mutations se produisent. Sachant qu'une bactérie se divise toutes les 30 minutes et qu'un homme se reproduit tous les 30 ans, il y a dans une vie humaine près de 1 500 000 générations de bactéries, donc d'occasion de mutations, alors que depuis que la branche des hominidés s'est séparée des chimpanzés, il n'y a eu que 200 000 générations de primates.

À moins d'être volontairement provoquées, les mutations surviennent au hasard, si tant est que l'on sache définir le hasard en termes de causalité. Une base de l'ADN vient-elle à manquer, un mot du vocabulaire ou sa lecture sont-ils modifiés, et la modification est transmise dans la descendance. Ces mutations sont rares, mais elles peuvent arriver malgré tout et sur des milliers ou les millions de bactéries, il y a toutes les chances d'en trouver une ou plusieurs porteuses de telle ou telle modification. Les mutations survenant au hasard, la plupart ne permettent pas la survie des bactéries car les protéines résultant de gènes modifiés sont souvent inactives. Les bactéries étant soumises à la pression de sélection de l'environnement, seules subsistent celles qui y sont adaptées. Les agents mutagènes comme les ultraviolets, certains produits chimiques ou les rayons X augmentent considérablement la fréquence des mutations et la gravité de leurs conséquences. En 1956, on découvrit une bactérie (*Deinoccocus radiodurans*) qui fut surnommée « Conan la bactérie », référence explicite au célèbre personnage de fiction né, en 1932, des songes de Robert E. Howard (1906-1936), l'un des pères de l'heroic-fantasy inspirée de la mythologie.

On cherchait alors à savoir si les contenus de boîtes de conserve pouvaient ou non être stérilisés par exposition à de fortes doses de rayons gamma supposés tuer toutes formes de vie connues. Résultat négatif pour une boîte dont le contenu se décomposait ! Vives émotions ! Angoisses, aussi : allait-on voir resurgir les vieilles polémiques péripasteuriennes opposant partisans et adversaires de la génération spontanée ? Capable de réparer l'ADN altéré et d'en faire des copies de sauvegarde, la bactérie Conan parvient à ressusciter quelques heures seulement après sa mort (15). Par ses manipulations génétiques, l'homme avait produit un microbe exceptionnel par ses capacités de résistance à la radioactivité, aux ultraviolets, une bactérie qui vit aussi bien dans les sols, les matières fécales, les aliments en conserve que les instruments chirurgicaux. Une mutation également utile pour la dépollution des sites nucléaires contaminés par la radioactivité. S'il s'agit bel et bien d'un OGM, combien de « Conan » naturels existent dans nos intestins ?

Et Darwin vint

Le 24 novembre 1859 sort en librairie à Londres un ouvrage au titre ambitieux : *De l'origine des espèces au moyen de la sélection naturelle ou la préservation des races favorisées dans la lutte pour la vie*. Charles Darwin (1809-1882) bénéficie d'un succès immédiat. Ses théories allaient bouleverser les représentations du monde vivant. Quarante et un ans plus tard, sans même connaître l'ADN et les bases chimiques des mutations, les théoriciens de l'évolution se saisissent de ce phénomène décrit par le botaniste danois Hugo de Vries (1848-1935) pour revisiter le concept du célèbre naturaliste et sa vision née de son voyage autour du monde à bord du Beagle : le néodarwinisme ou théorie synthétique de l'évolution le complète et l'adapte aux connaissances de l'hérédité génétique, associant dans une même synthèse les lois de Mendel, la génétique des populations et la sélection naturelle. Dans les écrits de Darwin, la sélection naturelle sert de moteur à l'évolution, elle opère un tri parmi les variations spontanées et aléatoires qui surviennent d'une génération à l'autre. Dans la pensée néodarwiniste, ces variations sont liées à des mutations génétiques. L'évolution du vivant est liée au destin des gènes et à leur sélection, au « hasard » et à la « nécessité ». Pourtant, les bactéries, en dépit de leur grande production de variétés, sont restées fidèles à leur espèce. Le célèbre colibacille, *Escherichia coli* de son nom scientifique, qui a connu depuis 1 milliard d'années des grandes mutations, est resté stable dans sa forme. Certes, ces mutations ont produit des changements dans la population des bactéries au fil des temps, mais celles-ci restent dans des limites étroites. De plus les mutations que l'on observe ne sont pas secondaires à un besoin de ces organismes de s'adapter à l'environnement, fût-il délétère. Ainsi les bactéries n'ont pas subi des mutations après avoir été exposées aux antibiotiques, ces variations préexistaient.

Lederberg, travaillant, en 1952, sur les bactéries résistantes à la streptomycine, montra qu'elles possédaient déjà des mutations responsables de cette résistance. Malcolm Bowden, en 1991, observa dans des cultures bactériennes provenant d'échantillons congelés depuis cent quarante ans, qu'elles montraient une résistance aux antibiotiques identifiée cent ans plus tard (16). La mutation spécifique de la résistance était ainsi apparue de façon spontanée et aléatoire chez ces bactéries, sans même être soumise à une pression de l'environnement, en l'occurrence l'antibiothérapie. Les bactéries n'ont pas muté pour devenir résistantes aux antibiotiques et ainsi s'adapter à leur environnement comme le pensait Lamarck ; cette modification les précédait. Les mutations ne sont influencées ni par le passé de l'organisme, ni par le futur de sa descendance. Elles surviennent au hasard comme l'avait pressenti Darwin. Comme le dit l'évolutionniste américain Jay Allen de l'Université de Chicago, la présence des lions dans la savane n'augmente pas le taux de mutations chez les gazelles... En revanche, il est possible qu'elle sélectionne celles qui courent le plus vite.

Transformation, conjugaison sexuelle, mutations, sont autant de façons possibles pour les bactéries de modifier leur code génétique, d'être mieux adaptées à un environnement qui change. Ce sont autant de témoins qui se passent d'une bactérie à l'autre pour modifier la lecture de la vie, celle des êtres vivants. Mais ce ne sont pas les seuls. Les virus viennent mettre leur grain de sel pour augmenter cette biodiversité et ajouter leurs gènes, en infectant l'ensemble des êtres vivants, bactéries comprises.

Car les bactéries peuvent être elles-mêmes modifiées par des virus. Si l'on pouvait grossir les bactéries à la taille d'une mouche, les virus seraient une tête d'épingle. Elles n'en restent pas moins le plus petit organisme vivant : incapables de se reproduire seuls, les virus ne sont pas considérés comme vivants.

Un monde viral

Les virus font partie de la large panoplie des microbes. On les retrouve d'ailleurs à l'échelle du microbiote. L'origine des virus et leur définition firent l'objet de discussions très animées dans les années 1950. Les virus parasitent presque toutes les cellules. En réalité, ils peuvent détourner à leur profit n'importe quel système réplicatif, y compris ceux d'autres virus. Il s'agit sans doute là d'un des grands principes de la vie : tout système réplicatif, de quelque nature qu'il soit, est susceptible d'être parasité. Dans le monde prébiotique, celui qui a présidé à l'émergence de la vie, il y avait probablement des parasites génétiques. Les virus n'ont sans doute pas eu besoin d'attendre les bactéries pour exister. Leurs ancêtres étaient présents avant elles. Avant le monde ADN, qui a commencé par les bactéries, existaient sans doute des structures primitives plus anciennes, des entités capables de se répliquer, des ARN, molécules composées d'acide ribonucléique qui transportent l'information contenue dans le patrimoine génétique, l'ADN. Ces unités de réplication ne se retrouvent ni dans les bactéries, ni dans les plantes, ni dans les animaux mais sont des structures propres aux virus. Car si les virus ne sont pas vivants, s'ils ne respirent pas, ne montrent ni métabolisme, ni échange de matière, au moins ont-ils un matériel génétique qui leur permet de se reproduire dans la cellule qu'ils infectent. Les « gènes » viraux peuvent être composés d'ADN ou d'ARN. Les virus ARN peuvent cependant se répliquer et intégrer l'ADN nucléaire.

Howard Temin (1934-1994) et David Baltimore (1938-), lauréats du Nobel, ont en effet découvert l'existence d'une enzyme qui convertit l'ARN en ADN et permet leur intégration aux chromosomes – un chemin inverse de l'habituelle traduction de l'ARN en protéine. Cette idée avait été déjà émise par André Lwoff (1902-1994) en 1949, précisément à propos de virus infectant les bactéries, appelés phages. Il faisait très chaud ce printemps 1949 quand Lwoff décida de soumettre des bactéries aux rayons ultraviolets. Celles-ci ne montraient aucun signe d'infection. Pas le moindre signe de particule virale, pas de phage perceptible. Il n'y avait aucun motif précis pour tenter de les soumettre à une telle irradiation. L'idée pouvait même paraître absurde, les ultraviolets étant connus pour tuer à la fois bactéries et bactériophages. Lwoff attendait, en sueur, effondré dans un fauteuil la fin de l'expérience menée par une technicienne dans la pièce mitoyenne. La porte était entrebâillée. Les résultats ne venaient pas, puis ce fut la fin de l'angoisse ; la technicienne se précipita dans le bureau de Lwoff en criant : « Je suis totalement lysée (17). » C'était, raconta Lwoff, la plus grande émotion scientifique de sa carrière : il venait de montrer que les ultraviolets permettent d'induire la production de phages. Si les virus n'étaient pas visibles, les phages non discernables, c'est qu'ils étaient intégrés dans le génome des bactéries, tapis dans leurs chromosomes.

Compétences bactériennes

Replacés dans l'évolution de la vie, les gènes des microbes servent avant tout à leur expansion, à leur prolifération. Chez les bactéries, la croissance des individus aboutit inexorablement à une augmentation de leur nombre à un rythme soutenu tant que les conditions favorables perdurent. « Le rêve d'une bactérie est de devenir deux bactéries (18) », disait François Jacob. C'est une des conditions essentielles de leur vie, voire de leur survie. Les espèces les plus prolifiques doublent leur effectif toutes les vingt minutes si bien qu'une seule bactérie pourrait théoriquement donner naissance en 48 heures à une seule colonie dont le poids serait supérieur à celui de la Terre. Il y a heureusement toujours des facteurs limitant pour contrarier de telles explosions démographiques : présence de bactéries concurrentes, prédateurs, conditions d'hygiène, antibiotiques ou, surtout, la limitation des ressources dans l'environnement.

La Terre n'est pas qu'un bouillon de culture riche en nutriments. Les bactéries, tout comme l'homme, doivent s'adapter à des milieux hostiles, réagir au stress et à la privation nutritionnelle. C'est peut-être pour cela, ou à cause de cela, que les hommes et les bactéries ont fait chemin ensemble, pour s'aider mutuellement. Dépendantes du milieu, les bactéries doivent subir ses variations permanentes, s'y maintenir par la sélection des mutants favorisés, périr, ou s'en éloigner, phénomène largement répandu dans le monde du vivant. Les mécanismes qui régissent ces déplacements sont les mêmes pour toutes les bactéries, mais les conditions de cette mobilité sont propres à chaque espèce, et fonction de leur sensibilité aux conditions extérieures. Le sillage des microbes peut être influencé par la lumière, l'oxygène, la température, la pression osmotique ou encore le champ magnétique.

Croître et se multiplier

De l'indépendance à la colonie organisée, tout est possible dans les relations des bactéries avec l'environnement. Nombre d'entre elles vivent indépendamment les unes des autres, librement, mais beaucoup d'espèces s'organisent en chapelet, en filament ou en grappe. Les bactéries peuvent produire des films à la surface des tissus ou des matières tels qu'on l'observe sur les galets des rivières, en sécrétant une trame protéique qui les lie. Nombre de celles qui habitent nos intestins se développent dans le mucus qui tapisse la muqueuse digestive. Elles y trouvent le gîte et le couvert en échange notamment de leur action protectrice contre des germes agressifs.

Les gènes représentent donc l'instrument de la croissance et celle-ci implique de se déplacer pour trouver le milieu le plus favorable, d'être mobile pour mieux proliférer. Encore faut-il avoir les outils pour se déplacer, des structures pour se mobiliser. La nature et l'évolution y ont pourvu. Pour avancer, les bactéries sont équipées de flagelles qui les propulsent par un mouvement rotatoire. À sa base, celui-ci est emmanché dans un tube coudé inséré dans l'enveloppe qui habille la bactérie. Ces flagelles sont eux-mêmes entourés de plusieurs anneaux formant un véritable moteur. La mécanique est mise en mouvement par un flux de protons, qui s'écoule vers l'extérieur à travers la membrane, créant ainsi un flux de l'énergie. L'ouverture des canaux membranaires fonctionne comme une turbine de centrale hydraulique. Le moteur, lié aux flagelles, entraîne leur rotation à la façon d'une hélice qui pousse la bactérie en avant. Toutes n'adoptent pas la même stratégie pour se déplacer. L'une active son unique flagelle à vitesse variable, l'arrête et le rétracte pour changer de direction. Tel autre possède plusieurs fouets qui, pour changer sa trajectoire, s'agrègent en faisceau, puis s'agitent en sens contraire. Pour changer son cap, il suffit à la bactérie d'inverser le sens de rotation en déliant les flagelles. Mais la nécessité impose parfois aussi de modifier la vitesse, de freiner. Il suffit de faire tourner les flagelles en sens inverse. L'efficacité est indéniable. Ramenées à taille humaine, les bactéries seraient capables de se déplacer à une vitesse de 108 km/h, un exploit si l'on considère que le coureur humain le plus rapide atteint 36 km/h (19).

Quelle qu'en soit la vitesse, la bactérie se déplace vers le milieu qui lui paraît le plus favorable, ce qui nécessite des capteurs, car si elle nage, et même bien, son but est de se déplacer vers ce qui favorise sa survie, avancer vers un milieu potentiellement viable et fuir les terrains à risques. La vie d'une bactérie n'est qu'interactions avec son environnement. Si elle est aérobie stricte, elle suit un cheminement, guidé par le gradient de concentration en oxygène, et progresse vers le plus concentré. À sa surface, elle possède des molécules sensibles à l'oxygène qui déclenchent, au contact de gaz, une cascade de réactions aboutissant à la mise en route du rotor des flagelles. Le gradient vient-il à changer ? La bactérie flottante pivote aléatoirement et repart sous l'effet de l'oxygène. Plus la quantité d'oxygène est grande, plus la rotation dure longtemps, ce qui permet à la cellule de proche en proche de trouver les conditions où la concentration lui est la plus favorable. Mais il faut du carburant, des nutriments dans les milieux de culture. *Escherichia coli*, la bactérie vedette, car la plus étudiée du fait de ses facilités de culture, utilise le glucose. Si ce sucre vient à manquer, il lui faut rechercher d'autres sources de carbone tel le lactose, nutriment présent dans le lait. Elles utilisent alors les rations sucrées, source de toute énergie, en produisant des enzymes capables de les dégrader, soumis selon le fameux modèle de l'opéron lactose à une fine régulation génétique : le sucre bloque un répresseur qui empêchait la production de ces enzymes.

Comme toute société vivante, les bactéries se développent, croissent, se multiplient, fondent des colonies puis, épuisant leurs ressources, voient l'heure du déclin arriver. Certaines parviennent cependant à produire des spores, structures déshydratées, petites unités sphériques entourées de plusieurs enveloppes qui permettent de résister à des températures excessives, à la sécheresse, aux pressions élevées, aux radiations. Le temps suspendu… Les spores peuvent rester viables pendant des décennies, voire des centaines d'années, comme c'est le cas pour le bacille du charbon, la bactérie responsable de l'anthrax, utilisée pour ces compétences par les bioterroristes.

Les aptitudes des bactéries sont ainsi multiples : produire des enzymes pour la dégradation des sucres, sécréter des antibiotiques pour éliminer la concurrence, actionner des flagelles pour trouver un ailleurs meilleur, intégrer ou absorber un ADN étranger pour accroître ses capacités, ou encore survivre sous forme de spores. Elles peuvent aussi communiquer entre elles et acquérir une forme de comportement social. Certains signaux chimiques leur permettent en effet de réagir à des stimuli extérieurs, à se coordonner pour agir, se déplacer ou tuer lorsqu'elles s'estiment en nombre suffisant. Elles savent rechercher, collecter, trier, analyser, donner un sens aux multiples signaux de l'environnement, afin de réagir, s'adapter, survivre au changement qui pourrait détruire la colonie entière. Mais les bactéries meurent aussi, certes de vieillesse, mais elles peuvent se suicider pour leur colonie, et laisser aux survivantes les derniers restes de nourriture.

Fallait-il le microscope pour découvrir de tels êtres vivants ? En 1995, des images satellites prises dans l'océan Indien au large de la Somalie révélèrent une étrange tache lumineuse. Sur une zone de 250 kilomètres de long, s'étalant sur une surface équivalente à deux fois celle de la Corse, quarante mille milliards de bactéries lumineuses éclairaient l'océan (20). La vie cellulaire, la vie tout court, s'exprimait là en dessinant une mer lactée, phénomène que les marins avaient rapporté depuis l'Antiquité, et que Jules Verne décrivait dans *Vingt mille lieues sous les mers*. Les bactéries faisaient alors de la Terre une nouvelle étoile dont les reflets argentés se passaient des rayons du soleil, comme la lumière du réverbère que le Petit Prince de Saint-Exupéry avait rencontré au hasard de ses déambulations interstellaires. Combien d'étoiles allumées par les bactéries qui nous habitent flottent ainsi dans notre corps ?

*Recycler la matière : entre l'*Homo *et l'humus*

Tel flâneur à l'automne, regardant tournoyer une feuille dans le vent, ne se laisserait-il pas aller à rêver plus loin que la poésie de saison ? La mort d'une feuille suscite une série de questions pour peu que la pensée rejoigne certaines préoccupations plus biologiques. Car l'apoptose, qui définit de manière générale un processus de mort des cellules, trouve son étymologie dans une locution grecque évoquant la chute des feuilles à l'automne. Chaque année, les arbres des forêts perdent leurs feuilles qui s'amoncellent à leurs pieds. Mais le sol lui-même n'en garde pas la trace, car il n'est guère plus épais d'une saison à l'autre. La matière se recycle. Les feuilles mortes sont d'abord la proie de champignons, leurs filaments s'insérant entre les cellules de la végétation jaunie pour se nourrir du sucre cytoplasmique. Elles se recouvrent d'un feutrage blanchâtre : première décomposition qui sert à la vie des protistes avant que les bactéries n'interviennent à leur tour (21). Ce sont elles qui transforment le carbone du sucre et des protéines en gaz carbonique, l'azote en ammonium et nitrate. Elles qui décomposent les matières les plus résistantes telles la lignine et la cellulose en une nouvelle forme de composé organique, l'humus, réserve indispensable à la vie des sols.

« Homme » et « humus » partagent les mêmes racines. L'origine indo-européenne du langage les rapproche à travers le mot « glycome » qui signifie « terre ». Sans les bactéries, il n'y aurait pas d'humus et la terre ne serait que minérale. À leur tour ces bactéries les réunissent car à bien des égards les écosystèmes que forment les sols et notre système digestif sont comparables. D'ailleurs la feuille n'est pas la seule à nourrir les micro-organismes. Les animaux, l'homme également. Tel autre passant, admirant la peinture du Greco (1541-1614) *L'Enterrement du comte d'Orgaz* dans l'église Santo Tomé de Tolède, se doit aussi d'imaginer que les cadavres sont la proie des milliards de microbes qui les habitent. La mort de l'homme ne signifie pas la mort des bactéries qui vivent en lui. Dans les corps en décomposition, référence faite à Baudelaire, dans les tissus en putréfaction, les bactéries utilisent à leur profit les cytoplasmes, ADN, molécules de nos cellules en apoptose. Elles aussi nous recyclent. Ce sont de telles images qui ont alimenté les théories sur la génération spontanée jusqu'au milieu du XIXe siècle, avant que Pasteur n'y mette un terme. L'idée que la vie peut naître de la matière, comme les souris du gruyère, a suscité des débats qui remontent aux auteurs grecs et latins. En prenant la bactérie pour exemple et en démontrant superbement qu'elles se reproduisaient par contamination et non par génération spontanée, Pasteur allait clore la discussion, au moins celle des scientifiques.

En recyclant la matière, et par leur respiration cellulaire, les bactéries modifient l'atmosphère. La Terre primitive avait une enveloppe gazeuse très différente de celle d'aujourd'hui. Actuellement, l'azote prime, puis vient l'oxygène. Les autres gaz, gaz carbonique, méthane, sont en très faibles quantités. Mais il n'en fut pas toujours ainsi. L'atmosphère primitive, sans doute issue des volcans et des météorites, devait être riche en eau et gaz carbonique. Le refroidissement de la surface terrestre provoqua la condensation de l'eau et la formation d'un immense océan dans lequel une bonne partie du gaz carbonique s'est dissoute. La captation du carbone dans l'eau, son piégeage, et la baisse de sa condensation coïncidèrent avec l'apparition des premières traces d'oxygène que signe l'apparition de la vie, avec les premières bactéries dans les sédiments. La formation d'oxygène fut due à ces premiers microbes, algues bleues, cyanobactéries, capables de capter la lumière solaire en utilisant divers composants comme la chlorophylle et de produire de l'oxygène. Il y a plusieurs milliards d'années la production des cyanobactéries dans l'océan a probablement été à l'origine de cette grande oxydation, ce brutal enrichissement de l'atmosphère en oxygène.

Avec les plantes et les algues, les cyanobactéries sont les seuls pourvoyeurs d'oxygène. Celui-ci fut d'abord fixé par des sédiments marins, puis parvenu à son seuil maximal de saturation dans l'eau, le gaz s'échappa dans l'atmosphère, rougissant les terres immergées et produisant l'ozone. Après transformation par les ultraviolets, le gaz ainsi libéré forma une couche autour du globe qui permettra par la suite aux êtres vivants de coloniser les milieux terrestres. Mais l'oxygène est un gaz toxique pour qui ne sait s'en protéger. Les bactéries savent se développer à l'abri de ce poison et le neutraliser. Elles font circuler la matière à travers les réservoirs terrestres que sont la biosphère, l'atmosphère, la terre et l'eau. Les grands cycles de la vie, de l'azote au soufre, dépendent d'elles. Les bactéries ne sont-elles pas la seule porte d'entrée de l'azote dans le monde vivant ? La fixation de l'azote de l'atmosphère pour produire des substances protéiques ne se fait que grâce aux bactéries. Les légumineuses participent à ce phénomène par les bactéries qui infectent leurs racines.

Avant toute colonisation terrestre par des bactéries, la surface hors d'eau n'était que roches, cailloux, sable ou argile. Les premiers microbes surent créer la glèbe, indispensable à la vie terrestre. Dans un gramme de terre de forêt, l'équivalent d'une cuillère à café, on trouve entre dix millions et dix milliards de bactéries selon la nature du sol. Cela représenterait une masse estimée entre 2,5 et 10 tonnes de bactéries par hectare ! L'ensemble des microbes sur Terre représente un poids à peu près semblable à celui de l'ensemble des végétaux : le séquoia ne surpasse pas la bactérie. Les microbes nourrissent ainsi le monde et fournissent une part de son énergie, captant celle du soleil, absorbant les électrons de l'eau, une ressource illimitée pour réduire le gaz carbonique et produire l'oxygène. Dans les profondeurs de l'océan, les espèces abyssales se nourrissent des baleines mortes que les bactéries décomposent. Les microbes pullulent jusque dans les failles volcaniques du fond des mers où ils engendrent des oasis de vie et où transhument lentement de longs vers qui, malgré l'impénétrable obscurité, survivent grâce aux bactéries. La planète et son atmosphère appartiennent aux bactéries… L'homme aussi.

Les associations du vivant, un destin commun ?

La vie n'évolue pas seulement pour le compte de chaque espèce indépendante, par leur adaptation, ségrégation, intégration, mais aussi par leurs vies mutualisées. Nul ne peut comprendre le microbiote s'il ne s'est nourri des leçons que fournissent les multiples exemples des symbioses, des vies en commun, que la nature procure. Chacun est le maître et l'esclave de l'autre, comme l'homme et ses microbes. En 1868, quelque neuf ans après la publication de *De l'origine des espèces* par Charles Darwin, le botaniste suisse Simon Schwendener (1829-1919) fit une curieuse découverte sur la nature des lichens : ils réunissent un champignon et une algue verte (22). Ce fut l'un des premiers exemples montrant qu'au terme d'une coévolution, deux êtres vivants, en l'occurrence deux végétaux, pouvaient ne plus faire qu'un. Le partenariat est si intime que si l'un venait à mourir, par exemple à l'occasion d'une infection, l'autre disparaîtrait aussitôt. L'ensemble se reproduit à travers une interaction durable qui en fait à chaque génération une entité unique, cible de la sélection darwinienne. Une mutation apparaît-elle dans le champignon ou l'algue qu'elle est sélectionnée par le partenaire s'il y trouve un avantage. Aucun des deux compagnons – champignon ou algue – ne saurait tuer la poule aux œufs d'or que représente son associé. Verts, colorés de teinte vive orange ou jaune, ou au contraire terne, brune ou grise, les lichens utilisent la synergie de leurs deux composants pour coloniser divers milieux, souvent peu hospitaliers.

Ces chimères végétales peuvent tolérer les basses températures du Grand Nord, la déshydratation dans les zones arides, et vivre dans des milieux où ils résistent au fort éclairement ou à l'absence de nourriture. Pluralité de l'environnement oblige, 8 % de la surface du globe est ainsi couverte de plusieurs dizaines de milliers d'espèces de lichens. Ensemble, ils ont des métabolismes complémentaires l'un de l'autre, mais peuvent aussi avoir des fonctions qui n'existent qu'à travers leur association, comme la synthèse de substances indigestes qui repoussent les herbivores ou, au contraire, la sécrétion de parfums si subtils que certains composés à l'odeur boisée, tels la « mousse de chêne », sont utilisés par les nez des plus grands parfumeurs. « Eau sauvage » de Dior en est un exemple (23).

Axée sur la compétition entre espèces, la théorie darwinienne trouve ici un contre-exemple, à moins d'admettre que la sélection naturelle s'exerce également sur leurs associations. À côté de l'interaction qui tue, le parasitisme, il en est une autre qui protège, la symbiose. D'un côté les parasites, microbes, champignons ou virus qui vivent aux dépens de l'hôte et le forcent à évoluer pour parer leurs attaques ; de l'autre les symbioses, l'alliance bénéfique entre deux espèces à la recherche d'une bonne entente, ou mieux, d'un bénéfice, autant pour le parasite que pour l'hôte. À ce niveau d'organisation du vivant, seuls persistent les avantages et interactions partagés, car la symbiose est plus qu'une action à bénéfice réciproque, une stratégie du gagnant – gagnant, elle consiste également à transformer les inconvénients en avantages, et à éviter que les avantages ne deviennent des inconvénients pour la survie de l'individu. Les êtres vivants, comme les microbes qui habitent l'homme, ont ainsi fait la conquête d'un autre environnement, le vivant lui-même. La vie n'existe que parce qu'elle est partenariale et, pour une part, la mort aussi, comme le disait Baudelaire. Les effets heureux de la sélection naturelle ont sans doute aussi apporté leur contribution à l'humanité en passant du parasitisme agressif à la symbiose. Le mode de vie le plus ancien est sans doute celui du parasitisme. Hommes, animaux, ou plantes abritent depuis leur apparition sur terre des virus, bactéries ou champignons qui leur préexistaient et dont ils assurent de manière asymétrique l'habitat, la nourriture, parfois la défense. Au fur et à mesure de l'évolution, l'inverse s'est pourtant produit. L'hôte exige la réciprocité, un retour sur investissement. On passe alors à un état de mutualisme ou de symbiose, forme sans doute la plus aboutie de la coévolution. De multiples exemples de la vie en partage valent largement les contes de Perrault ou les romans de Zola. La flore intestinale, le microbiote qui nous habite, rejoint ainsi d'autres exemples qui montrent qu'entre les hommes, les animaux, les plantes, et les microbes, de multiples espèces ont parfaitement intégré les propriétés de leurs partenaires.

Champignons et plantes s'associent ainsi pour le meilleur. C'est le cas des mycorhizes, champignons microscopiques cachés bien à l'abri du sol. Ils sont essentiels à l'équilibre des plantes et vivent en symbiose avec elles sous forme de filaments qui sortent des racines et les entourent (24). Ils forment parfois de véritables radicelles supplémentaires capables d'absorber de l'eau et des sels minéraux, tel le phosphore, tandis que la plante les alimente en sucre. Ailleurs, plantes et animaux vivent ensemble, mais l'avantage réciproque manque de convivialité, comme dans les cas de ces arbres qui ont réduit des fourmis en esclavage dans certaines régions d'Afrique (25).

L'esclavage des fourmis

Ces insectes ont trouvé refuge sous les feuilles d'acacia et le défendent contre les espèces herbivores que les épines de l'arbre n'effraient pas en sécrétant des phéromones, une sorte d'alcaloïdes. En échange de ce rôle défensif, les fourmis obtiennent le vivre et le couvert. Le vivre, c'est le nectar, sucre de l'arbre ; le couvert, ce sont les épines creuses où les insectes développent leurs colonies. Les fourmis repoussent les herbivores avec une efficacité si redoutable, qu'en Afrique elles font même fuir les éléphants. En Amérique centrale, plus précisément au Salvador, des épines en forme de cornes servent à construire les jambes de petites poupées vendues comme épingles décoratives. Chez ces acacias, appelés ainsi « cornes de bœuf », l'association est encore plus étonnante : la fourmi a une carence digestive qui fait qu'elle ne possède pas une enzyme qui brise le saccharose, substance qui compose notre sucre de table, en deux molécules plus petites, le glucose et le fructose, seuls glucides à même d'être assimilés aisément par l'organisme. Elle ne peut donc pas digérer le sucre. Or l'acacia corne de bœuf y pourvoit.

La nature fait bien les choses et la pitance égale ici les mets des plus grands restaurants : la plante synthétise elle-même l'enzyme. En absorbant le fameux nectar la fourmi trouve la panoplie nécessaire pour dégrader le saccharose en glucose et fructose. L'insecte ne digère pas le sucre, la plante y supplée. Ils peuvent ainsi vivre et se multiplier sans problème, tout en maintenant les herbivores américains à distance. En réalité le problème est plus complexe qu'il n'apparaît. Une équipe d'évolutionnistes s'était étonnée que la sélection naturelle ait favorisé une fourmi incapable de digérer le sucre, alors qu'elle pouvait parasiter des plantes voisines pourvoyeuses de miel et de sève sucrée, sans besoin d'une enzyme pour dégrader le saccharose (26). Pourquoi se priver ainsi d'une source sucrée et s'obliger à rester sous la dépendance de l'acacia ? Intrigués, les chercheurs découvrirent que les larves des fourmis possédaient bien l'enzyme alors qu'elle n'était plus décelable chez les individus adultes. Il s'était ainsi passé quelque chose lors des premiers repas. De là à penser que l'acacia manipulait le métabolisme de l'insecte adulte pour le retenir prisonnier, il n'y avait qu'un pas que la science franchit sans difficulté. Les résultats confirmèrent en effet l'hypothèse : le nectar d'acacia possédait une substance qui inhibait la production de l'enzyme chez la fourmi et la rendait intolérante au sucre. L'acacia a conçu un piège diabolique : une fois nourrie de son nectar, la fourmi est obligée de sélectionner une alimentation associant le sucre et les moyens de le dégrader, que seul l'arbre peut lui procurer. Elle devient peu à peu totalement dépendante de son hôte qui lui fournit l'enzyme en même temps qu'il inhibe celle de l'insecte. Les premiers repas sucrés en font progressivement une droguée, totalement dépendante de l'arbre à épines. L'acacia réduit ainsi les insectes en esclaves, les obligeant à rester sur l'arbre sous peine de mourir de faim. La symbiose est forcée : ne pas défendre le corne de bœuf signifie la mort des fourmis.

Symbiose et addiction conduisent à d'autres réalités, car il est des circonstances où l'acacia a besoin d'accueillir des hôtes étrangers, non plus prédateurs, mais pollinisateurs. La fourmi qui fait fuir devient alors gênante. Il faut l'éloigner des fleurs si l'on veut les promettre à une future fécondation. L'arbre a plus d'un tour dans son sac. Il émet un signal chimique qui écarte les fourmis pendant cet instant nécessaire à la reproduction. Les esclaves sont mis à l'écart. Une fois la fécondation effectuée, le signal cesse d'être émis par l'arbre et les fourmis reviennent protéger les graines fécondées. Par elle-même, la fécondation des plantes par les insectes pollinisateurs est une des formes principales de symbiose. Ce mode de reproduction a été exploité par des plantes à fleurs à partir du Crétacé. Combien d'associations instantanées ou plus durables n'a-t-elle pas ainsi sélectionnées ? Combien d'insectes assurent le transport et la pollinisation des arbres, parfois très rares, qu'elles vont rechercher au cœur des forêts pour n'en féconder que quelques-uns dont elles reconnaissent l'odeur, la forme ou la couleur ? La pollinisation animale, forme la plus aboutie de la symbiose, devance largement la dispersion mécanique des graines par le vent.

Les microbes n'échappent pas à ces interactions du vivant. Un des exemples les plus intrigants, mystère de l'évolution et de l'ingénierie génétique naturelle, est celle des termites (27). Ces insectes coloniaux se nourrissent de bois formé principalement de lignine et de cellulose qui confèrent à la plante sa rigidité. Seules certaines bactéries et champignons sont capables de dépouiller ces substances pour les rendre comestibles. Dans l'intestin des termites se trouvent des parasites à l'aspect chevelu qui nagent dans le liquide intestinal, digérant les résidus de bois qu'ils ingèrent. Mais cette symbiose est beaucoup plus étrange qu'il n'apparaît. Les cils que portent ces protistes à leurs extrémités ne sont pas des poils qui leur appartiennent mais des bactéries qui sont implantées dans la membrane de ces petits êtres, et leur servent de rames. La digestion de la lignine n'est pas effectuée par les protistes, mais par de petites bactéries qui se sont installées dans leurs cytoplasmes. Elles ne sont pas les seules, les protistes ont ingéré d'autres bactéries qui leur fournissent de l'énergie. La symbiose fonctionne comme une poupée russe : les termites digèrent bien le bois, mais l'activité est exercée par des protistes qui vivent dans l'intestin et ne peuvent forer et nager que grâce à des bactéries logées dans leur cytoplasme ou accolées à leur membrane (27).

D'autres exemples encore viennent du monde des abysses où se croisent d'étranges formes marines, parfois hérissées de spicules monstrueux, des poissons produisant eux-mêmes de la lumière au sein du noir profond. Cette source lumineuse liée à la vie, la bioluminescence, est due à une émission de photons qui, pour certaines espèces, correspond au fonctionnement de 5 gènes. Or tous les poissons ne peuvent produire une telle lumière. Certains doivent leur vue à des bactéries qui vivent en symbiose et prolifèrent dans leur paupière inférieure. Lorsque l'animal dort, la paupière supérieure recouvre celle du bas et il n'y a pas d'émission de photons. En ouvrant l'œil à son réveil, le déploiement laisse apparaître un faisceau luminescent diffusé par les micro-organismes réfugiés dans la paupière inférieure.

D'autres poissons emmagasinent de telles bactéries dans une petite lanterne cutanée dont ils se servent pour attirer des proies. On peut ainsi observer un étrange ballet lumineux des profondeurs où les poissons infectés croisent ceux de leurs congénères qui ont intégré les gènes bactériens dans leur propre génome et qui produisent eux-mêmes la lumière. La présence de bactéries leur a ouvert les portes de l'évolution. Les bactéries ont été sélectionnées par l'hôte au prix d'adaptations successives. Les cinq gènes n'ont pas été acquis en une seule fois : il a sans doute fallu de multiples mutations bactériennes puis des sélections par les poissons eux-mêmes car les espèces sont restées complémentaires l'une de l'autre, dans l'obscurité impénétrable : lorsque les poissons meurent, les bactéries disparaissent si elles ne trouvent pas un tissu nourricier.

De symbiotiques, où l'adaptation est partagée, certains germes deviennent commensaux, parce qu'ils participent au repas, ce qui est le cas du microbiote. « Bertrand avec Raton, l'un Singe et l'autre Chat, Commensaux d'un logis, avaient un commun Maître » écrivait La Fontaine (28). La qualité de commensal, qui désigne en latin médiéval le compagnon de table, consiste à partager les repas et, parmi les symbiotes, caractérise ceux qui vivent de produits de digestion d'une espèce par l'autre. Les microbes de la flore intestinale en font à l'évidence partie.

Il reste que la plus grande réussite de la symbiose est certainement la création de la cellule eucaryote. Or ces dernières possèdent de petits organites, les mitochondries, indispensables à leur métabolisme, contenant, fait extraordinaire, de l'ADN en dehors du noyau. L'existence de ces molécules qui échappent à l'emprisonnement nucléaire, a fait longtemps penser qu'elles étaient le résultat d'une migration possible de séquences nucléiques du noyau vers le cytoplasme, comme de petites météorites perdues dans l'immensité cellulaire. On sait aujourd'hui qu'il n'en est rien. Les mitochondries qu'on trouve chez l'homme et l'animal ne sont rien d'autre que les bactéries mutualistes comme l'atteste la comparaison entre l'ADN des bactéries et celui des eucaryotes. Il y a 1 milliard d'années, des bactéries ont envahi les cellules eucaryotes qui ont survécu par transformation progressive de l'agresseur en symbiote. L'ensemble se transmet indéfiniment car la mitochondrie se divise en même temps que la cellule hôte. Toute cellule eucaryote apporte ainsi à sa descendance la respiration des bactéries symbiotiques, une association qui a bouleversé le cours évolutif des eucaryotes et montré que la bactérie est le premier partenaire du règne animal et végétal. Présentes dans toutes les cellules, les mitochondries se comportent comme des fermiers qui n'auraient plus aucun territoire à conquérir puisqu'elles auraient trouvé leur terre promise. Elles n'ont d'autre solution que de cultiver leur jardin. À la regarder de plus près, l'association cellules eucaryotes-bactéries n'est toutefois pas parfaitement harmonieuse car la transmission des mitochondries se fait seulement par les ovules lors de la fécondation. La mitochondrie est de sexe femelle tandis que la cellule elle-même peut être indifféremment mâle ou femelle. En pénétrant dans les cellules eucaryotes, certaines de ces bactéries ont acquis des spécialisations fonctionnelles opérationnelles.

Ainsi, si les mitochondries ont la capacité de stocker l'énergie sous forme biochimique, il en est d'autres, seulement présentes chez les végétaux et les algues, qui sont capables de capter l'énergie lumineuse. Ces chloroplastes proviennent également de l'absorption de cyanobactéries, ou algues bleues, par les cellules eucaryotes il y a 2 milliards d'années. Ces bactéries devenues cellulaires assurent la respiration des plantes en captant l'énergie lumineuse pour fixer le gaz carbonique qu'elles transforment en sucre. On en revient aux acacias ; le chloroplaste absorbe l'ensemble du spectre de la lumière visible mis à part le vert, ce qui donne aux feuilles leur couleur si particulière, phénomène apparu sur terre il y a près de 2 milliards d'années.

L'élysie émeraude

Un des exemples de chimère homme-animal pourrait être un stade intermédiaire de cette extraordinaire transformation. L'élysie émeraude est une sorte de limace de mer qui vit sur la côte Est de l'Amérique du Nord, de la Nouvelle-Écosse à la Floride. Le mollusque ressemble comme deux gouttes d'eau à une feuille. Son corps arbore une magnifique couleur verte identique à celle des algues parmi lesquelles elle se camoufle. Elle vit à faible profondeur et profite ainsi du rayonnement solaire. Si la limace est verte c'est qu'elle contient des chloroplastes qu'elle a volés aux algues au milieu desquelles elle se tapit lors de leur première rencontre. À la naissance, les jeunes limaces sont de couleur translucide, légèrement brunâtre. Lors du tout premier repas, les algues sont digérées et les chloroplastes incorporés. Mais il est un autre phénomène spécifique à l'espèce : les chloroplastes échappent au suc digestif de la limace, s'accumulent dans l'intestin ramifié du mollusque et se transportent grâce à leur ramification jusque sous l'épiderme de l'animal d'où elles peuvent capter la lumière solaire. La forme de l'animal y aide. La limace possède deux appendices en forme d'ailes, des parapodes, qui les prolongent. Lorsqu'ils sont repliés, l'élysie prend l'aspect d'une limace verte longiligne avec deux antennes. Ouverts et déployés tels des panneaux solaires, les parapodes donnent à la limace l'allure d'une feuille. La comparaison ne s'arrête pas là car, si la limace reste trop longtemps dans l'obscurité, elle s'étiole, brunit, et meurt. Si un seul repas et du soleil suffisent, les chloroplastes, telle une batterie solaire, ont besoin d'être régulièrement rechargés.

Les mollusques ne se contentent pas de voler au végétal ses chloroplastes, ils subtilisent également une partie des gènes de l'algue qu'ils incorporent dans leur propre génome. Mi-animal, mi-végétal, la limace solaire demeure une curiosité du monde vivant (29).

Un génome parasité

La symbiose est un phénomène fréquent dans le monde vivant, sans doute parce qu'elle influence également les différentes communautés d'individus qui composent les écosystèmes en modulant la concurrence. La course de la vie, au lieu d'une compétition individuelle, s'exerce entre des associations, comme des clubs partenaires. Chez les êtres unicellulaires, par exemple, différentes symbioses permettent aux organismes qui coopèrent d'éliminer ceux qui n'œuvrent que pour leur propre compte. Cet effet tueur existe notamment chez diverses levures comme la levure de boulanger. Ces champignons abritent deux virus : l'un produit une toxine et l'autre une substance qui la neutralise (30). Les levures doublement infectées éliminent donc leurs concurrents privés de symbiose sans être inquiétées. Pour faire la bière et le pain les hommes, sans comprendre, ont empiriquement sélectionné des souches capables de résister à cette toxicité naturelle. L'importance de la symbiose ne s'arrête pas à l'avantage acquis pour chaque partenaire. Elle a un rôle dans la biosphère. Dans les écosystèmes, la symbiose recycle les déchets quand l'un des partenaires utilise ceux de l'autre. Elle facilite l'accès à des ressources inexploitables. Au cours de l'évolution, elle a contribué à la conquête de nouveaux milieux. Les données issues de l'horloge moléculaire font remonter ces premières associations à plusieurs centaines de millions d'années. Ainsi, le peuplement des terres émergées par les végétaux terrestres a sans doute commencé par les descendants des algues vertes, sorties des eaux pour s'associer à d'autres organismes vivants. Les lichens ont probablement été les premiers colonisateurs.

Symbiose et parasitisme

Symbiose et parasitisme sont tellement répandus, s'appliquent à tant d'organismes différents qu'on peut avoir quelque peine à cerner leurs frontières. Le fait que l'on ait pris conscience dans les vingt dernières années du XXe siècle, que les associations du vivant sous forme mutualiste avaient joué et continuaient de jouer des rôles clés dans l'évolution et le fonctionnement de la biosphère, a contraint les chercheurs à se poser une nouvelle question : existe-t-il des génomes mutualistes intégrés à nos chromosomes ? En 1980, Leslie E. Orgel (1927-2007), un biochimiste britannique, qui fut un collaborateur de Francis Crick et travailla sur l'origine des acides nucléiques, publia un article prouvant qu'il y avait des séquences parasites dans le génome humain. Rien ne nous y avait autrement préparés quand, en février 2001, deux équipes concurrentes révélèrent la composition de ces séquences. Les cellules eucaryotes seraient ainsi des chimères génétiques issues d'un brassage nucléique avec des origines procaryote et eucaryote.

La bibliothèque de nos gènes fonctionnels, qui ne sont qu'au nombre de 20 000, est relativement petite. Or l'examen de notre patrimoine génétique fait apparaître un fait remarquable et intrigant : la partie que nous associons à ce qui nous rend humains, celle qui est traduite en protéines, n'occupe que 1,5 % de l'ensemble de l'ADN, qui comprend d'autres composants, parmi lesquels les transposons et les rétrovirus, deux éléments qui indiquent la présence de parasites incorporés dans le génome de l'homme, ce qui fait des humains des êtres composés de gènes étrangers. Plus extraordinaire encore, ce patrimoine étranger qui nous parasite peut se déplacer dans notre génome. Dans les années 1940 et 1950, Barbara McClintock (1902-1992), pionnière de l'étude du maïs et futur prix Nobel, découvrit l'existence de transposons, gènes sauteurs qui peuvent passer d'un chromosome à l'autre (31). La question était de savoir si ces éléments transposables étaient des parasites ou des mutualistes, dépendant en fait du bilan entre le coût et le bénéfice pour celui qui les porte. Pour la première fois, étaient mis en évidence des éléments génétiques mobiles capables de se répliquer en dehors des divisions normales du génome. Il s'agit d'intrus.

Ces « gènes sauteurs » se retrouvent dans toutes les branches de la vie. Très actifs lors des premiers stades de l'évolution des primates, leur fonction cessa il y a 37 millions d'années avec leur extinction en masse chez nos ancêtres anthropoïdes. Deux autres éléments transposons se trouvent aussi dans le génome humain. Leur façon de se répliquer grâce à une enzyme qui convertit l'ARN en ADN, et leur vaut le nom de rétro-transposons, suggère qu'ils sont liés à la colonisation du génome des premiers primates par des rétrovirus. Aujourd'hui tristement célèbres du fait du sida, les rétrovirus doivent leur découverte à la charnière des années 1960-1970, non pas à l'étude du génome humain, mais à celle de virus responsables de leucémie chez le poulet et la souris. Présents chez des individus en bonne santé, ils demeurent capables de se réveiller et d'induire une maladie cancéreuse. Si la découverte de gènes viraux incorporés dans le génome humain transmis à la descendance est apparue comme une incongruité, il fallut pourtant se rendre à l'évidence : des rétrovirus avaient colonisé des gènes de mammifères. Nombres d'entre eux ont sans doute suivi le même chemin que l'épidémie actuelle du sida avant de s'intégrer définitivement à notre génome. Restait à comprendre la retombée évolutive de cette endosymbiose. En 1996, Roy J. Britten (1919-2012) montra que l'expression des gènes de la kératine, de l'immunité, ou encore d'hormones parathyroïdiennes pouvait être régulée par des séquences rétrovirales qui conservent leur capacité d'émergence morbide (32). L'homme est donc l'objet, en même temps que la cible, de nombreuses séquences symbiotiques intégrées dans nos cellules qui sont transmises d'un homme à l'autre par contagion ou par descendance. Si on la résume à un échange de matériel génétique, la sexualité bactérienne, étudiée par Jacob et Monod, pouvait être ainsi généralisée à l'ensemble du vivant : les premiers parasites ou symbiotes sont les gènes eux-mêmes.

Même si certains les considèrent comme des bouches inutiles que les cellules recopient à chaque division, beaucoup pensent que ces gènes symbiotiques, rétro-transposons en tête, ont un avantage essentiel : celui de renouveler la diversité génétique. Selon une version élargie du rôle de la symbiose dans l'évolution faite par les théoriciens John Maynard Smith (1920-2004) et Eors Szathmary (1959-), celle-ci semble avoir à plusieurs reprises additionné des entités préexistantes et autonomes pour fabriquer des organismes d'ordre supérieur et faire ainsi émerger de nouvelles structures (33). Ne peut-on dire ainsi avec eux que la cellule est une communauté symbiotique de molécules, le chromosome une communauté symbiotique de gènes, la cellule eucaryote une communauté symbiotique de procaryotes, un organisme multicellulaire une communauté symbiotique de cellules diversement différenciées et ainsi de suite ? À chaque niveau, des éléments peuvent aussi adopter une stratégie égoïste comme le font les transposons et comme le prouve l'apparition de cellules cancéreuses.

Aucun organisme ne vit seul. Chacun possède un cortège symbiotique sans lequel on ne peut comprendre ni sa physiologie, ni son succès écologique. Sans cette symbiose, l'organisme meurt ou voit sa compétitivité réduite. Si l'importance de la symbiose est restée si longtemps sous-estimée, son rôle en matière d'évolution et d'écologie insuffisamment connu, c'est que l'interaction avec des parasites quels qu'ils soient, virus, bactéries ou champignons, peut s'exprimer par des symptômes qui la rendent bien plus perceptible, quand il s'agit de maladies infectieuses. Des épidémies font plus pour connaître l'interaction des microbes avec l'homme, que la découverte des microbes qui vivent en bonne entente avec lui, qu'ils soient commensaux ou symbiotiques. La peste noire frappe beaucoup plus les esprits que les processus intimes de la digestion. Pour cette raison, l'impact des symbioses chez l'homme mais aussi dans son environnement reste, pour une large part, encore à découvrir. Notre connaissance du microbiote est encore balbutiante.

La reine rouge

Si pratiquement tous les scientifiques admettent aujourd'hui l'hypothèse de la sélection naturelle, au moins dans ses grandes lignes, les problèmes n'en sont pas résolus pour autant. Ainsi, la sélection naturelle telle que l'a décrite Darwin, capable de mener la vie depuis la molécule la plus simple d'acide nucléique apparue à la faveur de circonstances fortuites dans la fameuse soupe primitive jusqu'aux organismes les plus perfectionnés, homme compris, n'est pas toujours facile à comprendre. La question la plus difficile est d'identifier les forces qui ont mené l'évolution du vivant toujours plus loin, comme si elle cherchait chaque jour à faire plus et mieux que la veille. Ce ne sont sûrement pas les bouleversements de l'inerte qui à eux seuls ont produit l'extraordinaire biodiversité que nous connaissons. Certes, les changements survenus à la surface de la planète, notamment les bouleversements climatiques, les éruptions volcaniques, les dérives des continents, ont joué un rôle, mais l'un des principaux moteurs de l'évolution est représenté par la coévolution c'est-à-dire par les changements évolutifs de l'espèce avec laquelle une autre espèce se trouve ou entre en compétition. L'évolution est ainsi peut-être, voire surtout, le fait d'une coévolution des êtres vivants. L'évolution des espèces ne se considère qu'en fonction de l'interaction qu'elles ont les unes avec les autres. En 1973, l'évolutionniste américain Leigh Van Valen (1935-2010), étaie cette hypothèse en proposant une théorie de la coévolution à partir d'une métaphore empruntée à Lewis Carrol, celle de la reine rouge. Dans *De l'autre côté du miroir*, l'héroïne rencontre toute sorte de personnages imaginaires, dont la reine de cœur d'un jeu de cartes. Alors que toutes deux courent main dans la main, Alice interloquée remarque que les paysages alentour ne bougent pas. « Dans notre pays, explique-t-elle encore un peu pantelante, on arrive en général ailleurs si l'on court très vite pendant un long moment [...]. Ici en revanche, réplique la reine, il faut courir de toutes ses forces pour rester au même endroit (34). »

À travers cette analogie, Van Valen montre que l'évolution d'une espèce est nécessaire pour maintenir son aptitude face aux évolutions des espèces avec lesquelles elle cohabite. Il part du postulat que la probabilité d'extension d'un groupe d'êtres vivants est constante au cours d'échanges géologiques. Se fondant sur les courbes de survie d'une cinquantaine de groupes d'organismes, parmi lesquels des protistes, des plantes et des animaux, il suppose que les possibilités d'extension d'une espèce sont sans relation avec son ancienneté, mais dépendent de sa coévolution avec les autres espèces. Si bien que lorsque les prédateurs les plus rapides sont sélectionnés, les proies les plus véloces le sont aussi. Le rapport de force entre les deux espèces est ainsi inchangé. Comme dans la fable de la reine rouge, les organismes évoluent, mais la toile de fond, ici l'équilibre des forces en présence, ne se modifie pas. Paradigme de l'évolution, cette théorie de la reine rouge fait donc la part belle à l'influence d'une espèce sur une autre. De nombreux modèles de coévolution existent dans la nature à commencer par celui des animaux pollinisateurs et des plantes. L'un des exemples les plus fameux se trouve chez les colibris : leur bec a évolué pour devenir long et bien adapté à la fleur, de façon à ce que leur langue puisse atteindre le nectar au fond de la corolle. Parallèlement, la fleur s'est adaptée au bec. L'une de ces espèces d'oiseaux possède un appendice recourbé qui pénètre comme un cimeterre dans le tube floral du partenaire. L'harmonie entre ces formes optimise le partenariat car elle permet aussi aux étamines de la plante de déposer son pollen sur le colibri lorsque celui-ci se courbe pour atteindre son mets délicat. S'il est vrai que l'hypothèse de la reine rouge s'applique à toute la biosphère, les interactions durables, souvent caractérisées par le petit nombre et la fidélité des partenaires dans le temps, telles celles du microbiote avec l'homme, ne sont-elles pas les meilleurs modèles pour étudier l'adaptation du vivant, la coévolution entre espèces dépendantes l'une de l'autre ? L'hypothèse de la reine rouge conduit cependant à se poser deux questions : le paysage est-il vraiment immobile ? La course s'arrête-t-elle un jour ?

En reprenant l'image d'Alice et de la dame de cœur dans le paysage statique, une accélération se produit-elle que le paysage semblera défiler vers l'arrière. Si au contraire elle ralentit, celui-ci donnera l'impression de les dépasser. Quelle implication faut-il y voir ? Sans doute qu'il ne faut jamais considérer que l'état dans lequel se trouve une association est un état d'équilibre. La sélection naturelle peut être très rapide, même si elle est souvent très lente. Il est infiniment probable que dans la plupart des systèmes dans lesquels un processus de reine rouge se déroule, aucun des partenaires ne possède à un moment donné des traits qui lui conféreraient l'adaptation idéale. Par ailleurs, si Van Valen admet implicitement que le processus de reine rouge ne s'arrête jamais, la question continue d'être posée. Si on en admet l'hypothèse, la capacité de l'ensemble à s'adapter à l'environnement est supérieure à celle de l'un ou l'autre des deux êtres symbiotiques. Si les parasites se sont sans doute adaptés plus rapidement, la symbiose, ou l'art de bénéficier l'un de l'autre, a sans doute mis plus de temps à s'implanter dans le monde vivant. La diversité génétique apparaît donc comme un bagage essentiel pour tenir son rang dans le monde sans pitié de la sélection naturelle.

Au-delà de la production de diversités par recombinaison ou autre, la sexualité grâce à la recombinaison des gènes est un puissant levier d'accroissement de la diversité, en plus de celle générée par les mutations. Une adaptation trop étroite fragilise le rôle de la symbiose. Il s'agit à la fois de sélectionner des partenaires symbiotiques, mais aussi d'augmenter la biodiversité face à un environnement hostile. Les interactions durables sont peut-être un moteur qui, imposant une course aux armements, fait qu'un groupe est contraint d'acquérir de nouvelles adaptations. Ainsi, la diversité des hommes comme celle des microbes devient autant une conséquence qu'une cause de la reine rouge. Cependant, si l'homme a tiré parti des propriétés de certains microbes, si l'évolution reste dominée par l'interaction entre le patrimoine génétique des hôtes et des parasites, celle-ci, vue du côté de l'homme, est aussi le produit de sa culture. L'homme doit ainsi compter autant sur son intelligence que sur ses gènes, il doit aujourd'hui comprendre et favoriser l'interaction durable avec la flore qui l'habite.

CHAPITRE II

De la flore intestinale à l'holobionte

Le terme « microbiote » désigne l'ensemble des bactéries qui habitent l'homme et cohabitent avec lui, et ce quelle que soit leur localisation anatomique, sur la peau, dans le conduit auditif, les bronches, la cavité vaginale, etc. Les recherches sur ces bactéries ont cependant essentiellement porté sur le microbiote intestinal parce que c'est dans le tube digestif où on en trouve le plus grand nombre, mais aussi parce que c'est là que leur influence sur la physiologie de l'organisme semble déterminante. Comment est née la notion de microbiote intestinal, de ces microbes commensaux qui peuplent notre tube digestif ? Peut-on en faire une histoire, suivre la progression des savants dans l'exploration de ces colonies bactériennes longtemps regroupées sous l'appellation de flore, comme pour mieux les exclure de notre corps animal ? La tâche est difficile, à vrai dire impossible. On ne peut décrire ici une histoire linéaire, une *success-story* où se succéderaient des pionniers visionnaires tous occupés à percer le même mystère. L'histoire du microbiote n'est pas l'histoire d'une découverte, mais celle d'une conquête patiente, progressive, nourrie de concepts et de technologies imaginés dans différentes disciplines. Elle s'est déroulée à la façon d'une course où le témoin est passé de main en main sans que le coureur qui le porte ne connaisse la main qui allait le saisir. Une course de fond, mais aussi une course d'obstacles technologiques et psychiques. Car il a fallu déchoir des cadres mentaux, autant scientifiques que culturels, qui, comme le disait l'historien Fernand Braudel (1902-1985), sont des « prisons de longue durée ».

D'ailleurs, il est rare qu'il en soit ainsi en histoire des sciences, même si les récits populaires véhiculent des images d'Épinal qui accréditent cette vision positiviste. La conquête du microbiote mobilise un ensemble de concepts et de techniques apparus dans différents contextes, sans qu'un but commun n'ait été poursuivi. Le caractère disparate et fragmenté de cette découverte n'interdit cependant pas d'en restituer les moments clés, mais en suivant quel fil rouge ? Quelle idée directrice, présente ou inconsciente chez les protagonistes de cette histoire, pourrait éclairer le chemin parcouru, avec ses avancées, ses détours et ses impasses ? On peine à trouver ce trait d'union, ce point de convergence entre des moments dispersés dans le temps et l'espace. Et plus on revient sur les travaux qui témoignent d'une inflexion possible vers la notion de microbiote, plus on a l'impression d'une succession de rendez-vous manqués, d'évidences oubliées, de faits occultés. C'est là l'une des particularités de cette histoire. Pour la saisir pleinement, il faut inverser le problème, ne plus décrire une suite d'avancées comme autant de pas sur le chemin de la connaissance, mais comprendre quels ont été les obstacles épistémologiques et techniques qui en ont freiné l'étude. Pourquoi les scientifiques n'ont pas pris la mesure de ce qu'ils avaient sous les yeux et n'ont pas su voir ? C'est donc une histoire en négatif qu'il faut retracer, comme si elle était inscrite sur un rouleau de celluloïde qui, par son antériorité, refléterait plus fidèlement la réalité qu'une photographie retouchée.

Du bouillon de culture aux modèles animaux

À la question de savoir pourquoi chercheurs et médecins n'ont pris que très récemment conscience de l'importance du microbiote, un chœur se fait entendre pour affirmer que le retard conceptuel s'explique par les difficultés technologiques. Jusqu'à une époque récente, il était en effet impossible de caractériser les populations bactériennes intestinales impropres à la culture sur les milieux usuels, notamment parce que la plupart d'entre elles sont rapidement détruites au contact de l'oxygène (1). En même temps, tous les auteurs s'accordent à souligner que sur un plan fonctionnel, pour comprendre en quoi le microbiote est utile à la vie de son hôte, les études chez l'animal ont été, et sont encore, d'un considérable secours. On connaît le calvaire des enfants-bulles, confinés en atmosphère stérile sous des tentes translucides. Atteints de déficit immunitaire grave, incapables de se défendre contre les infections, ils sont condamnés à une prison de plastique, contraints à des enceintes étanches. Ces dispositifs médicaux utilisés en milieu hospitalier spécialisé ont été inspirés par les travaux de laboratoire sur les animaux axéniques (c'est-à-dire exempts de tout germe, *germ free*, comme disent les Anglo-Saxons). Le but de la manipulation consiste à éviter les colonisations bactériennes dès la naissance, puis à élever ces animaux exempts de germes en les préservant de tout contact avec des micro-organismes (à l'exception des virus plus difficilement contrôlables). Pour la recherche sur le microbiote, l'intérêt est double. La vie sans microbes puis la réintroduction de certaines populations bactériennes (on parle alors d'animaux gnotobiotiques à flore contrôlée) peuvent aider à comprendre leur métabolisme et préciser les termes de la cohabitation avec l'hôte. De fait les premiers objets de débat portaient sur une question essentielle : peut-on vivre sans microbes ?

Vivre sans microbes ?
Plus de réponses que de questions

L'histoire des animaux axéniques et gnotobiotique met en lumière plusieurs points instructifs.

Les premières expériences sur des modèles axéniques firent suite à une remarque de Pasteur dans laquelle il formulait l'hypothèse qu'un animal ne peut vivre sans microbes (2). Ce bref texte de moins d'une page était une réponse aux expériences d'Émile Duclaux (1840-1904) sur des végétaux. Dans la note précédente, celui qui allait prendre la suite du maître à la tête de l'Institut Pasteur livrait les résultats préliminaires de ses travaux sur des haricots et des pois plantés dans un sol stérilisé. Duclaux cherchait à savoir si une plante peut « [...] se développer en l'absence des êtres microscopiques, c'est-à-dire utiliser, en dehors d'eux, la matière organique, telle qu'elle lui vient de la plante qui l'a précédé sur le sol qu'elle occupe (3) ». Ces expérimentations seraient sans doute passées inaperçues si Pasteur ne les avait commentées, d'abord pour en souligner l'intérêt, puis pour tracer un programme de recherche que, dit-il, il n'a « pas le temps » d'entreprendre. Son idée est de nourrir de jeunes animaux (lapins, cobayes, chiens, poulets) avec des « matières nutritives pures (écrit en italique dans le texte) », autrement dit « [...] des produits alimentaires que l'on priverait artificiellement et complètement de microbes communs ». Par « [...] l'addition systématique, aux matières pures dont je parle, de tel ou tel microbe simple ou de microbes divers associés bien déterminés », il devient possible, affirme-t-il, d'étudier la digestion. Avant de conclure, il remarque que « l'œuf de poule se prêterait sans difficultés à cette nature d'expérience ». Si le qualificatif « pur » semble renvoyer au vocabulaire des hygiénistes qui, dans ce XIXe siècle marqué par le surgissement du choléra, rêvent d'un air, d'une eau, d'une alimentation aseptisée, la courte note de Pasteur suffit à déclencher une de ces controverses dont les savants sont friands. Il faut reconnaître que l'enjeu du débat n'est pas mince : les microbes sont-ils toujours préjudiciables à la santé ou faut-il les créditer d'un rôle positif dans le développement et la physiologie de l'organisme ?

Wilhelm Marceli Nencki (1847-1901), chimiste et médecin polonais qui s'intéressa à la microbiologie, prit le parti inverse et prédit que les animaux indemnes d'infections seraient plus robustes que les autres (4). Persuadé de l'action délétère des bactéries dans le tractus digestif Élie Metchnikoff (1845-1916) se rangea à ses côtés : « Nous nourrissons dans notre tube digestif, notamment dans notre gros intestin, une flore très riche, une végétation ennemie aux méfaits de laquelle nous sommes perpétuellement exposés (5). » Metchnikoff pensait que l'éradication de ces germes, en particulier ceux du gros intestin, donnerait la clé de la longévité. Selon lui, la flore intestinale occasionnait des modifications de l'organisme, notamment l'athérosclérose dont on ignorait alors les causes, et conduisait à une sénilité précoce (6). Il voyait le côlon comme un résidu hérité de lointains ancêtres dont les habitudes alimentaires n'avaient rien de commun avec celles de l'homme moderne. L'appendice désormais superflu n'était qu'une « fabrique de poison microbien, un organe plus qu'inutile, un danger permanent pour l'organisme (7) ». Partant de cette hypothèse, le père de l'immunologie développa une proto-théorie du traitement par probiotiques en préconisant la consommation de bacilles lactiques pour contrer les effets délétères de la flore intestinale (8). L'exceptionnelle longévité des paysans bulgares, connus pour leur consommation de laitages fermentés, venait à l'appui de sa doctrine. Qu'on ne s'y trompe pas, Metchnikoff ne cherchait pas à renforcer l'action bienfaitrice du microbiote par la consommation de yaourts. Au contraire, avec l'absorption de bacilles lactiques, il pensait avoir trouvé le moyen d'empêcher la production de toxiques par les bactéries qui nous habitent.

C'est avec ces idées en tête que le savant d'origine russe incita Michel Cohendy à produire des poulets axéniques dans son laboratoire, suivant en cela le conseil de Pasteur. Dans un compte rendu de ces expériences publié en 1912 (9) où il livre une minutieuse description de ses manipulations, Cohendy affirme que : « La vie sans microbe est possible pour un vertébré – le poulet – pourvu normalement d'une riche flore microbienne. Cette vie aseptique n'entraîne par elle-même aucune déchéance de l'organisme. »

Ces conclusions reprises par les uns, contredites par d'autres montrent que des modèles propices à l'exploration des interactions entre l'homme et ses parasites existaient depuis la fin du XIXe siècle et qu'il suffisait de s'en saisir pour tester le microbiote, comme cela fut le cas à partir des années 1960. Mais ce n'est pas tout. On y apprend également que Pasteur supposait, sans en avoir la preuve expérimentale, que les animaux ne peuvent survivre sans parasites. Incluait-il l'homme dans l'affirmation de ce nécessaire partenariat ? Envisageait-il une coopération active entre micro- et macro-organismes ou n'y voyait-il qu'un état de fait tant notre environnement grouille de microbes ? Difficile de le dire. Mais estimer que le germe est nécessaire à la vie du poulet revient à affirmer que, d'une façon ou d'une autre, le microbe est bénéfique à l'oiseau.

Raconté de cette façon, le débat sur la vie sans bactéries ne semble agiter qu'un microcosme de savants absorbés par la conception d'étranges dispositifs hermétiques. Mais dès les premières expériences, la presse se fait l'écho de la controverse. Sous la plume d'un certain Ignotus (10), *Le Petit Stéphanois* en date du 24 juillet 1899 (11) publie à la une la chronique circonstanciée sur les expériences d'un scientifique allemand, Max Schottelius (1849-1819) qui montrait, contrairement à Cohendy, que les poulets axéniques avaient tous succombé avant un mois, ce qui l'avait incité à se rallier au point de vue de Pasteur. Le journaliste considère l'issue des manipulations comme une éclatante confirmation de la prédiction pastorienne et y voit une forme d'hommage « à ce pauvre microbe si honni ». De l'autre côté de l'Atlantique, la caisse de résonance médiatique joue à plein, en 1914, au moment où Cohendy et Eugène Wollman (1883-1943) rendent publiques de nouvelles expériences contradictoires. Cette fois, c'est l'opinion inverse qui l'emporte. Le *New York Times* consacre un *special cable* de Paris aux expériences de l'équipe française en affirmant que les poulets de Cohendy se sont correctement développés et ont atteint un poids de 30 % supérieur à celui des animaux témoins (12). Transporté par la nouvelle, le journaliste entrevoit déjà un futur dans lequel les enfants « pourraient acquérir une constitution plus robuste grâce à un traitement comparable (13) ». De nombreux journaux régionaux reprennent l'information à leur compte. Sans envisager une société orwellienne où les enfants grandiraient dans des alvéoles stériles le temps de se constituer un solide tempérament, on voit déjà se forger à cette époque l'illusion d'un monde débarrassé de micro-organismes et réputé plus sain. Cette utopie prendra toute son ampleur au lendemain de la Seconde Guerre mondiale avec les premières victoires remportées par les antibiotiques.

La recherche sur les animaux axéniques atteint son apogée avec le microbiologiste James Arthur Reyniers (1909- ?), qui entreprend ses premières recherches à l'université catholique de Notre-Dame, dans l'Indiana, au début des années 1930. Fils du propriétaire d'une entreprise de machines et d'outils, ce familier de mécanisation et de l'ingénierie veut organiser une production de masse d'animaux exempts de toute contamination (14). Il ambitionne de créer et de commercialiser toutes sortes d'espèces de laboratoire, souris, rats, cobayes, poulets, mais aussi chiens, chats, singes, etc. afin de mettre à la disposition de ses confrères « des unités pures », un bestiaire aseptique sur catalogue. Persuadé que l'avenir de la recherche en biologie se joue dans le recours à des modèles axéniques standardisés, le microbiote ne le préoccupe pas au premier chef. Avec son bras droit, Philip G. Trexler (1911-1014), ils perfectionnent le recueil des animaux : l'utérus est extrait de la femelle gravide avant le terme et traité par des procédures de désinfection successives, puis le nouveau-né est libéré de sa gangue (15). Ils améliorent le matériel d'isolation, la désinfection de l'air, les méthodes de stérilisation des aliments, conçoivent des systèmes de transport du matériel animal et obtiennent des générations successives en atmosphère aseptique. Au cours de la Seconde Guerre mondiale, Reyniers décroche des subventions de l'armée grâce à l'inversion de son dispositif qui permet de protéger l'expérimentateur des germes virulents sur lesquels il travaille. Il parvient ainsi à créer le Lobung Institute (Laboratories Of Bacteriology, University of Notre-Dame), en 1946, haut lieu de la recherche sur les animaux axéniques et gnotobiotiques que viendront visiter des chercheurs du monde entier.

Mais Reyniers et Trexler voient plus loin, leur technologie doit naturellement trouver des applications en agriculture et en santé humaine. Chez certaines espèces animales l'expérience montre que l'isolation produit un effet sur le développement comparable à celui des antibiotiques, ce qui tendrait à prouver que leur action sur la croissance de l'animal passe par un remaniement du microbiote. À cette époque, l'émergence des résistances microbiennes suscite déjà un débat sur le recours systématique aux antibiotiques, une opportunité pour l'élevage gnotobiotique. En 1966, Trexler part tenter sa chance au Royaume-Uni où il installe d'énormes isolateurs dans une porcherie préalablement désinfectée (16). Il étudie le développement et l'état de santé des porcs selon la réintroduction de différents germes, mais l'expérience restera sans suite, notamment par la lourdeur du dispositif. Comme un prélude aux cochons humanisés (17), les porcheries aseptiques disparaissent sans faire de bruit. À l'hôpital, l'objectif est d'utiliser les dispositifs d'isolation dans la lutte contre les infections croisées (on dirait plus volontiers aujourd'hui les infections nosocomiales), notamment au bloc opératoire. En 1962, Trexler s'installe à l'Albert Einstein College of Medicine de New York pour étudier la possibilité de transférer « les techniques du laboratoire des animaux axéniques au bloc opératoire ». Il est l'inventeur d'un plastique transparent, souple, façonnable à l'envi et bon marché, idéal pour aménager des zones stériles modulables selon les besoins et la configuration des locaux. La conception d'isolateurs permettant de réaliser une intervention chirurgicale en atmosphère totalement stérile rencontre un certain succès, puisqu'en 1964 le dispositif est utilisé dans plusieurs hôpitaux américains où, d'après une étude, le taux d'infections post-opératoires a drastiquement chuté en passant de 14,6 % à 3,8 % des interventions (18). Plus facile et moins contraignante pour les équipes soignantes, notamment pour des chirurgiens en nage au bout d'une vingtaine de minutes d'intervention, l'antibiothérapie préventive aura raison des isolateurs de Trexler.

Malgré ces déconvenues, les innovations des chercheurs de Notre-Dame trouvent deux débouchés qui ont marqué les esprits. Dans les années 1970 surviennent les premières bouffées épidémiques de fièvres hémorragiques dues à des virus inconnus. Le virus de Marburg d'abord, puis ceux de Lassa et, bien sûr, d'Ebola frappent les imaginations. L'urgence n'est plus de protéger un patient aux défenses immunitaires fragilisées, mais de mettre les équipes soignantes à l'abri d'une contamination en isolant les malades dans des espaces strictement contrôlés. En 1976 à l'hôpital Coppetts Woods de Londres, les isolateurs plastiques de Trexler hébergent avec succès des scientifiques du ministère de la Défense britannique accidentellement contaminés par le virus Ebola. Mais l'image qui a fait le tour du monde, qui a intrigué, ému, parfois irrité, est celle de David D. Vetter (1971-1984), le premier enfant-bulle né le 21 septembre 1971 au Texas Childrens' Hospital de Houston. Atteint d'un déficit immunitaire grave lié à l'X (19), le nouveau-né vient au monde par césarienne et intègre immédiatement un dispositif inspiré des tentes de Trexler, consulté pour l'occasion sur le design de l'isolateur et les procédures de stérilisation du lait. Ce premier enfant axénique a soulevé de nombreuses questions éthiques car les médecins ne parvinrent pas à trouver un donneur de moelle compatible et que la restauration spontanée de son système immunitaire tant espérée par l'équipe soignante ne survint jamais. Équipé d'un scaphandre concocté par les ingénieurs de la NASA, David fut délivré de ses chaînes plastiques mais, étranger à un monde dans lequel il évoluait comme un astronaute sur Mars, il demanda à réintégrer sa bulle pour ne plus la quitter. On la transporta alors au domicile familial. Confiné sa vie entière dans un environnement sécurisé, David décède le 11 février 1984, à l'âge de 12 ans, d'un lymphome de Burkitt dû au virus d'Epstein-Barr à la suite d'une tentative de transplantation de moelle. Le perfectionnement des techniques avait permis de rendre compatible la moelle de sa sœur, pas d'éviter une contamination virale mortelle. David quitta sa bulle le temps d'une agonie. Contribution majeure à la prise en charge transitoire de ces jeunes malades pour lesquels des solutions thérapeutiques sont aujourd'hui accessibles ou roman noir d'un cobaye humain ? Les avis restent partagés.

L'isolement de David avait au moins prouvé une chose : un enfant peut se développer dans une atmosphère stérile sans répercussion majeure sur le plan physiologique. Mais une fois encore, et de façon pleinement justifiée ici, les scientifiques ne s'étaient pas attardés sur la question du microbiote et de son rôle sur le fonctionnement de l'organisme. On comprenait petit à petit qu'il était indispensable, sans s'attarder cependant sur l'importance qu'il pouvait avoir en physiologie, notamment sur le développement des défenses immunitaires. Malgré ces détours inattendus, une poignée d'équipes dans le monde travaillaient déjà depuis une vingtaine d'années sur des modèles axéniques dans le but d'étudier ce que l'on appelait encore la flore intestinale. Plusieurs d'entre elles étaient abritées à l'INRA de Jouy-en-Josas. Les travaux sur les animaux gnotobiotiques à flore contrôlée révélèrent le rôle très spécialisé de certains micro-organismes, mais ils montrèrent surtout que de nombreux effets du microbiote sur l'hôte résultent d'interactions entre souches bactériennes. L'idée que le microbiote se comporte comme un organe qui, à l'instar du foie ou du cœur, prend sa part au fonctionnement de l'organisme, commença alors à faire son chemin. Son action semblait dépendre de la dynamique et de l'équilibre des souches présentes dans les milieux particuliers que sont les différents étages du tube digestif. Ce concept se concrétisa par la création d'un laboratoire d'« écologie microbienne (21) ». Les chercheurs de l'INRA eurent l'intelligence d'établir des passerelles avec le milieu médical qui témoignait d'un intérêt croissant pour ces problèmes, notamment pour « l'effet barrière », autrement dit la capacité de la flore intestinale à protéger son hôte contre l'intrusion de certaines bactéries pathogènes. C'est ainsi qu'ils participèrent, comme leurs collègues de l'Université de Notre-Dame, au perfectionnement des isolateurs des premiers enfants-bulle de l'hôpital Necker (Paris), dans le service de Claude Griscelli. C'est sur leur conseil qu'une souris fit son entrée dans l'isolateur, l'examen de ses fèces étant le moyen le plus sûr et le moins traumatisant pour l'enfant de certifier l'asepsie (22). Si les selles de l'animal sont stériles, celles de l'enfant doivent l'être aussi, comme les roses devant les rangs de vignes annoncent, si elles flétrissent, l'arrivée du phylloxera.

De fait, c'est par l'étude de lignées de souris et de leur flore, (et non des roses...) qu'allaient se développer à partir des années 1960 de nouvelles caractérisations du microbiote (23-25). À l'hôpital Rockfeller, le Francais René Dubos (1901-1982), microbiologiste et auteur de nombreux ouvrages humanistes (26), s'intéressa ainsi aux facteurs environnementaux qui influencent la susceptibilité aux maladies infectieuses (27). Cette démarche le conduisit à étudier le rôle du microbiote dans le développement, la santé et la longévité des petits rongeurs. À partir du modèle animal, il parvint à la conclusion que « les hommes et les autres mammifères ne peuvent pas survivre et demeurer longtemps en bonne santé sans l'aide de certaines espèces microbiennes intimement mêlées au mucus intestinal (28) ». Il s'agissait bien d'une nouvelle avancée dans cette nécessaire écologie microbienne, une vision positive du négatif. Autre fait d'importance, ses expérimentations sur la sensibilité aux pathogènes l'amenèrent également à constater la limite floue entre bactéries commensales et pathogènes : « Beaucoup de micro-organismes considérés comme pathogènes, et probablement tous, persistent *in vivo* dans le tractus digestif sans causer aucune maladie. À l'inverse, plusieurs espèces communément portées par l'organisme en bonne santé peuvent être la cause de manifestations pathologiques dans certaines conditions (29). » S'il fallut si longtemps pour s'accorder sur de telles réponses aux questions déjà posées par Pasteur, on le doit moins aux controverses qu'à une série d'obstacles épistémologiques. La science n'avance souvent que portée par l'enthousiasme d'une société sur ses buts et ses moyens.

Quand le microbiote fait peur

Au regard de la multitude des espèces de micro-organismes, rares sont les bactéries pathogènes pour l'homme, mais ce sont celles qui hantent nos pires cauchemars. Que de microscopiques créatures puissent être à l'origine de ravageuses pestilences qui, avec les guerres et les famines, représentent les plus redoutables fléaux de l'humanité, suffisent à éclipser les quelques vertus qu'on leur avait attribuées. Dans cette histoire du microbiote, histoire fragmentée, histoire en creux, on trouve ici un premier obstacle épistémologique au sens où l'entend le philosophe Gaston Bachelard (1881-1962) dans son ouvrage *La Formation de l'esprit scientifique* (30). « En fait, écrit-il, on connaît contre une connaissance, en détruisant des connaissances mal faites, en surmontant ce qui, dans l'esprit même, fait obstacle à la spiritualisation (31). » Certitudes, idées préconçues et vérités enseignées s'interposent comme une sorte de verre dépoli entre la pensée du chercheur, son désir de connaissance et l'objet étudié. N'est-ce pas notre expérience des épidémies passées et présentes qui a interdit de voir un bienfaiteur dans ce « microbe si honni », comme le disait le chroniqueur du *Petit Dauphinois* ? Pas étonnant dans ces conditions que Metchnikoff remporte la première manche et que le monde meurtri sorti de la Seconde Guerre mondiale rêve d'une société débarrassée des bactéries. Le vent d'optimisme qui souffle sur la planète microbiologie pousse un grand immunologiste, Macfarlane Burnet (1899-1985), à écrire que les antibiotiques portent en eux la promesse de « l'élimination potentielle des maladies infectieuses comme un important facteur de la vie sociale (32) ». Asepsie rime si bien avec modernité que

Charles Philips, un médecin militaire de la Walter Reed Army Institute of Research, envisage d'envoyer dans l'espace des hommes axéniques, qu'il suffira « de garder dans une enceinte stérile pendant les vingt-cinq premières années de leur vie, un temps suffisant pour leur apprendre à piloter un vaisseau spatial (33) ». En 1967, William Stewart, le ministre de la Santé des États-Unis, renchérit en affirmant que « le chapitre des maladies infectieuses est clos, la guerre contre les pestilences gagnées (34) ». Moins de vingt ans plus tard, le Center for Disease Control d'Atlanta relevait les premiers signes de l'épidémie de sida.

Quand le microbiote fait horreur

Le dégoût qu'éprouve le commun des mortels pour les matières fécales a-t-il alors joué comme un obstacle épistémologique, eu égard au peu de noblesse de cet objet d'étude et à la répugnance qu'il inspire ? La noblesse de l'esprit n'inspire-t-elle pas un dégoût pour l'animalité du ventre ? Theodore Rosebury (1904-1976), qui était professeur de bactériologie à l'école de dentisterie de l'Université de Saint-Louis (Missouri), commença dès 1928 à recenser les publications scientifiques sur la flore normale de l'homme. Il publia une synthèse de ce travail de fourmi en 1962 dans le premier chapitre d'un ouvrage dans lequel il dressait un état des connaissances sur le microbiote à cette date (35). Dans un second livre, abondamment commenté par la presse et destiné à un plus large public, Rosebury dénonçait une conception puritaine des corps et de leurs excrétions, condamnées par des préceptes moraux qui avaient stérilisé nos sociétés (36). « Il persiste, écrivait-il, une représentation puritaine qui fait de notre corps, ou au moins certaines de ses parties, de leurs fonctions et de leurs produits, des choses répugnantes et sales. Le sexe a été enfermé dans cette conception. Les fèces, l'ordure, la saleté, le sol, la terre y sont également englobés. Maintenant que nous savons que les micro-organismes sont actifs dans toutes ces substances, il nous semble qu'il faut aussi les considérer de cette façon. Mais d'un point de vue microbiologique – ainsi que pour d'autres bonnes raisons –, cela est faux. Les microbes qui vivent en nous (dans cet état d'équilibre que nous appelons la santé) font partie intégrante de cette "saleté" – globalement les excréments – dont nous essayons désespérément et irrationnellement de nous débarrasser (37). » Le microbiologiste blâmait l'aversion culturelle profondément chevillée au corps de l'homme moderne alors que ses ancêtres tiraient des trésors de bienfaits de l'industrie des excréments. Pour autant, il ne semblait pas penser que les scientifiques aient été refrénés par ces normes sociales.

D'ailleurs, les matières fécales humaines ou animales ont été largement utilisées dans la pharmacopée. Sans remonter jusqu'à la médecine antique, et notamment celle de certains papyrus égyptiens, au XVIIIe siècle, le remède désigné sous le bucolique nom d'eau de Millefleurs n'était autre que de la bouse de vache. Paul-Jacques Malouin (1701-1778), chimiste pensionnaire de l'Académie royale des Sciences et médecin ordinaire de la reine, y consacre un chapitre entier de son *Traité de chimie médicale* (38). Quelques décennies auparavant, le médecin et théologien allemand Franz Paullini (1643-1712) écrivit une œuvre au titre sans détour, *Pharmacopée de la merde*, un ouvrage qui fit référence jusqu'au XIXe siècle (39). Il y dévoilait les mille manières d'accommoder fèces et urines pour traiter les maladies, aussi bien internes qu'externes. Dans la mesure où il préconisait de combattre la dysenterie par l'ingestion d'excrément, certains le voient, avec une bonne dose d'imagination et un brin de paresse intellectuelle, comme le précurseur des transplantations fécales indiquées de nos jours dans le traitement des colites ulcéro-membraneuses à *Clostridium difficile* (voir chapitre VII). On dit qu'un autre théologien beaucoup plus célèbre, Luther (1443-1546), ingurgitait tous les matins une cuillère de ses propres déjections et s'étonnait que « Dieu ait mis dans les fientes des remèdes si importants et si utiles (40) ». L'*Encyclopédie* de Diderot et d'Alembert signale à l'article « Chien » que la crotte de cet animal, « connu plus communément dans les boutiques des Apothicaires, sous les noms d'*album graecum*, *album canis* [...] » a été célébrée comme « étant sudorifique, atténuant, fébrifuge, vulnéraire, émollient, hydragogue, spécifique dans les écrouelles, l'angine, et toutes les maladies du gosier, employé tant extérieurement qu'intérieurement, etc. (41) ». L'auteur de l'article, Gabriel François Venel (1723-1775), donne une explication rationnelle aux vertus de cette substance : « L'*album graecum* n'est proprement qu'une terre animale, et par conséquent absorbante, analogue à l'ivoire préparé, à la corne de cerf philosophiquement préparée, etc. [...]. » La médecine populaire du XIXe siècle fit encore une place appréciable à la pharmacopée stercorale car les matières fécales étaient alors encore la source de nombreux médicaments (42).

Selon Gaston Bachelard, l'importance donnée aux excréments explique leur entrée dans les codex par « valorisation antithétique (43) ». « Tout joue, explique-t-il, pour donner une valeur aux antivaleurs. » L'étude de la digestion mobilisa de nombreux savants au XVIIIe siècle et fut l'un des premiers terrains d'expérimentation en physiologie. On se souvient que René-Antoine Ferchault de Réaumur (1683-1757) fit avaler à un rapace des tubes métalliques contenant des morceaux de viande pour montrer que la digestion n'était pas un processus de trituration comme on le pensait alors, et qu'il répéta l'expérience sur lui (avec des tubes en bois) pour prouver que chez l'homme aussi elle correspond avant tout à un phénomène chimique. Au regard de la survalorisation des remèdes stercoraires, et à l'instar d'un Réaumur furetant dans ses selles pour y dénicher les précieux cylindres, on ne peut pas dire que l'aversion partagée envers les matières fécales a entravé la marche de la science.

> Alors que la recherche en microbiologie nous a valu tant de lauriers pour la découverte de l'origine des maladies infectieuses par l'application de la méthode de Koch, il peut paraître insensé d'étudier et de classer les populations bactériennes contenues dans les selles et le tractus digestif normal, leur présence semblant être le résultat de

> milliers de hasards. Si j'ai pourtant consacré l'année écoulée presque exclusivement à ce travail, c'est avec la conviction que la connaissance de ces phénomènes est essentielle, non seulement pour comprendre la physiologie de la digestion [...], mais aussi la physiopathologie et le traitement des infections digestives (44).

Pédiatre et microbiologiste, celui qui écrit ces lignes en 1885 s'est consacré quinze mois durant à une étude du méconium (45) et des selles de nourrissons à différents âges. Il s'est attelé à cette tâche avec l'espoir de trouver un remède contre la dysenterie qui décimait alors les enfants en bas âge. Escherich a appris les techniques de cultures auprès d'un élève de Robert Koch (1843-1910) et se sert des colorations que Hans Christian Gram (1853-1938) vient de mettre au point (voir chapitre premier, p. 26). De surcroît, il développe des nouvelles méthodes de coloration et de culture des bactéries anaérobies dont il démontre les propriétés de fermentation (46). Il décrit un nouveau micro-organisme, *Bacterium coli commune* (autrement dit le bacille commun du côlon), qui prendra par la suite pour nom *Escherichia coli*. Comme l'atteste la citation en ouverture de ce paragraphe, Escherich a conscience d'ouvrir un chapitre inexploré de la microbiologie et de la physiologie humaine. Mais il ne réalise pas l'immense service qu'il vient de rendre à la recherche en biologie, car *Escherichia coli* était appelée à peupler les laboratoires du monde entier et à devenir la forme de vie la plus étudiée. Ce succès, la bactérie aérobie le doit à sa grande adaptabilité. Elle pousse sur tous les milieux, métabolise sans renâcler ce qu'on lui livre en pâture, du sang, du pain ou de la patate, tout est bon pour *Escherichia coli*. Le pédiatre autrichien n'avait pas reculé devant le dégoût qu'inspirent les excréments, fussent-ils infantiles, mais en même temps qu'il isolait le premier microbe commensal des voies digestives, il ne pouvait apprécier ni la quantité, ni la diversité du microbiote. La célébrité d'*Escherichia coli*, dont on sait aujourd'hui qu'elle représente moins de 1 % des bactéries du tube digestif, allait occulter cette réalité pendant toute la première moitié du XXe siècle, à la fois par difficultés techniques et obstacle épistémologique.

La culture bactérienne comme obstacle

Les obstacles ne sont pas dus qu'au dégoût des études stercorales, ils reposent aussi sur leurs difficultés techniques. Les bactéries du microbiote intestinal sont principalement des anaérobies. Cette « vie sans air », formule par laquelle Pasteur désignait ces micro-organismes anaérobies, a peu retenu l'attention des microbiologistes dans la première moitié du XXe siècle. Pour une bonne part, ce désamour est imputable aux difficultés techniques rencontrées dans l'identification de germes dont certains ne survivent pas plus de quelques minutes, voire quelques secondes à l'air libre. Environ 300 méthodes différentes ont cependant été proposées entre 1888 et 1919 pour améliorer le procédé, notamment avec l'agar-agar (47, 48), et quelques-unes relèvent du folklore de la bactériologie. Ces efforts témoignent à la fois des impasses qui se sont fait jour et de l'impossibilité de simplifier le processus. Ce n'est qu'à partir des années 1940 que la situation commença à se débloquer grâce aux termites.

Le microbiologiste Robert E. Hungate (1905-2004) a en effet commencé sa carrière avec une thèse sur la digestion du bois par ces insectes dépourvus des enzymes nécessaires à la dégradation de la cellulose et de la lignine (49). Pour pallier cette carence, les termites inférieurs entretiennent une relation symbiotique principalement avec des protozoaires flagellés ainsi que des bactéries, qui habitent son ampoule rectale, niche écologique où elles dégradent le polysaccharide cellulosique. Cette relation complexe décrite au chapitre précédent était alors mal connue et Hungate, qui s'intéressait déjà aux bactéries, voulait démontrer qu'elles participaient au processus digestif, mais il n'y parvint pas (50). Après avoir rejoint le département de zoologie de l'Université du Texas, le microbiologiste passa naturellement de la terreur des charpentes aux bêtes à cornes, un saut logique puisqu'il prolongeait son thème de recherche : la digestion de la cellulose par coopération entre eucaryotes et procaryotes. À partir de ce moment il n'eut plus qu'une idée en tête, extirper des tréfonds de la panse bovine les mystères de la digestion fermentative. C'est au cours de ces années de recherche qu'il peaufina une série de techniques pour cultiver des bactéries anaérobies selon des méthodes efficaces et relativement simples à mettre en œuvre. Loin de rester cantonnées au monde de l'agriculture et de la médecine vétérinaire, les procédés de Hungate diffusèrent dans de nombreux laboratoires, y compris ceux où l'on s'intéressait aux bactéries vivant en symbiose avec l'homme. Elles ont participé au regain d'intérêt pour l'étude du microbiote intestinale qui s'est manifesté dans les années 1960.

Malgré ces progrès et les améliorations successives qui y furent apportées, les limites de ces cultures se précisèrent au cours des années 1970 et 1980 du fait d'un écart trop grand entre le comptage des bactéries après culture, et l'observation directe au microscope. De nombreuses espèces bactériennes ne sont en effet pas cultivables et on sait aujourd'hui que ces techniques n'identifient pas plus de 20 à 30 % des bactéries du microbiote. Mais revenons quelques instants à Hungate dont le mérite ne se limite pas à une ingéniosité technique. D'emblée son étude se positionne en termes de dynamique d'une niche écologique. Selon le microbiologiste, les habitats naturels des bactéries, et notamment les sols, sont difficiles à étudier car ils sont soumis à d'importantes fluctuations de pH, de température, de qualité du substrat, etc. La panse des vaches en revanche réalise un milieu stable qui, grâce à des conditions particulières, n'accepte qu'un nombre limité d'espèces bactériennes (51). Hungate n'a pas de difficulté à raisonner de la sorte car il a été formé à la zoologie et à l'agronomie où le contexte écologique prend une part croissante à cette époque. Mais les médecins ne sont pas habitués à concevoir l'organisme en termes de niches ou d'habitats.

Par ses travaux de microbiologiste et ses livres destinés à un large public, René Dubos n'a cessé de marteler que le corps humain est un écosystème formé de niches singulières que sont les différentes régions anatomiques. Il a tenté de substituer le traditionnel discours du microbe virulent à celui sur l'interrelation entre organisme et micro-organismes. Dubos voulait dépasser l'examen analytique qui consiste à isoler la bactérie pathogène ou à étudier la fonction de tel ou tel microbe. Convaincu que la diversité microbienne surpassait largement celle décrite par une microbiologie médicale centrée sur les maladies infectieuses, il tenta d'améliorer le comptage des bactéries contenues dans le tractus digestif. Formé à la biologie des sols, il plaidait pour une approche globale, une étude « en contexte ». « Les succès du réductionnisme, affirmait-il, ont conduit à négliger certains des aspects les plus importants, et sans doute les plus caractéristiques de la vie humaine (52). » Dans une série de conférences qu'il donna en 1950, Dubos décrivit la relation homme/microbiote comme le résultat d'une longue coévolution ayant abouti à la sélection de bactéries « pures non pathogènes » qui nous protègent des infections. D'autres microbes qui n'ont pas suivi ce compagnonnage à travers les âges habitent également l'intestin sans provoquer de maladie, mais si l'équilibre de l'écosystème interne vient à se rompre, leur virulence se réveille sans crier gare. Partant de ce constat, Dubos étudia l'influence de la malnutrition et d'autres facteurs environnementaux sur la survenue des maladies infectieuses. Il appelait à « vivre en paix » avec les microbes, comme s'il établissait le carnet de route d'une médecine durable opposée à la destruction systématique. Pour Dubos aussi les antibiotiques n'étaient pas automatiques, il craignait que l'éradication d'une espèce bactérienne ne crée un vide écologique dans lequel une autre espèce, plus menaçante, élirait domicile.

Quand la culture judéo-chrétienne s'en mêle

L'archétype du microbe virulent, la culture des germes anaérobies et le réductionnisme des sciences modernes ne sont pas les seules difficultés qui ont conduit médecins et chercheurs à négliger les micro-organismes qui nous habitent. Un autre obstacle, plus profond, moins apparent mais tout aussi opérant, s'est opposé à l'image de l'organisme-écosystème. La culture judéo-chrétienne place l'homme au-dessus de toutes les créatures marines ou terrestres. Il est l'être que le Seigneur a créé à son image, le seul à avoir été doté d'une âme. Les trois grandes religions monothéistes ont fait de notre espèce l'ultime but de la création, la raison même de l'existence du cosmos. Impie celui qui pense le genre humain comme poussière égarée dans l'univers. Sigmund Freud (1856-1939) expliquait que le développement des sciences avait occasionné trois grandes blessures narcissiques à l'humanité.

La première est la révolution copernicienne et sa conséquence directe, l'avènement de l'héliocentrisme, qui a fait de la planète bleue un objet céleste au même titre que les autres et a définitivement installé le Soleil au centre de notre galaxie. La deuxième est la théorie darwinienne de l'évolution qui a réduit l'homme à un animal parmi les animaux. Et parce qu'on n'est jamais mieux servi que par soi-même, la troisième blessure narcissique de l'humanité était, selon Freud, l'invention de la psychanalyse par laquelle l'homme n'est plus maître de ses pulsions. Faut-il en ajouter une quatrième ? Car avec le microbiote c'est l'unité de l'organisme, son homogénéité de structure, son intime individualité qui volent en éclat. Que des ruminants servent de refuge à des millions de passagers clandestins, passe encore, mais que l'homme, ce roseau pensant, soit habité par des hordes de micro-organismes, de surcroît plus nombreux que ses propres cellules, la pilule est amère.

Des envahisseurs microbiens qui imposent leur loi

L'obstacle n'est pas uniquement religieux, il affecte la façon dont nous nous pensons dans l'univers, notre conception de l'autonomie et du libre arbitre. Comment imaginer qu'outre leur supériorité numérique, ces envahisseurs microbiens imposent leur loi à nos entrailles ou, pis encore, influencent nos comportements ? Comme s'il fallait ajouter de la complexité à la complexité, voilà maintenant que l'organisme seul est comme un moteur qui ne tourne pas rond, une machine promise aux pannes itératives. Sans parasites le termite meurt de faim, le poisson des profondeurs ne sait plus pêcher, l'homme se développe de guingois et succombe à la moindre infection. Ce n'est plus l'organisme qu'il convient de considérer, mais le superorganisme ou holobionte, l'ensemble que forment l'hôte multicellulaire et les cohortes d'unicellulaires qui évoluent en son sein. Unis par un pacte de coopération et de dépendance, ils se fondent et se confondent en un tout inséparable. Au nom de cette intimité, les scientifiques additionnent les génomes. Le capital génétique humain ne compte que 25 000 gènes, celui des populations microbiennes commensales 150 fois plus. Une grande partie de cette abondante diversité génétique structurelle et fonctionnelle travaillant de conserve avec l'organisme humain, il devient logique de les regarder comme un seul et unique génome ou hologénome. Un consensus se dégage progressivement pour considérer le microbiote comme un organe à part entière et, par conséquent, à l'intégrer de plein droit à ce superorganisme. Les avis divergent en revanche sur la question de savoir si l'unité de sélection évolutive est l'holobionte (si tant est que l'évolution sélectionne des organismes). Dit avec les mots d'un généticien, la sélection naturelle agit-elle sur le génome humain ou sur l'hologénome ?

Découvreur d'un système enzymatique utilisé dans tous les laboratoires du monde (53), le biologiste moléculaire Richard Jefferson a été le premier à avancer cette drôle d'idée dans les années 1980 (54). Il a été rejoint en 2008 par Eugène Rosenberg et sa femme Ilana, microbiologistes de l'Université de Tel Aviv, qui travaillaient sur le déclin des populations coralliennes en Méditerranée orientale. Ils avaient constaté que l'augmentation saisonnière de la température des eaux correspondait à des épidémies de blanchiment des coraux, une maladie qui se traduit par une baisse de la reproduction sexuée et une mortalité accrue. L'élévation thermique n'agissait pas seule, elle passait par le réveil de la virulence d'une bactérie appelée *Vibrio shiloi*, qui adhère d'autant mieux à ses victimes que le mercure monte. Les coraux étant dépourvus de système immunitaire adaptatif (voir chapitre IV) et donc incapables de se défendre contre ce pathogène, les deux chercheurs étaient persuadés de la prochaine disparition de ces populations coralliennes. Or, il n'en fut rien. Dans les années 2000 les coraux étaient devenus résistants au *Vibrio* sans que les analyses ne témoignent d'une mutation chez l'un ou l'autre des protagonistes. Les Rosenberg en conclurent que le microbiome du corail s'était modifié et lui avait permis de survivre (55). Soumis à une pression de sélection, en l'occurrence le stress infectieux consécutif à la pullulation de *Vibrio shiloi*, les coraux auraient « changé » de partenaires microbiens pour s'adapter rapidement aux nouvelles conditions environnementales (56).

Que les évolutionnistes ne soient pas friands de cette « hypothèse probiotique », on le comprend sans peine car l'affirmation ainsi posée a des relents de lamarckisme. En effet, selon la théorie darwinienne, sont sélectionnés les individus adaptés à leur milieu en raison de variations spontanées survenues au hasard, ce ne sont pas les individus qui s'adaptent eux-mêmes aux modifications environnementales, comme le pensait Jean-Baptiste Lamarck (1744-1829). L'hypothèse des Rosenberg suppose par ailleurs que cette nouvelle association, cet holobionte résistant au stress microbien, soit un état transmissible à la descendance, condition nécessaire à la pérennité des coraux. Remis dans un contexte génétique, cette observation est une image de la transmission héréditaire d'un caractère nouvellement acquis. Elle réconcilie, en quelque sorte, Darwin et Lamarck, et remet le microbiote au cœur des théories sur l'évolution des espèces, et le rôle de l'environnement sur les interactions durables.

Il reste donc aux chercheurs israéliens à apporter la preuve de leur théorie ou à revoir sa formulation. Le succès évolutif d'un individu ne tient pas, comme on le croit trop souvent, à sa robustesse, sa puissance ou sa longévité, mais à la prospérité de sa descendance. Pour l'emporter il doit se reproduire plus abondamment que les autres, c'est le différentiel au fil des générations qui importe ici. Or, le microbiote pourrait avoir une influence sur les conduites sexuelles, au moins chez la mouche du vinaigre. Des chercheurs ont séparé en deux populations distinctes une lignée de drosophiles, la fameuse mouche aux yeux rouges qu'affectionnent tant les généticiens (57). Les unes ont été nourries avec de la mélasse, les autres avec de l'amidon. Comme cela avait déjà été montré, très vite dans la descendance les insectes préfèrent s'accoupler avec des congénères qui ingurgitent la même alimentation, et cette attirance pour le semblable se maintient sur plus de trente générations. Opérant sans doute par l'intermédiaire des phéromones (58), les pulsions de la mouche pour celles qui partagent les mêmes mœurs culinaires disparaissent lorsque les insectes sont traités par antibiotiques, démontrant ainsi le rôle primordial du microbiote. Rien de tel n'a été mis en évidence chez les mammifères, mais la drosophile ouvrant souvent la voie, la possibilité d'une action du microbiote sur le choix du partenaire présenterait sous un nouveau jour la théorie évolutive de l'hologénome. L'influence des microbes sur l'humeur de l'hôte ou les taux d'hormones circulantes, en particulier le taux de testostérone, pourrait également rendre compte d'une ascendance des bactéries commensales sur la reproduction (59).

La métagénomique à la conquête des écosystèmes

Le principe des milieux de culture va de pair avec le concept d'espèce bactérienne. La possibilité d'obtenir, à partir d'une unique bactérie, un clone caractérisé par des propriétés morphologiques et physiologiques héritables plaide en faveur d'espèces microbiennes stables. Pourtant, la classification microbienne a été source de débats dès les premières heures de la microbiologie. Tandis que Robert Koch établit une équation entre le germe, la maladie et le vaccin, Pasteur relève la fragilité des apparences, premier critère de classification des micro-organismes : « Les dénominations et les classifications des vibrions proposées dans ces dernières années ne sauraient être établies, comme on a cru pouvoir le faire – les Drs Cohn (60) et Billroth entre autres – d'après des considérations morphologiques. Le vibrion septique, par exemple, passe, suivant les milieux où on le cultive, par des formes, par des longueurs, par des grosseurs si différentes, qu'on croirait avoir sous les yeux des êtres spécifiquement séparés les uns des autres (61). » Transformations structurelles, mais aussi fonctionnelles dont Pasteur a su tirer parti pour diminuer la virulence de certains germes et obtenir ainsi les premières préparations vaccinales volontairement fabriquées par l'homme. Dans son fameux traité de microbiologie publié en 1898, Émile Duclaux avance des conclusions plus radicales : « Quand nous serons conduits à supprimer la notion d'espèce c'est que nous aurons appris les lois de leur transition et il y aura bénéfice pour tout le monde à leur disparition [...]. En attendant, le nom spécifique a juste valeur d'une étiquette sur un colis : il faut toujours se préparer à la changer ou à la faire disparaître (62). » Jusque dans les années 1960, la morphologie microscopique, les propriétés physiologiques (motricité, température de multiplication, etc.) et biochimiques (besoins nutritionnels, utilisation ou pas de l'oxygène, identification de certaines enzymes, etc.) ont servi à classer les bactéries. Cette classification était dite phénotypique car elle ne prenait en compte que des caractères observables ou détectables, sans se soucier des spécificités moléculaires. De nombreux germes pathogènes sont encore identifiés en pratique quotidienne à l'aide de ces critères. Mais avec ces outils les propriétés retenues pour la classification et leur hiérarchisation ne pouvaient ressortir que d'un consensus entre microbiologistes, sans fondements objectifs.

Depuis que Darwin en a jeté les bases et que le biologiste allemand Emil Hans Willi Hennig (1913-1976) en a précisé les méthodes, la classification du vivant devait répondre aux principes de la systématique, ou cladistique, qui hiérarchise les organismes vivants selon leurs relations généalogiques. Lorsque plusieurs espèces doivent être classées, on doit s'intéresser à leur branche commune, au taxon qui, par des caractères partagés, les relit à un ancêtre commun, comme l'homme aux autres primates Or, les premiers critères de classification ne permettaient pas d'obtenir des relations de parenté cohérentes.

Avec l'avènement de la biologie moléculaire et l'invention de la Polymerase Chain Reaction (PCR) par le biochimiste américain Kary B. Mullis, il devint possible dans les années 1990 d'avoir accès aux séquences d'ADN ou d'ARN bactériens et de s'en remettre à un critère d'apparence indiscutable. Les progrès simultanés de l'informatique et l'enrichissement des banques de données permettant des recherches d'homologie extensives, ont suscité la mise au point d'algorithmes évaluant la distance phylogénétique, en d'autres termes le degré de parenté, entre différentes séquences d'ADN. Restait à savoir quelles séquences comparer pour établir cette distance. La ressemblance entre les fragments d'ADN nucléaire s'est révélée insatisfaisante, les taux de similitude pouvant être très élevés entre espèces différentes, l'exemple classique étant celui l'homme dont moins de 2 % du génome diffère de celui du chimpanzé. Le taux de cytosine et de guanine, deux des quatre bases qui forment l'ADN, a également été proposé, mais son pouvoir de différenciation ne s'est pas révélé supérieur. Un consensus s'est finalement établi autour des ARN 16S contenus dans le ribosome, une structure présente dans le cytoplasme de la cellule, là où le message génétique est traduit en protéines. Ces ARN 16S présentent l'avantage d'être communs à tous les êtres vivants mais des différences peuvent apparaître entre les espèces et permettent ainsi de les repérer et les classer selon leur identité généalogique. On considère que des bactéries appartiennent à des espèces différentes lorsque leur ARN 16S a un degré de similitude inférieur à 97 % (63).

Faut-il en conclure que le débat autour de l'espèce microbienne est clos ? Pas tout à fait. La molécule n'est pas un être vivant et il serait présomptueux de faire de ce seul critère un mètre étalon. Ainsi, des bactéries appartenant à la même espèce génomique (par exemple *Escherichia coli, Yersinia pseudotuberculosis, Shigella spp, Bacillus anthracis, Bacillus cereus*) peuvent présenter un pouvoir pathogène allant d'une extrême virulence à une parfaite innocuité, et nécessitent donc d'être identifiées par d'autres méthodes (64). C'est pourquoi la stratégie de classification couramment admise aujourd'hui est dite polyphasique ou mixte, et consiste à prendre en compte un maximum de données utiles à la classification. D'autant qu'un autre élément tempère un peu plus les espoirs d'une classification absolue, la troublante sexualité bactérienne. L'échange horizontal de matériel génétique entre bactéries est un phénomène fréquent, presque général, qui peut porter sur différents caractères tels que la résistance aux antibiotiques ou l'agressivité du germe. Il peut avoir lieu entre des espèces qui paraissent aussi éloignées qu'un champignon et une souris. La fréquence de ces échanges perturbe le schéma évolutionniste classique et nécessite d'être évalué dans l'analyse de certains écosystèmes. Les outils génomiques utiles à la systématique bactérienne trouvent ici des applications qui ont radicalement modifié la vision du microbiote.

Car, malgré les efforts déployés pendant des décennies pour identifier les bactéries du microbiote par des méthodes traditionnelles, la plupart d'entre elles demeurent incultivables. De ce point de vue, nos intestins sont aussi impénétrables que d'autres écosystèmes que nous côtoyons chaque jour, comme les sols ou l'eau de mer. À partir des années 2000, la croissance exponentielle des capacités de séquençage a laissé entrevoir une nouvelle solution, celle d'établir un catalogue global des séquences d'ADN contenues dans un milieu particulier. Finie l'étude analytique, la recherche patiente et minutieuse, la traque d'une bactérie qui ne cherche qu'à échapper à ses poursuivants. La métagénomique s'attache au tout plutôt que de s'attarder à ses parties. La manœuvre consiste à prélever des populations microbiennes contenues dans un écosystème particulier, à passer l'ensemble au broyeur pour en extraire l'ADN, à amplifier par PCR des fragments d'intérêt, en ciblant par exemple des ARN 16S, puis à en faire une analyse bio-informatique. Cette stratégie permet d'avoir une idée des espèces bactériennes présentes dans le prélèvement étudié. Une autre méthode consiste à fragmenter l'ADN de façon aléatoire et à rechercher des séquences génétiques connues par appariement à celles disponibles dans des banques de données de référence, afin d'identifier les fonctions de certains micro-organismes contenus dans le milieu étudié. Au fait de ces techniques, Craig Venter mena au début des années 2000 une campagne dans la mer des Sargasses d'où il ramena une pêche miraculeuse : un million deux cent mille gènes inconnus provenant de plus de 1 800 espèces génomiques différentes (65).

La métagénomique a bouleversé la vision du microbiote en donnant une assise objective et scientifique à des concepts que certains pionniers avaient défendus sans parvenir à se faire entendre. Née de la biologie moléculaire elle a permis de nouvelles classifications de populations bactériennes et, au-delà, leurs détections. Elle a confirmé l'importance numérique de ces populations bactériennes, leur diversité d'espèces et leur richesse fonctionnelle, autant de paramètres qui seront détaillés plus avant dans cet ouvrage. Il est frappant de constater que, par son analyse de groupe, la métagénomique entre en résonance avec le concept d'écosystème tel que le défendait René Dubos ou Robert E. Hungate. La technologie chemine sur la voie tracée par les écologues et adapte ses concepts à leur diapason. Des maladies chroniques comme le diabète de la maturité sont désormais considérées comme des dysbioses, autrement dit comme le résultat d'un déséquilibre de l'écosystème intestinal, certaines populations bactériennes se multipliant aux dépens d'autres. Même les transferts latéraux de matériel génétique dépendent de la pression exercée par les niches écologiques. La sexualité dépend ainsi de l'environnement dans lequel elle se trouve, c'est vrai de la bactérie à l'éléphant, en passant par l'homme. Une équipe a étudié ces transferts latéraux au sein des populations bactériennes du microbiote humain en caractérisant dans un premier temps les espèces par leurs ARN 16 secondes, puis en recherchant, grâce à un logiciel, des séquences d'ADN retrouvées dans un génome manifestement étranger (66). Ils ont constaté que ces échanges sont 25 fois plus fréquents que ceux observés dans d'autres milieux. Comme on pouvait s'y attendre, plus la distance phylogénétique entre espèces était grande moins les transferts étaient fréquents. Mais ce critère n'était pas le plus déterminant. La probabilité d'échanges de matériel génétique dépendait surtout de la localisation topographique des bactéries dans le tractus digestif, qui augmentait nettement lorsqu'elles partageaient la même niche. Ainsi, le facteur écologique pèse plus que la distance phylogénétique entre espèces ou que les distances géographiques des lieux de résidence de l'hôte. Et les évolutionnistes en viennent à penser que l'écosystème est un élément essentiel dans l'évolution des espèces bactériennes qui, lorsque le milieu et les populations se stabilisent, ralentissent le transfert latéral de gènes. Ceux qui croient à l'écologie verront un nouveau plaidoyer pour leur thèse. Que le brassage génétique dépende ainsi du milieu est un nouvel exemple d'une sélection par l'environnement.

La microbiote a ainsi une longue histoire faite d'avancées et d'obstacles, d'hésitations et de répulsions. Les chercheurs ne sont pas au bout de leur peine, beaucoup de chemin reste à parcourir pour comprendre cet univers intérieur qui commence à peine à livrer ses secrets. Pour autant les dernières décennies ont permis un recensement plus précis des populations microbiennes qui nous habitent et une meilleure compréhension de leur rôle. Il est temps de partir à leur rencontre.

CHAPITRE III

Voyage au centre de l'homme-chimère

> Mon ravissement était devant les asperges, trempées d'outre-mer et de rose et dont l'épi, finement pignoché de mauve et d'azur, se dégrade insensiblement jusqu'au pied – encore souillé pourtant du sol de leur plant – par des irisations qui ne sont pas de la terre. Il me semblait que ces nuances célestes trahissaient les délicieuses créatures qui s'étaient amusées à se métamorphoser en légumes et qui, à travers le déguisement de leur chair comestible et ferme, laissaient apercevoir en ces couleurs naissantes d'aurore, en ces ébauches d'arc-en-ciel, en cette extinction de soirs bleus, cette essence précieuse que je reconnaissais encore quand, toute la nuit qui suivait un dîner où j'en avais mangé, elles jouaient, dans leurs farces poétiques et grossières comme une féerie de Shakespeare, à changer mon pot de chambre en un vase de parfum.

Le fumet des asperges de Proust (1), odeur d'avant et parfum d'après, ne doit-il pas son bouquet, sans le nommer, à l'étonnant travail de transformation alimentaire par le microbiote ? À cette digestion en milliards de molécules, qui nourrissent aussi bien l'homme que la bactérie au fur et à mesure de la lente migration intestinale du bol alimentaire ?

Depuis Aristote, les philosophes s'intéressent au concept de l'individu et tentent de le définir, tantôt par lui-même, tantôt par rapport aux autres. La science a cependant conduit à en élaborer aujourd'hui une définition tout aussi pertinente, qui se fonde sur la biologie et qui tient compte des bactéries qui nous habitent. De l'organe à l'organisme, aucun chemin ne saurait désormais ignorer celui qui passe par les microbes qui vivent en nous. En même temps, ces découvertes font de l'homme un individu beaucoup plus complexe que prévu. Car l'exploration du microbiote révèle chaque jour son lot de découvertes. À une époque où la société reste fascinée par la génétique et la conception endogène des maladies, le microbe s'impose désormais comme un possible agent causal de diverses pathologies chroniques.

Les bactéries nous aident à digérer les glucides végétaux, synthétiser les vitamines, détoxifier les substances. Elles se nourrissent aussi des produits qu'elles fermentent, et recyclent leur propre mort. Parce qu'elles occupent sans partage le terrain si vaste de nos intestins ainsi que d'autres surfaces offertes à l'environnement (peau, conduit auditif externe, vagin, etc.), elles nous protègent des germes pathogènes et participent à la maturation de notre système immunitaire (2). Ces microbes qui vivent en nous font barrage au péril infectieux, fidèles compagnons qui nous protègent de leurs congénères pathogènes, puisent leurs ressources dans nos restes et marquent leur territoire par le fumet des asperges.

Avec les antibiotiques, nous avions cru trouver les réponses à toute question concernant les germes mais la vie nous a appris qu'elle n'est pas tant affaire de réponses que de questions : comment se compose le microbiote ? Comment le caractériser ? Le distinguer ? Connaître son évolution ? Concevoir ses fonctions ? Dorénavant la compréhension de notre corps passe par l'exploration de nos microbes.

D'un bout à l'autre de nos intestins, autant qu'à la surface de la peau et autres interfaces, leur caractérisation, l'étude des services rendus, de la digestion à la protection, ont encore beaucoup à nous apprendre. La vision sociétale de ces écosystèmes que nous hébergeons s'impose aujourd'hui à travers un nouveau paradigme, qui définit l'équilibre des populations bactériennes et partage leurs nourritures et fonctions avec l'hôte.

Un voyage, du baiser au côlon

Les bactéries qui peuplent notre tube digestif, de la bouche à l'anus, ont un rôle essentiel, et, messagers emprisonnés dans quelques gouttes de salive, nous accompagnent dans notre vie quotidienne (3). Elles nous rattachent au monde extérieur. Au monde intérieur aussi... Parfois perçu comme un simple tuyau, le tube digestif est le plus grand espace de contacts et d'échanges avec notre corps grâce aux très nombreux replis de ses muqueuses. Au niveau de l'intestin, chaque repli est lui-même constitué de millions de structures microscopiques, les villosités, qui accroissent largement la surface et constituent une importante terre d'asile pour les bactéries. Entièrement déployées, ces niches couvriraient presque la surface de deux terrains de tennis. Les microbes n'y sont cependant pas répartis également de l'origine à la sortie (4).

De la fonction biologique du baiser

La bouche héberge plus de 320 espèces différentes de bactéries commensales, réparties entre la salive, les lèvres, les joues, le palais, la langue, les dents et la gencive. Plusieurs millions de germes sont présents par millilitre de salive. La fluidique entre en jeu dans leur écologie : un homme dans l'espace, en l'absence de gravité, voit les bactéries se multiplier quarante à cinquante fois plus vite dans la bouche, car la salive, qui reste collée alors au palais, remplit moins bien son rôle protecteur. De fait, les surfaces humides et tièdes de notre bouche sont un habitat idéal pour les microorganismes, bactéries mais aussi champignons. Or la vie de ces compagnons microscopiques – il faudrait dire leur survie – repose sur leur capacité à adhérer à un support qui les préserve de la déglutition. Quelques espèces bactériennes, comme le streptocoque, qui se fixent à la pellicule de nos dents, sont aisément sélectionnées par ce milieu. Car la salive est un peu plus que l'eau à la bouche, c'est aussi un milieu de culture. Il est toujours possible d'y faire quelque découverte. En 2008, faisant le recensement des habitants de notre cavité buccale, des chercheurs britanniques annonçaient que la bouche humaine renfermait décidément bien des mystères. Ils avaient isolé une espèce de bactéries inconnue qu'ils avaient baptisée *Prevotella histicola* pour sa capacité à ne vivre que dans les tissus (5). Bouches et microbes ont leur imaginaire et partagent des histoires racontées au coin du feu, tant ils nous rapprochent des cavernes primitives. Pendant longtemps, les dragons de Komodo, cette espèce de gigantesques varans, étaient considérés comme de redoutables prédateurs. Leur gueule, pensait-on, abritait des bactéries mortelles provenant de cadavres en décomposition. Mais la légende qui en faisait des animaux surnaturels dotés d'un réservoir buccal regorgeant de bactéries virulentes, disparut quand on put montrer que les germes présents dans leur salive étaient semblables à ceux de n'importe quel carnivore… et peu éloignés de ceux des hôtes humains (6, 7).

Chez l'homme, dans les minutes qui suivent le brossage des dents, des bactéries recommencent à adhérer à l'émail et prolifèrent pour former un biofilm (8). Les couches superficielles de micro-organismes prisonniers favorisent l'adhérence des autres, de sorte qu'après deux ou trois appontements des visiteurs microscopiques en flottaison, une plaque visible à l'œil nu s'est formée, celle-là même qui avait permis à Antoni Van Leeuwenhoek de réaliser la première observation de microbes grâce à son microscope rudimentaire. Sans brossage, la plaque peut s'épaissir jusqu'à un millimètre d'épaisseur à la base inférieure de nos dents. Quand l'oxygène vient à manquer, les bactéries buccales, qui extraient leur énergie de nos aliments, doivent passer à une étape de fermentation avec production d'acides organiques. Dents blanches et haleine fraîche, les slogans ont leur part de vérité. Après une semaine, la plaque se minéralise. Bien heureusement, le flux constant de salive freine la formation d'une plaque dure et épaisse et empêche les germes, aussi commensaux soient-ils, de proliférer librement. Certaines niches de notre bouche protègent cependant les microbes du brassage mécanique par le flux salivaire. Car pour se fixer, les bactéries utilisent la mucine, une substance protéique qui entre dans la composition de nombreux mucus et à laquelle elles se lient. La mucine flotte dans la salive et passe dans l'estomac lors de la déglutition (9).

De nombreuses bactéries sont ainsi piégées et avalées. Ce n'est pas le seul mode de défense qui permet à la bouche de résister à une attaque bactérienne et de diriger les microbes vers un autre territoire de notre individu. La salive contient également une enzyme, le lysozyme, qui attaque et perfore les parois de certaines bactéries en favorisant leur éclatement. On y trouve aussi des anticorps qui empêchent les pathogènes de proliférer et de s'installer à demeure dans la cavité buccale. Concierge efficace, la salive fait ainsi un premier tri à l'entrée de l'organisme : elle s'accommode des bactéries commensales et chasse les intrus. De fait, elle permet la prolifération de microbes qui ne produisent pas d'acide et contribue à la destruction des parasites indésirables par la production de nitrite, gaz utilisé à la place de l'oxygène pour leur respiration anaérobie. D'où viennent ces nitrites ? Ils sont sécrétés dans la salive par les glandes salivaires qui les extraient du plasma, ou produits à partir des salades et autres végétaux ingurgités. Ils constituent des poisons violents pour les bactéries qui ne peuvent en profiter.

Caressant, dévorant, possessif, le baiser japonais, indien ou français – le *french kiss* – n'est pas seulement un geste amoureux, érotique ou sexuel, à la recherche de quelque récompense cérébrale provoquée par un rapprochement romantique. Du baiser de Rodin à Psyché ranimée par celui de l'amour, du sculpteur Antonio Canova (1757-1822), le baiser, apanage des hominidés, a également des fonctions biologiques. Encore que l'entrelacement des langues ne soit pas une activité universelle puisque certaines sociétés, comme celle des Thongas (10), considèrent cet échange de fluide corporel comme un contaminant impur ou répugnant. Mais s'il permet la circulation d'informations phéromonales entre partenaires, ce contact buccal favorise aussi la passation de germes. À travers la salive et la migration de microbes, les amoureux peuvent s'immuniser contre un agent tératogène, le cytomégalovirus ou CMV, un virus de la famille de l'herpès et de la varicelle. Les futures mères doivent particulièrement l'éviter car, après avoir traversé la barrière placentaire et atteint les cellules fœtales, il peut infliger de graves lésions et provoquer chez l'enfant une surdité, voire un retard mental. Échanger des baisers conduit à une sorte de vaccination protectrice (11). Les cytomégalovirus du conjoint infectent la femme qui s'immunise progressivement contre un virus de rencontre. Mais la synthèse d'anticorps s'effectuant contre la souche virale du partenaire embrassé, la monogamie est nécessaire si l'on veut protéger l'enfant. Le baiser d'un autre homme pourrait en effet être à l'origine d'une infection par une souche différente de CMV contre laquelle la femme serait sans défense.

Le désert de l'estomac

Lorsque les microbes poursuivent leur route, ils gagnent l'œsophage, considéré par beaucoup comme un désert, une simple descente en droite ligne vers l'estomac. On trouve toutefois dans cette partie du tube digestif la trace de quelques bactéries. La plupart d'entre elles sont liées à celles de la bouche, mais certaines espèces colonisent également la muqueuse œsophagienne et sont capables de produire une œsophagite, c'est-à-dire une inflammation chronique de l'œsophage. La plus célèbre des bactéries qui prolifèrent dans cette région du corps est indiscutablement *Helicobacter pylori*. Découvert en 1875 par des scientifiques allemands (12), ce germe qui ne peut être cultivé sur des milieux usuels fut longtemps boudé par les microbiologistes. Grâce à sa structure hélicoïdale bien particulière et sa coiffe de 2 à 6 flagelles (d'où le nom d'*Helicobacter*), elle infecte surtout la muqueuse gastrique. Quand au nom de *pylori*, il fait référence au pylore, ouverture circulaire menant de l'estomac au duodénum, dont l'étymologie signifie « gardien de l'ouverture ».

L'estomac est un milieu très hostile pour les bactéries : lors de la digestion se déversent des sécrétions acides et des enzymes, substances toxiques pour les proliférations bactériennes. À des taux d'acidité aussi bas, la plupart des microbes ne survivent pas. La présence d'aliments crée cependant des conditions plus favorables, si bien que le nombre de germes dépend aussi indirectement des repas. *Helicobacter pylori* est la seule bactérie capable de survivre dans un environnement aussi acide. L'enveloppe hélicoïdale pourrait y aider car elle lui permet de coloniser le mucus de la paroi stomacale et d'y persister. Supplantant grâce à ses caractéristiques les microbes concurrents, *Helicobacter* reste le maître et principal occupant des lieux. Près de la moitié des êtres humains possèdent cette bactérie implantée dans leurs estomacs mais ce taux varie fortement en fonction des pays, de l'alimentation ou encore de l'âge. La forme en hélice n'est pas la seule propriété d'*Helicobacter* adaptée à cet environnement inhospitalier. Elle peut produire son énergie à partir de l'hydrogène disponible dans l'estomac où l'acidité facilite la sécrétion d'une enzyme produisant de l'ammoniac (NH3). La bactérie est également capable de transformer l'urée en gaz carbonique si bien que des tests respiratoires sont aujourd'hui développés pour diagnostiquer la présence d'*Helicobacter*. Leur principe repose sur l'ingestion d'une faible quantité d'urée marquée au carbone 13, puis la recherche de ce traceur radioactif dans le gaz carbonique expiré dont la présence signe la transformation réalisée par la bactérie. Mais tous ces gaz, l'ammoniac en tête, qui ont quelques raisons d'être pour la digestion des aliments, sont également toxiques pour la muqueuse gastrique et peuvent endommager les cellules de l'estomac en créant des ulcères (13).

Cette propriété fut à l'origine d'une fameuse découverte qui a relégué l'ulcère de l'estomac au rayon des maladies infectieuses, celle précisément due au fameux *Helicobacter pylori*. Elle fit la gloire de deux chercheurs australiens, John Robin Warren (1937-) et Barry Marshall (1951-), et leur valut le prix Nobel de physiologie et médecine en 2005. Si la première identification de la bactérie date du XIXe siècle, son analyse était restée très rudimentaire et le microbe pratiquement ignoré avant qu'il ne croise la route des deux scientifiques australiens à Perth, en 1982. Fils d'un chercheur d'or, Robin Marshall était alors un jeune médecin généraliste sans préjugés, étranger aux dogmes des gastro-entérologues, ces spécialistes du tube digestif. Cette année-là, il fit la connaissance d'un anatomopathologiste barbu et fumeur de cigare, John Robin Warren. Rompu à l'observation des biopsies d'estomac de patients atteints de gastrite, Warren, qui y avait remarqué la présence d'*Helicobacter pylori*, s'interrogeait sur son rôle dans l'inflammation chronique de la paroi stomacale. Mais il manquait une démonstration clinique, les lames de l'anatomopathologiste n'ayant aucun pouvoir de persuasion auprès des praticiens. C'est à cette démonstration qu'allait s'atteler le jeune Marshall alors âgé de 31 ans.

Comme souvent lorsqu'une hypothèse contrarie la théorie dominante, les deux médecins se heurtèrent au scepticisme et aux critiques de leurs confrères. Car on pensait à cette époque qu'*Helicobacter* était un germe commensal, sans grand intérêt. L'ulcère de l'estomac ne pouvait être dû qu'au stress, aux alimentations épicées, comme d'ailleurs semblaient le confirmer les effets apaisants du bismuth, sorte d'emplâtre qui diminue l'acidité de l'estomac. Il fallait de l'audace, et ce ne fut pas la moindre des qualités dont ils allaient faire montre, pour s'attaquer à l'un des dogmes les plus solides de la gastro-entérologie. Car les deux audacieux se heurtèrent à de nombreux refus pour publier leur hypothèse considérée comme mal étayée et contraire aux leçons tirées des essais cliniques. Leurs articles ne trouvaient asile que dans des revues médicales secondaires, après avoir été significativement retardés. D'ailleurs, les critiques avaient beau jeu de montrer que les résultats n'étaient pas reproductibles et qu'aucune preuve n'avait établi le lien de cause à effet. Bref, il fallait un geste qui fasse la démonstration d'une corrélation directe entre la présence des bactéries et les lésions ulcéreuses qu'elles étaient censées creuser dans l'estomac. Il fallait une infection expérimentale. C'est ce que tenta Marshall, d'abord sur des animaux, mais ceux-ci demeurèrent volontiers insensibles. Il eut alors l'idée d'une expérience grandeur nature, d'un coup d'éclat qui mettrait un terme aux arguties sans fin. Il avait décidé d'ingérer un bol de bactéries prétendument foreuses, que les deux scientifiques – et ce n'était pas là le moindre de leurs exploits – avaient réussi à faire pousser sur une boîte de Pétri. L'expérience se déroula sans avoir sollicité l'avis d'un Comité d'éthique qui, si l'un ou l'autre l'avait demandé, s'y serait certainement opposé. Marshall se passa même des conseils d'Adrienne, sa femme, qu'il consultait pourtant si souvent et qui participait d'habitude à son cheminement expérimental, à sa croisade contre les idées reçues.

Un jour de 1984, après une première endoscopie pour vérifier l'intégrité de sa muqueuse gastrique, Marshall absorba la préparation microbienne. Quelques jours plus tard il ressentit de violentes douleurs abdominales et répéta l'examen. Cette fois la muqueuse était inflammatoire, ce qui suffisait à démontrer que les bactéries en étaient responsables. Heureusement pour l'intrépide expérimentateur, un traitement antibiotique stoppa le cours de l'ulcère, apportant une preuve supplémentaire du rôle joué par la bactérie hélicoïdale. La prouesse de Marshall fut à l'origine d'une des plus grandes révolutions éditoriales de la gastro-entérologie avec la publication, en 1985, d'un article dans le *Medical Journal of Australia* (14). Ce texte reste sans aucun doute l'un des plus cités de cette revue. Et l'affaire ne resta pas confinée à la communauté médicale. À quelque temps de là, à cinq heures du matin, Marshall reçut l'appel d'un journaliste du *Star*, un tabloïde nord-américain plus enclin à se faire l'écho des bonnes œuvres de Nancy Reagan que des innovations médicales (15). Le journal titra sur un cobaye d'un nouveau genre qui rejoignait les savants auto-expérimentateurs, tel André Frédéric Cournand, prix Nobel en

1956, qui avait expérimenté sur lui-même le premier cathétérisme cardiaque.

Avec cette toute première démonstration, Marshall et Warren ouvraient une nouvelle ère pour la gastro-entérologie et les patients atteints d'ulcère. L'antibiothérapie par prise espacée devenait dès lors le traitement de référence, reléguant au musée des curiosités les procédés des médecines douces tels le jus de canneberge supposé empêcher l'adhésion de la bactérie aux cellules gastriques, le brocoli ou le *Piper multiplinervium* des Indiens Kunas. L'*Helicobacter* et son rôle de destructeur de paroi gastrique allaient faire le tour du monde, s'inviter sur tous les plateaux de télévision. On allait s'apercevoir que si près des deux tiers de la population de la planète sont infectés par la bactérie, cette proportion varie d'un pays à l'autre, allant d'un peu plus d'un quart dans les pays occidentaux, avec d'importantes disparités notamment selon l'âge et l'alimentation, à des taux plus élevés dans les contrées les plus pauvres. Les mauvaises conditions d'hygiène dans les pays à faible niveau de vie et l'utilisation abusive d'antibiotiques chez les plus riches expliquent cette différence. Mais la bactérie vient de plus loin encore. Les paléontologues ont en effet découvert qu'*Helicobacter pylori* était déjà présent chez la moitié des *Homo sapiens*. Il y a 58 000 ans dans les sociétés africaines, avant la grande migration des êtres humains de l'Afrique vers l'Eurasie pour la conquête de nouveaux territoires, *Helicobacter* fut à l'origine des premières contagions interespèces (16).

Aux temps les plus anciens, encore mauvais chasseurs, nos ancêtres se nourrissaient de charognes laissées sur le terrain par les grands prédateurs. Une course aisée leur permettait d'atteindre les cadavres survolés par les vautours avant l'arrivée des grands fauves. Les contacts étaient peu fréquents et la transmission d'agents infectieux se faisait dans les deux sens. Les lions, guépards et tigres ont payé leur appétit pour nos ancêtres d'infections chroniques de l'estomac par la bactérie parasite. Les études génétiques ont en effet montré que le germe qui infecte les grands félins, *Helicobacter acinonychis*, est plus proche d'*Helicobacter pylori* que des germes retrouvés chez des primates non humains. Ce microbe a sans doute été acquis lors de festins contaminés il y a 200 000 ans.

Comment allez-vous ?

Une fois l'estomac franchi, les aliments rejoignent l'intestin grêle, qui mesure 6 mètres de long chez l'homme. Il faut entre trente minutes et cinq heures pour le parcourir. C'est dans cette partie de l'intestin que les aliments sont digérés, les éléments énergétiques et les nutriments prélevés. La digestion, qui a ainsi débuté dans l'estomac quelques heures plus tôt, se poursuit d'abord dans le duodénum, première des trois parties de l'intestin grêle, sous l'influence des enzymes pancréatiques. La vitesse de passage y est très rapide et les bactéries peu nombreuses. Deux segments jouent un rôle plus important et font suite au duodénum : le jéjunum et l'iléon. Le premier doit son nom latin à l'examen cadavérique car on ne trouve dans sa cavité que peu ou pas de matière solide, ce qui justifie sa place dans le dictionnaire étymologique de la langue française entre jeûne et jeûner (observer le jeûne ordonné par l'église). Dans la dernière partie de l'intestin grêle, l'iléon, vit une population plus importante de microbes, de l'ordre de 100 milliards de bactéries par gramme de matière, qui fait de ces dernières la part essentielle de ce qu'on peut y trouver. La flore y est cependant assez mal définie car son examen nécessite des prélèvements par chirurgie ou intubation, mais sa diversité est proche de celle observée dans les selles.

Si l'on continue le voyage dans ce monde quasi bactérien, le côlon vient ensuite, long de 1,5 mètre où se concentre la majeure partie des bactéries de notre tube digestif (17). Celles qui y résident consomment ce qui reste des aliments qui n'ont pas été réquisitionnés par les cellules de l'intestin grêle. Il faut d'un à quatre jours pour assurer le transit. La diversité des bactéries du côlon est colossale et leur nombre considérable, mille fois supérieur à leur concentration dans l'iléon. La moitié de la matière qui constitue les selles correspond à des bactéries. Si l'on examine l'atmosphère du côlon avec ses nombreux plis et replis, on remarquera que l'espace y est dépourvu d'oxygène. C'est pourquoi les bactéries de passage qui ne peuvent vivre sans air ne sauraient s'y multiplier. Seules subsistent les anaérobies strictes, celles qui ne vivent qu'en l'absence d'oxygène. Ainsi les bactéries *Escherichia coli* qui se sont adaptées à la vie sans oxygène y prolifèrent. Les autres, celles qui ont besoin de ce gaz pour se développer, sont tuées en quelques minutes. Mais être anaérobie stricte ne suffit pas. Elles doivent également être adaptées pour trouver leur énergie dans un milieu hétérogène. Entre les parois du côlon, qui est une sorte de tuyau, se trouve la « lumière intestinale », un milieu pourtant particulièrement sombre. Le contenu y passe le plus vite qu'il peut, mais la vitesse est faible malgré la présence, entre la lumière et la paroi du côlon, d'une couche d'un gel visqueux appelé mucus. Ce mucus sécrété par la paroi intestinale sert de lubrifiant pour faire glisser le contenu vers la sortie et protéger la surface des cellules intestinales. Le mucus est épais, il peut parfois atteindre une épaisseur équivalente à cent fois le diamètre d'une bactérie qui, pour le traverser, doit se mouvoir et même s'en nourrir pour survivre. Rien ne se perd, tout est recyclé. À vrai dire, le mucus n'est pas menacé car les bactéries qui y vivent et le traversent sont relativement rares, la majorité d'entre elles restant dans la lumière intestinale. De plus, le mucus est sécrété de façon continue.

Si l'on imagine une bactérie qui voudrait rejoindre la cellule intestinale, il lui faudrait ainsi parcourir la profondeur du mucus et lutter contre le courant provoqué par le muscle intestinal avant d'atteindre son but. Car un mouvement péristaltique parcourt l'ensemble du tube digestif, judicieusement animé par un système nerveux propre à l'intestin. Il fait avancer le contenu de l'intestin qui passe progressivement d'une forme liquide à solide. La réduction de teneur en eau commencée dans l'intestin grêle s'effectue pour l'essentiel dans le côlon, aboutissant ainsi à la consistance si particulière de nos excréments.

Les bactéries, autant que le transit, font plus que nous nourrir. Elles ont un rôle sur notre vie en société. Les Anciens, qui s'en étaient aperçus depuis longtemps, avaient incorporé dans le langage quotidien leur influence sur le transit intestinal. À l'origine la question « Comment allez-vous ? » permettait de s'enquérir d'un point essentiel dont le caractère social reste démontré, le séjour quotidien sur la chaise percée (18). Au Moyen Âge, la phrase originale était « Comment allez-vous à selles ? », devenue ensuite « Comment allez-vous à la selle ? », puis plus couramment « Comment allez-vous ? ». Notre vocabulaire s'est enrichi par politesse en perdant quelques mots du sens initial. De nombreux historiens insistent sur l'une des significations d'« aller » : évacuer par le bas, sens encore usité dans certaines régions françaises où les patients consultent le médecin car « ils ne vont pas du ventre ». Les « je vais bien », ou « cela va bien » seraient donc des reliquats pratiques d'une information sur la circulation du bol alimentaire et le travail des bactéries entre les circonvolutions de notre intestin. Il est vrai que les médecins du Moyen Âge étaient attentifs au dégagement du ventre et enfournaient le clystère à tout propos. Le centre d'intérêt était cependant plus élevé de quelques centimètres dans l'Empire du Milieu : les Chinois utilisaient une formule rituelle différente qui signifie « Avez-vous bien mangé ? ».

Des vents à tout va

Pour survivre, proliférer, et donc se nourrir dans le côlon, les bactéries réalisent une intense fermentation. Les résidus qui arrivent dans cette portion terminale du tube digestif ne sont pas très digestes, sinon ils auraient été assimilés dans l'intestin grêle. De sorte que pour extraire les nutriments qui leur sont utiles, les bactéries doivent être nombreuses et surtout diversifiées. Chacune d'entre elles a un rôle spécifique. Résidus de fibres végétales, de viandes ou encore de pain, voire d'amidon non digestif, doivent être détruits et dilacérés par des micro-organismes capables de distinguer des aliments de taille et nature différentes. Diversité des mets, diversité des tâches, diversité des espèces, la biodiversité bactérienne répond aux contraintes écologiques. Outre le bol alimentaire, les bactéries doivent s'accommoder des gaz, principalement l'hydrogène et le gaz carbonique. Certaines d'entre elles l'utilisent pour leur besoin énergétique et génèrent à leur tour des gaz d'odeurs différentes. De qualité aussi. Ainsi est produit du méthane qui n'a pas d'odeur mais qui est inflammable. Popularisé par San Antonio, dans son livre *Le pétomane ne répond plus*, la production des gaz n'a pas seulement enrichi les écrivains, mais aussi certains spécialistes de leur émission.

En 1894, « Pujol, le pétomane » fit souffler un vent de folie sur Paris (19). Sous contrat au Moulin Rouge, qu'il quitta pour la foire du Trône, ses numéros attiraient les plus grandes sommités du moment, le prince de Galles, le roi des Belges ou même Sigmund Freud firent partie de ses plus fervents admirateurs. Son succès dura jusqu'à la guerre de 1914. Il expira son dernier vent en 1945 à l'âge de 88 ans. Ce jour-là, une école médicale parisienne tenta de racheter son rectum pour une somme rondelette (20). Il le valait bien car cette partie de son anatomie était celle d'un champion : avec un briquet, au temps des jours de gloire, il pouvait produire une petite flamme à son extrémité.

En vérité, Louis Pasteur parlait de « flore putréfiante » car il s'agissait d'une certaine putréfaction dont les émissions de gaz ne représentaient qu'un des dérivés. Certains individus ont un microbiote acétogène, qui produit de l'acétate, l'acide du vinaigre, d'autres de l'hydrogène. Ce gaz est d'ailleurs modulé par la consommation de certains aliments comme le chou ou encore par le mucus qui tapisse l'intestin. L'hydrogène sulfureux est quant à lui responsable de cette odeur proche de l'œuf pourri. Les gaz sont à l'origine des flatulences, ainsi appelées parce qu'elles sont principalement dues à la digestion de féculents tels que les pommes de terre, les pâtes, le blé, le maïs, le riz ou le flageolet. Si l'on ajoute ainsi à l'azote, l'oxygène, les méthanes inflammables, le sulfate, l'hydrogène et d'autres gaz sulfurés, on comprend qu'un individu délivre de 0,5 à 1,5 litre de gaz dans douze à vingt-cinq occasions quotidiennes.

L'évacuation par l'anus se fait de façon réflexe ou intentionnelle. Signe important du bon fonctionnement intestinal, le personnel médical guette le retour des gaz après une intervention abdominale. Une partie de nos gaz, égale à celle émise par l'anus, passe dans le sang puis dans l'air expiré par les poumons. Ce n'est pas le cas du méthane, pour une part détruit par les bactéries réductrices. Certains aliments influent plus que d'autres sur les parfums de nos flatulences et de notre respiration. Ces propriétés font la gloire de certaines pharmacopées, notamment les herbes aromatiques qui limiteraient les gaz intestinaux. Le basilic, l'anis, la mélisse, le fenouil, le thym et bien d'autres plantes encore les modulent et sont source d'attention, car, comme dit Rabelais (21) :

> Le pet qui ne peut sortir
> À maints la mort fait sentir
> Et le pet de son chant donne
> La vie à mainte personne.

Le bruit, comme celui fait par le larynx, est dû aux vibrations du sphincter anal. Depuis longtemps l'émission de gaz intestinaux enrichit la littérature. En 1776, Pierre-Thomas-Nicolas Hurtaut (1719-1791) imagina une théorie physique et métabolique sur l'art de péter à l'usage des personnes constipées, des personnes graves et austères, et dames mélancoliques (22). Pets d'escalier, les bons à rien, péter dans la soie, vivre dans le luxe, avoir un pet de travers, autant d'expressions qui enrichissent notre vocabulaire, considérées comme une preuve d'humour ou, au contraire, de savoir vivre. Chez les Komas du Cameroun, des bouffons pratiquent le pet lors des cérémonies rituelles (23). Les premiers administrateurs coloniaux furent à l'origine du qualificatif de péteurs (24). Dans *La Grande Bouffe de* Marco Ferreri (1973), Michel Piccoli meurt de s'être trop retenu. Dans la série d'animation *South Park*, Kenny meurt dans une combustion spontanée en tentant d'enflammer ses pets. Guillaume Apollinaire (1880-1918) en fait à son tour des vers merveilleux dans *Les Onze Mille Verges*. Une jolie Normande, courtisée par Henri IV, lâcha un bruit très odorant en s'exclamant : « Sire, à quelle porte préférez-vous qu'on vous réponde (25) ? »

L'émission de gaz avait son dieu, Crepitus ventris. Voltaire le cite dans son *Dictionnaire philosophique* et Flaubert dans sa *Tentation de saint Antoine* : « J'ai eu mes jours d'orgueil. Le bon Aristophane me promena sur la scène, et l'empereur Claudius Drusus me fit asseoir à sa table. Dans les laticlaves des patriciens j'ai circulé majestueusement ! Les vases d'or, comme des tympanons, résonnaient sous moi ; – et quand plein de murènes, de truffes et de pâtés, l'intestin du maître se dégageait avec fracas, l'univers attentif apprenait que César avait dîné (26) ! »

Si l'émission de gaz chez l'homme est importante, elle ne vaut pas celle du ruminant. On estime en effet que les bovins constituent une source importante de gaz à effet de serre en raison de leur production de méthane. Une vache peut en expulser jusqu'à 100 kilos par an, soit 150 millions de tonnes par an à l'échelle mondiale, 15 % des émissions de ce gaz (27). Les termites, avec 27 millions de tonnes par an, tiennent la comparaison (28). Ces chiffres sont à confronter aux performances des plantes pour nos recommandations écologiques : elles n'en produisent que de 60 à 230 millions de tonnes (29), données controversées par certains.

Les gaz ne sont cependant pas les seuls composants de nos matières organiques excrétées. On y trouve d'autres corps chimiques tel le scatol – d'où le nom scatologie –, composé organique légèrement toxique utilisé comme fragrance et fixateur dans de nombreux parfums. Attractifs pour les moustiques, particulièrement les femelles gravides, ils sont importants pour la diffusion de certains virus épidémiques tel que celui dit du Nil occidental.

Biodiversité et écologie bactérienne

Si les gaz traduisent par des bruits sonores la diversité des bactéries, celle-ci dépend en fait de multiples facteurs. L'âge, l'état de notre alimentation et le stress modulent leur implantation. Nous ne sommes pas colonisés au hasard de notre vie par toutes les bactéries que nous rencontrons. Ces microbes se plaisent dans nos entrailles s'ils trouvent matière à s'immobiliser ou au contraire à nager dans le milieu intestinal, s'ils dénichent une place suffisante pour pouvoir proliférer. Certaines bactéries ne resteront que peu de temps, d'autres s'y acclimatent. Le milieu de culture que leur offrent nos intestins suffit à les maintenir ou les chasser. Il faut imaginer des radeaux alimentaires à la dérive habités par des bactéries qui s'y fixent tandis que d'autres nagent entre les esquifs, se nourrissant de ce qui passe à leur portée. Chaque bactérie peut utiliser les déchets laissés par les autres, tandis que certaines se nourrissent de cadavres bactériens, de nos cellules mortes, et participent ainsi au recyclage. La charogne en décomposition de Baudelaire sévit aussi en nous…

Deux grands groupes bactériens dominent : les firmicutes et les bactéroïdes. Ces deux grandes populations correspondent à plus de 80 % des bactéries de notre intestin. Pourtant, elles divergent presque autant que le règne animal et végétal. Les firmicutes sont des bactéries à peau dure, *Finus curtus*, une espèce qui comprend des germes très courants et connus comme le staphylocoque ou le streptocoque. D'autres, comme *Lactobacillus bulgaris* qui nous permet de déguster des yaourts, ne jouissent pas d'une notoriété comparable. Les bactéroïdes représentent le groupe le plus important de bacille Gram négatif. Ils sont essentiellement anaérobies, capables de vivre sans air. La bile exerce une action favorable sur leur croissance. Alors que la plupart des bactéries anaérobies sont sensibles à la pénicilline, celles-ci y sont résistantes. Tapies dans le côlon au milieu des muqueuses, ces bactéries transforment le cholestérol en une molécule que l'intestin n'assimile pas et qui est évacuée dans les selles. Pour beaucoup, le rapport firmicute/bactéroïde pourrait avoir un sens, leur proportion variant entre les individus en bonne santé et certains obèses. Si plus de deux cent cinquante espèces ont ainsi été identifiées dans ces deux filums majeurs, il existe de nombreuses autres bactéries dans la microflore. Elles appartiennent majoritairement à deux autres groupes : les *Actinobacteria* et les *Proteobacteria*, parmi lesquelles des bactéries réductrices de soufre. Mais, honneur aux grandes profondeurs, aux bactéries des temps anciens, à celles des terres et propriétés inconnues, on trouve aussi des archéobactéries. Les bactéries ne sont pas les seules, il y a aussi des champignons. Si le microbiote est unique et propre à chacun de nous, c'est par la grande diversité de bactéries qui le composent (30). Les deux tiers des espèces intestinales dominantes qu'héberge chaque individu adulte, lui sont totalement spécifiques. Le tiers restant étant plus ou moins partagé selon les individus. Bien entendu, cet équilibre dépend de l'alimentation, de la prise d'antibiotiques, de l'hygiène (31, 32). Chez un même individu les grands équilibres entre espèces varient cependant peu, malgré les éventuelles modifications de régime alimentaire. Une étude récente a montré l'existence de groupes de bactéries similaires pour l'homme et pour le chimpanzé, suggérant qu'ils pourraient être issus de la coévolution proche de deux groupes de primates et de leur microbiote (33).

Pour des raisons évidentes, la flore intestinale reste difficile à étudier. Il faut en effet la prélever. Aussi se réfère-t-on plus facilement au microbiote fécale que caecale, malgré les différences entre les deux. Il y a quelques années, l'analyse ne pouvait être fondée que sur les techniques de culture. L'arrivée de la métagénomique a bouleversé, ou plutôt complété, ces premières caractérisations. La mise en œuvre de ces techniques de biologie moléculaire a permis à la fois de descendre encore plus bas dans l'infiniment petit et d'étendre le seuil de détection en analysant simultanément l'ensemble des populations microbiennes. Il s'agit bien d'une approche globale, car il est bien évidemment impossible, comme cela peut se faire à l'échelle individuelle pour l'homme et les plantes, d'imaginer étudier les bactéries une par une. Des programmes métagénomiques internationaux, dans lesquels la France et l'Europe ont leur importance, ont ainsi cherché à définir la flore qui caractérise les individus et, par là même, à les comparer (30). La métagénomique fait aujourd'hui référence, préfixe méta oblige, qui signifie « ce qui vient après ». En 2010 fut publiée la première métaséquence de microbiome intestinal humain obtenue par l'analyse des échantillons de selles de cent vingt-quatre sujets européens et à la caractérisation de plus de trois millions de gènes appartenant environ à mille espèces bactériennes différentes (34, 35). Il faut saluer l'exploit !

En extrapolant la fonction métabolique des gènes ainsi identifiés et en la comparant au génome humain, on constata que le microbiome accroît nos capacités propres à la dégradation des sucres, des protéines, des xénobiotiques, et influe sur la synthèse de nombreuses vitamines. Les humains sont bien des êtres symbiotiques faits d'un étrange amalgame entre les gènes qui leur sont propres et ceux des microbes qui les habitent : l'homme est un superorganisme (36, 37).

Le microbiote et la vie

Le fœtus dans le ventre de sa mère ne connaît du microbiote que les bruits continus que font, gaz aidant, les microbes de l'intestin maternel. Véritable musique intérieure, variable selon les mères et l'alimentation, ce sont les sons les plus proches qu'il perçoit. Au-delà de ce premier bain sonore, le monde extérieur est pour ainsi dire muet. L'enfant à naître écoute ainsi le chant des microbes plus que la voix maternelle brouillée par des gargouillis parasites. Après neuf mois en fanfare, le nouveau-né vient au monde sans aucune bactérie. Une situation qui ne saurait durer car les microbes savent magnifiquement exploiter et investir cet espace encore vierge. La rencontre de l'homme et de la bactérie commence à la naissance, dès la rupture des membranes fœtales.

Phénomène complexe, cet événement fascinant que seuls les microbes maîtrisent est crucial pour la nouvelle vie du petit être. Né stérile, sa condition *in utero*, il se trouve propulsé dans un univers microbien riche et varié, celui de sa mère. De manière étonnante cependant, malgré l'extraordinaire diversité des microbes maternels, le bébé est colonisé de façon rapide et massive par un microbiote relativement simple (38). Et le nouveau-né fait un tri. Les bactéries qui s'implantent sont en effet des microbes particuliers, capables de vivre aussi bien en présence d'oxygène, que de s'en passer. Elles sont dites bactéries aérobies facultatives, une propriété qui leur permet, dans un bouillon de culture, de flotter en surface. Les microbiologistes les connaissent sous des noms qui ne heurtent pas les oreilles du béotien : staphylocoque, entérocoque, etc. En quelques jours de prolifération, ces bactéries qui se plaisent dans les conditions du tube digestif ont consommé tout l'oxygène présent, changé considérablement l'écosystème et le fameux potentiel redox (également potentiel d'oxydoréduction), une des réactions d'échanges d'électrons parmi les plus importantes de la chimie. Un nouvel environnement sans oxygène se fait alors et avec lui la sélection d'une nouvelle vague de bactéries par le milieu intestinal.

Les microbes qui colonisent l'intestin, en seconde intention donc, appartiennent à un nouveau genre, ce sont des bifides (39). Leur nom vient du latin « partage », qui fait allusion à leur forme et à leurs nombreuses ramifications. Connues depuis 1899, ces bactéries ont été découvertes par Henri Tissier (1866-1926), un élève de Pasteur, qui avait signalé leur présence en grand nombre dans des selles de nourrissons en bonne santé (40). Il leur donna un nom de « flore bleue », dû sans doute à la coloration de Gram. Il s'agit essentiellement de bactéries lactiques, telles que celles utilisées par l'homme depuis le Néolithique pour la fermentation des aliments comme le yaourt ou le vin. Ce sont des bactéries anaérobies, qui ne supportent pas l'oxygène. Résultant d'une compétition entre les germes de l'environnement extérieur et ceux de la mère, ces bactéries semblent essentiellement transmises par le microbiote vaginal et fécal. En fait, les entérobacters de la première vague, ces bactéries facultatives qui peuvent vivre en l'absence ou présence d'oxygène, ou celles qui ne peuvent subsister qu'en anaérobie strict, les bactéries bifides, semblent principalement provenir du microbiote maternel fécal plus que vaginal. Cette origine, liée à la proximité des microbes qui entourent les nouveau-nés, ne résume pas l'ensemble des mécanismes qui conduisent à la sélection des souches. Celles-ci doivent en effet s'acclimater à l'enfant et aux conditions des nouveaux territoires qu'elles cherchent à annexer, à commencer par le premier d'entre eux : l'intestin.

Certaines souches semblent mieux adaptées que d'autres, elles sont sélectionnées en fonction de leur capacité d'adhésion au mucus ou aux villosités, car les micro-organismes cherchent autant à proliférer qu'à établir un dialogue avec les cellules intestinales. L'homme et les bactéries jouent au gagnant-gagnant. Héritage d'une coévolution à travers les âges, les premières bactéries colonisatrices envoient des signaux aux cellules qui bordent l'intestin. Elles savent produire et libérer des molécules, envoyer des messages particuliers pour changer l'expression de gènes des entérocytes qui tapissent le tube digestif. En retour, les cellules de l'hôte modifient la composition des sucres qui recouvrent les parois intestinales et entrent dans la composition du mucus, pour permettre aux microbes d'élire domicile dans un environnement favorable. Extraordinaire symbiose, aussi fascinante que de nombreuses autres associations du vivant, qui facilite l'acclimatation bactérienne dans les profondeurs de nos intestins. Ainsi, dès l'arrivée du premier microbiote, aussi simple soit-il, l'hôte en est déjà modifié. Il n'est déjà plus lui-même. Il a adapté son comportement physiologique à un nouvel écosystème qui, en retour, modifie celui des bactéries. Car une fois le dialogue instauré, le premier flux microbien induit des changements qui font le lit des envahisseurs de la seconde vague. En passant d'un milieu oxygéné à un milieu anaérobie, les premières populations se sacrifient aux dépens d'autres. Si l'on songe à l'extraordinaire séquence de ces événements qui bouleversent la colonisation des premiers instants, comment ne pas s'émerveiller devant les lois de la nature et la faculté que lui offre la diversité du monde microbien pour permettre toutes formes d'adaptation ?

Par la suite, l'enfant est soumis à d'autres opportunités, circonstances, hasard et nécessité, que lui procurent ses premiers instants de vie. Avec les premières gorgées de lait, les baisers, les caresses de la mère, les contacts de peau à peau, la diversité du microbiote s'accroît. Un microbiote d'adulte n'est pleinement acquis que vers l'âge de deux ans ou plus.

D'autres éléments influencent encore l'implantation et la composition de la flore intestinale : le mode d'accouchement, l'environnement, le type de l'alimentation, l'âge à la naissance et l'antibiothérapie.

Lors d'une naissance par césarienne le développement du microbiote diffère selon les conditions variables d'hygiène du lieu d'accouchement (41). Lorsque celles-ci sont strictes, la colonisation n'est plus le résultat de la rencontre avec les bactéries de la mère, mais avec celles de l'environnement et du personnel soignant. L'implantation diffère alors des accouchements par voie basse. Les bactéries anaérobies strictes, les fameuses bactéries bifides, colonisent plus tardivement. Celles qui occupent le terrain intestinal, le plus souvent sous forme de spores, proviennent du milieu ambiant. Belles au Bois dormant réveillées par la naissance, comme un baiser de la vie, ces bactéries prolifèrent dans les nouvelles conditions qu'offre l'intestin du bébé. Les différences entre microbiote selon les conditions d'accouchement pourraient avoir des conséquences, notamment sur la maturation de nos moyens de défense immunitaire, mais elles s'estompent avec le temps et les enfants ainsi nés n'ont pas de handicap évident. Dans les pays à faible niveau d'hygiène, les pays en voie de développement par exemple, ce ne sont pas les spores environnementales, mais les bactéries bifides qui colonisent l'intestin. L'environnement fait la différence. Les variations sont également liées aux conditions de vie : enfants nés en milieu rural ou en milieu urbain, à domicile ou à l'hôpital. Est-ce à dire que l'inégalité des chances existe dès les premiers instants de vie à travers les disparités de microbes ? L'inégalité sans doute, mais il ne saurait être question de chance, aucune des conditions n'ayant été suffisamment étudiée pour démontrer avec assurance qu'elle est plus profitable à notre avenir.

Un microbiote nourri au lait

D'ailleurs, le microbiote est aussi influencé par l'allaitement maternel que préconise le corps médical lorsque la mère le peut et le désire. Dans ces circonstances, où l'alimentation est à base de lait humain, la colonisation semble différente. Depuis le début du XXe siècle, il est connu que l'allaitement favorise l'implantation des bifides plus précocement, comparé aux nouveau-nés nourris avec des préparations de lait de vache. Cette prédominance, curieuse, avait été attribuée à la présence, dans le lait maternel, de composés qui favorisent la croissance des bacilles bifides. Il fallut attendre cinquante ans pour comprendre que ces facteurs – car on parlait alors de facteurs bifides – correspondaient à un mélange de quelques unités de sucre. Plus de cent trente molécules de sucres différents composent en effet le lait maternel, outre le lactose. Ces composés varient en fonction de l'alimentation, de la période de lactation, du moment de la journée, du terme de l'accouchement ou encore des gènes de la mère. Les qualités biologiques du lait diffèrent ainsi d'une femme à l'autre et ont une influence sur l'implantation du microbiote. De manière intrigante, les taux de sucre les plus élevés s'observent après la naissance, à une période où le nouveau-né en a le plus besoin. De même, le lait d'une mère donnant naissance à un prématuré est plus riche en glucides. Faut-il y voir une adaptation aux besoins du petit être pour favoriser le développement de son microbiote ? Il est encore trop tôt pour répondre avec certitude à cette question.

La composition des sucres dans le lait varie selon les espèces (42). Le lait de vache ne contient pas de facteurs bifides. D'autres, comme les grands singes, les mammifères marins ou les marsupiaux, en possèdent une forte proportion. Chez les kangourous, les taux chutent lorsque le marsupial sort de la poche. Si deux petits sont d'âge différent, le lait de chaque mamelle diffère dans la composition de ces sucres, s'adaptant ainsi, fait remarquable, à chaque nouvelle vie (43). Certains des composants liés à un facteur bifide présent dans le lait sont également retrouvés dans les cellules du cerveau où ils jouent vraisemblablement un rôle dans la transmission de l'influx nerveux ou la mise en place de la mémoire. Les études chez le rat nouveau-né montrent qu'un supplément en cette substance accroît ses capacités d'apprentissage. Le lait maternel influence-t-il les fonctions de notre cerveau ? Seuls les éléphants possèdent, comme les humains, une richesse en acide sialique, l'un de ces composants sucrés. La capacité extraordinaire de mémorisation attribuée à cette espèce animale pourrait ainsi être liée à la qualité du microbiote (44).

Le lait de vache ne contenant pas de facteur bifide, les enfants qui en sont nourris présentent un retard d'implantation de la flore bleue. Mais depuis plus de vingt ans les préparations industrielles de lait pour enfants ont fait beaucoup de progrès et diminué cette différence. De plus, les femmes n'ont pas toujours la même richesse en facteur bifide et le lait maternel possède d'autres vertus que celle de faire pousser les bactéries, si bénéfiques soient-elles, telle la transmission d'anticorps qui assure la protection du nouveau-né contre les agressions infectieuses. Mais si les bactéries bifides intéressent tant, c'est aussi qu'elles acidifient l'environnement et protègent contre la colonisation par des micro-organismes plus pathogènes. Leur présence et leur capacité de stimuler la production des anticorps s'opposent en effet à un nouvel envahisseur.

La présence de ces bactéries semble donc importante dès les premiers mois de la vie, pourtant peu d'études se sont intéressées au passage du lait maternel au lait artificiel ou à une nourriture plus variée. Au cours de la première année de vie, les différences s'estompent déjà, notamment lors de l'introduction d'une alimentation solide. L'environnement d'un nouveau-né serait-il plus important que son propre génome ? Ce qu'on sait, c'est que les gènes des bactéries des jumeaux, même s'ils ne sont pas homozygotes, sont plus proches entre eux que ceux de leurs autres frères et sœurs (45).

La flore bleue de Tissier dépend de l'alimentation et varie avec ses modifications : cuisine aseptisée, chez certains, repas pris à des heures irrégulières chez d'autres, changement alimentaire ailleurs. Les antibiotiques ajoutent leur influence parfois dévastatrice à l'action de cet aréopage de facteurs. Un traitement de courte durée, par exemple pour suspicion d'infection materno-fœtale, favorise un retard de colonisation et la sélection de germes résistants. L'effet barrière des bifides diminuant, les antibiotiques favorisent l'arrivée d'autres micro-organismes, dont certains pathogènes. Chez les grands prématurés, un retard de colonisation s'observe avec, pour conséquence, l'implantation d'une flore aberrante. Ainsi, les bactéries qui colonisent l'enfant au cours des premières semaines de vie, revêtent probablement plus d'importance que ce que l'on pensait antérieurement (46).

Digérer l'indigestible

Plus que de vivre ensemble et partager des richesses, la symbiose est affaire d'entraide. Lorsqu'il s'agit de vivre avec des germes commensaux comme ceux de la flore intestinale, hommes et microbes trouvent un bénéfice réciproque à la digestion des nutriments nécessaires à leur croissance : les bactéries dégradent les aliments que leur hôte ne peut digérer, elles contribuent à lui fournir de l'énergie et des vitamines, éléments indispensables à la vie (47, 48). Comme l'homme, le microbe est omnivore, il digère les sucres, principalement végétaux, les protéines et les lipides.

Les sucres représentent environ 50 % de la ration énergétique totale, soit 100 à 150 grammes par jour d'une fabuleuse ressource calorique. L'homme et ses cousins primates ont appris à se délecter de fruits dans lesquels les glucides sont abondants. Il faut reconnaître que la cueillette est plus facile et moins risquée que la chasse. Parce qu'ils ont appris à les cultiver, nos ancêtres du Néolithique ont ajouté les légumes et légumineuses à leur menu. L'appétence pour les rations sucrées va de pair avec leur riche valeur énergétique. On connaît les mimiques du plaisir du nourrisson qui goûte une solution sucrée et celle de rejet face à l'amer. La sélection darwinienne a retenu l'attrait pour les glucides en raison de leur valeur calorique. La préférence pour le sucre est innée. Sans doute vient-elle des premiers mois de la vie, quand le fœtus acquiert cette notion du goût dans le ventre de sa mère, à travers le liquide amniotique ?

Il existe trois formes de glucides alimentaires : le saccharose, le lactose et l'amidon, auxquels il faut ajouter ceux des fibres végétales dites fibres alimentaires. Le lactose et le saccharose sont digérés et absorbés dès les premières portions de l'intestin grêle. Il en va différemment pour l'amidon et les sucres complexes des fibres alimentaires.

L'amidon c'est de la fécule, cette substance blanche, fade ou insipide, inodore, craquant sous les doigts, que l'on extrait d'un grand nombre de végétaux, de racines et tubercules souterrains, des tiges, des grains. Sa digestion débute sous l'effet de l'amylase salivaire dont l'action est rapidement interrompue par l'acidité du contenu gastrique. Quant à l'amylase sécrétée par le pancréas, qui se déverse plus bas dans le flux intestinal, elle est également loin d'être aussi efficace qu'il serait nécessaire. D'autant qu'un certain nombre de ces fécules possèdent des substances qui inhibent ces enzymes. Une part importante de l'amidon se déverse ainsi dans le côlon sans avoir été préalablement transformée. Cette portion, qu'on appelle « amidon résistant », sert alors à la nutrition des bactéries, qui transforment les aliments amidonnés et permettent leur absorption. Fécule de talamar, pomme de terre, ségou, tapioca, racines de manioc, graines à base de patate douce, chaque culture, chaque recette de féculent procure au microbiote de nouveaux amidons.

Les préparations culinaires ont leur importance, la diversité des hôtes microbiens de l'intestin également.

En plus du saccharose et du lactose, sucres rapides, et de l'amidon, sucre lent, les légumes enrichissent notre alimentation de fibres alimentaires sucrées. Les parois des végétaux sont en effet composées de fibres, structures de sucres enchaînées les uns aux autres et disposées en couches multiples et ramifiées. Ces sucres, par leur nombre et leur agencement en lacis, entourent le cytoplasme des cellules végétales autour duquel ils forment une coque. Les fibres constituent ainsi une mixture de sucres variés, comme la cellulose, composant majoritaire, les gommes ou les cires. La nature derrière sa beauté et diversité offre une extraordinaire variété de fibres qui diffèrent autant chimiquement que physiquement. Certaines d'entre elles, solubles, absorbent l'eau pour donner une substance gélatineuse qui facilite le transit intestinal. Les anciens connaissaient leurs vertus depuis longtemps. Les pruneaux d'Agen, dont la commercialisation date du Moyen Âge, ne sont pas seulement prônés pour la production d'antioxydant – capacité à retenir ou neutraliser des radicaux toxiques dans le corps humain – mais aussi pour leurs propriétés laxatives et leur richesse en fibres alimentaires (49). Haricots, lentilles, pain, riz, plantes et fruit secs, ont leurs agencements propres de sucres en importante quantité. À l'inverse, les produits céréaliers sans grains entiers, comme les corn-flakes ou le maïs soufflé, sont pauvres en fibres. Mais qu'elles soient naturelles ou liées à des productions industrielles, les fibres alimentaires sont si complexes, et la dégradation de leurs sucres si subtile, qu'elles nécessitent, pour être digérées, un nombre extrêmement élevé d'enzymes, de sorte que celles présentes dans le tube digestif humain ne sauraient suffire. Les bactéries du côlon prêtent main-forte pour poursuivre et compléter le travail que l'homme, ses cellules, et ses enzymes, n'ont pu résoudre. Presque intactes malgré l'action des enzymes digestives, les fibres alimentaires et l'amidon se déversent dans le gros intestin où elles se trouvent confrontées à plus de 10 000 enzymes bactériennes différentes capables de détruire tous les sucres, tous les grains, les tubercules, les rhizomes, les fruits, de fragmenter leurs glucoses ramifiés, tourmentés, branchés, enchaînés, qui s'accolent les uns aux autres quand ils ne sont pas rehaussés de quelques amines, radicaux chimiques dont les microbes se délectent également. L'arsenal enzymatique nécessaire à la dégradation de ces substances rend compte de la spécialisation et de la biodiversité des bactéries. Les fibres leur servent autant qu'à leurs hôtes, en symbiose réussie. Les bactéries ne s'attaquent cependant pas qu'aux sucres alimentaires, elles digèrent aussi le mucus, sucre produit par l'homme au niveau de son côlon. Sans bactéries, le mucus, qui est continuellement sécrété et jusqu'à des quantités considérables, entraînerait une distension colique comme cela est observé dans les souris axéniques ou chez les hommes qui vivent sans germes.

À l'opposé de la fermentation des glucides, la dégradation par le microbiote des protéines présentes dans le côlon génère de nombreuses substances métaboliques potentiellement toxiques pour l'hôte. Elles sont dégradées en peptides, qui sont la principale source azotée du gros intestin. Cette hydrolyse est indispensable aux bactéries dont la prolifération requiert des hydrates de carbone et d'azote. Si la structure, la solubilité, le temps de transit jouent dans cette décomposition, l'essentiel provient d'enzymes bactériennes, les fameuses protéases, actives dans la partie distale du côlon où l'acidité est la plus forte. Les peptides par eux-mêmes ont un rôle important sur la biodiversité du microbiote colique. Il suffit d'observer la croissance *in vitro* de certaines espèces prélevées dans l'intestin, pour apercevoir que nombre d'entre elles utilisent les acides aminés comme source propre d'énergie, celles qui ne sont pas capables de digérer les sucres, alors que d'autres n'en font qu'une ressource accessoire. Le côlon représente la source essentielle des éléments constitutifs de nos protéines : les acides aminés. Parmi les vingt molécules connues de cette famille, neuf sont indispensables et ne peuvent être synthétisées par l'homme. Le microbiote, ainsi que l'apport de protéines alimentaires digérées par les enzymes de l'estomac – trypsine et pepsine – sont seuls capables de nous les fournir.

Quant aux lipides qui parviennent dans le côlon, ils sont très divers. Le microbiote peut également les utiliser ou les transformer. Certaines bactéries agissent sur le cholestérol en le transformant en un corps qui ne peut être absorbé et qui est éliminé dans les selles, jouant ainsi un rôle dans la régulation de son métabolisme.

Le microbiote est donc capable de transformer les aliments en de nombreuses molécules et d'en produire d'autres dont les conséquences sur la santé restent pour beaucoup à déterminer (50).

Produire des vitamines

Le microbiote produit également des vitamines, molécules indispensables à la vie, comme l'indique ce mot qui comprend également le préfixe « amine », corps dérivé de l'ammoniac. Les vitamines sont des compléments nécessaires aux organismes vivants. Incapable de les synthétiser en quantité suffisante, la symbiose qui permet leur production devient un avantage sélectif pour l'hôte. Dans les années 1940, il avait été montré que le microbiote présent dans la panse des vaches, le rumen, produisait un nombre important de vitamines chez les animaux. Cette découverte induisit une série de travaux chez l'homme pour en comprendre la synthèse par la flore intestinale (51).

Les bactéries du microbiote sont en effet une source importante de vitamines, parmi lesquelles la vitamine K, essentielle à la coagulation du sang. Les besoins sont généralement couverts par l'alimentation, la production bactérienne ne vient que renforcer la ration absorbée. Chez le nouveau-né, lorsque le microbiote n'a pas encore atteint sa maturité, ou chez l'adulte après la prise d'antibiotique, un risque de carence peut cependant exister, expliquant qu'il faille compléter parfois l'allaitement maternel avec de la vitamine K.

La vitamine B12 est indispensable à la maturation du sang et du système nerveux (elle participe à la synthèse des neuromédiateurs du cerveau et à la formation des gaines de myéline qui recouvrent certains nerfs). Les apports nécessaires sont très faibles, mais ni l'homme, ni l'animal n'en synthétisent. Ils dépendent entièrement, l'un comme l'autre, des bactéries. Le microbiote des herbivores produit ce nutriment dont les carnivores profitent également par transmission dans la chaîne alimentaire, de sorte que tous les produits d'origine animale en contiennent (en particulier le foie, les œufs, le lait). Les hommes en obtiennent à partir de l'alimentation carnée, et pour une part des bactéries du microbiote. Les végétariens doivent parfois être complémentés pour éviter une carence. Mais la synthèse de la vitamine B12 est d'une telle complexité – une centaine d'étapes biochimiques sont requises – que la vitamine B12 des compléments alimentaires et des produits enrichis provient toujours de culture bactérienne.

La plasticité du microbiote

Les bactéries se multiplient aisément dans les milieux de culture liquide ou les boîtes transparentes et rondes recouvertes d'agar, les fameuses boîtes de Pétri dont la composition finement régulée facilite leur croissance. Mais cette nourriture artificielle est différente de celle qu'elles trouvent dans notre intestin. Dans l'obscurité de nos entrailles, elles n'ont pas la possibilité de se multiplier en profitant des ingrédients de culture que les savants ont mis des années à découvrir, pour favoriser leur croissance et les caractériser. Pour rester dominantes dans la lumière intestinale, les bactéries commensales, qu'elles soient firmicutes ou bactéroïdes, doivent se multiplier aussi vite qu'elles se détruisent, soit environ toutes les vingt heures. Il est cependant difficile de savoir à quel moment et à quel rythme les bactéries du microbiote se clonent c'est-à-dire se divisent en cellules filles. La prolifération dépend de l'alimentation qui reste toujours insuffisante pour une population qui colonise un espace aussi important que l'intestin dans son ensemble. La lumière intestinale n'est pas si extensible et la moitié du côlon est occupée par des selles qui ne laissent pas beaucoup de surface libre. L'évacuation des microbes autant que des aliments est modulée par le périlstatisme du côlon, sa mobilité, sa vitesse. Le plus grand nombre de bactéries disparaissent avant la sortie fécale. Rien ne se perd cependant puisque les dépouilles des bactéries mortes nourrissent celles qui restent : la vie est recyclée. Si le nombre des habitants des profondeurs reste constant, le microbe doit faire preuve d'une grande plasticité pour survivre dans ce milieu hostile, ou être sélectionné pour son métabolisme capable de traiter les ingrédients divers et variés que l'homme lui procure. Or, d'un régime à l'autre, d'un pays à l'autre, l'alimentation varie au gré des sociétés, des habitudes culinaires, des modes de production alimentaire. Les bactéries se nourrissent également du mucus sécrété par les cellules intestinales, véritable substance nourricière. Cette complémentarité, ce « yin-yang » que forment l'alimentation et le microbiote, influe sur l'homme, sélectionnant et favorisant la prolifération des bactéries qui s'y acclimatent.

À la conquête de nouveaux territoires

En 1892, Albert Döderlein (1860-1941) découvre dans le vagin la présence de bactéries qu'il nomme, en toute modestie, « flore de Döderlein (52) ». Il les apparente aux microbes du yaourt, les lactobacilles. Appartenant au règne des bactéries, division des firmicutes, classe des Bacilli, genre *Lactobacillus*, espèce *Lactobacillus acidophilus*, de nouvelles bactéries étaient ainsi découvertes dans des territoires muqueux humains encore inexplorés, en terres féminines. Döderlein est célèbre pour avoir été l'un des premiers à introduire les gants en obstétrique, près de quarante ans après le vain combat de Semmelweis pour le lavage des mains, mais aussi pour avoir favorisé, lors de la prise du pouvoir par les nazis, l'adoption de la loi de stérilisation des femmes considérées comme inférieures. La découverte du microbiote vaginal vint couronner sa carrière. Ne montrait-il pas qu'en assurant la fermentation des sucres, ces bacilles produisaient l'acide lactique qui contribue à l'acidité du vagin ? Parce que le nom de ces bactéries évoque les yaourts, certains tentèrent d'utiliser le lait fermenté en application vulvaire pour régénérer la flore vaginale. En réalité, les lactobacilles n'ont rien à voir avec les yaourts, ils proviennent du rectum d'où ils colonisent le vagin. Modifiée par les antibiotiques, la ménopause, les déficits en œstrogènes et les contraceptifs (53, 54), leur caractéristique essentielle est de favoriser l'acidité pour éviter la contamination par d'autres micro-organismes, notamment les champignons responsables de candidoses. Leur contribution est si importante et l'acidité si nécessaire, qu'il est recommandé de ne pas altérer cette flore par les bains vaginaux ou les spermicides.

De la bouche à l'anus et jusque dans les replis du vagin, les bactéries trouvent leur port d'attache dans les tréfonds de l'homme et de la femme. Mais elles ne boudent pas pour autant les couches les plus superficielles, à commencer par la première d'entre elles : la peau. Car il existe une flore de la peau. Celle-ci supporte et nourrit un écosystème qui se forme dès la naissance et évolue jusqu'à la mort. Pasteur ne serrait jamais les mains. Il avait bien trop peur de se contaminer, à moins qu'il voulût éviter à ses concitoyens le partage de son propre microbiote. Il doit, dit-on, à cette attitude aussi précautionneuse que sage, de n'avoir pu faire une carrière politique et d'avoir échoué à une élection sénatoriale dans le Jura en 1876 (55). Certains diront que la peur de la contagion a eu une conséquence positive puisqu'elle a permis de conserver à la science un de ses plus grands savants.

Curieusement, et probablement parce que le microbiote de la peau est le plus accessible, il reste aussi le moins étudié (56). Les molécules qui nourrissent les micro-organismes viennent des sécrétions de la peau, sueurs plus ou moins froides, qui modulent leur pullulation. Les microbiotes cutanés varient selon les individus, leur âge, sexe, leurs activités, leur comportement et, bien sûr, leur environnement. La peau du nourrisson diffère de celle de l'adulte en termes d'espèce et de composition. On y retrouve les fameux firmicutes de l'intestin, mais avec l'âge la flore se diversifie. D'ailleurs celle-ci diffère qualitativement et quantitativement selon les différentes parties du corps. Les aisselles, les pieds, le visage, le dos, les cheveux, les ongles sont autant de refuges, de terres d'asile, de bouillons de culture pour ces microbes saprophytes. À la surface se trouvent les germes qui aiment l'oxygène, dans les replis, les rides, les pores, ceux qui s'en passent volontiers. Le poil lui-même est recouvert de son propre biofilm, un tapis de bactéries qui lui sont propres, et donne accès aux couches profondes du derme, aux glandes sébacées, où ces bactéries peuvent déclencher des infections, telles que l'acné. Mais ce biofilm a également des effets positifs. Il est une protection qui facilite la cicatrisation, stimule les défenses immunitaires et le renouvellement cellulaire. Les nombreuses substances que sécrètent les bactéries ont des propriétés bactéricides, elles tuent les germes pathogènes, intrus menaçants qui tentent de s'implanter à leur place. Les biofilms empêchent ainsi d'autres colonisateurs d'occuper le terrain et d'y croître. Plaies et blessures risquent cependant de rompre cet équilibre délicat et d'entraîner une infection, tout comme un affaiblissement des défenses immunitaires, une immunodépression. Il ne faut jamais baisser la garde.

Mais la peau ne comporte pas que des bactéries, très présentes aussi sur les phanères, cheveux, poils et ongles. Le microbiote comprend aussi des champignons, responsables de mycoses. Quatre-vingts types de champignons vivent sur notre épiderme, notamment les talons et les pieds, plus que sur le dos et dans les oreilles. Cette découverte a multiplié par quatre le nombre des espèces de champignons connus jusqu'à présent.

La flore ne se limite pas à ces hordes opportunistes. De microscopiques acariens se repaissent de nos peaux mortes. Ces petits êtres minuscules, cousins des araignées, se nourrissent aussi du sébum, produit par les glandes sébacées. Après quarante-huit années d'observation commencée en 1950, et plusieurs millions d'hommes et de femmes étudiés, il est possible d'affirmer que les acariens sont présents chez tous les individus au moins pour deux espèces d'entre eux. Cosmopolites, ils s'accrochent à nous et s'engluent pour qui veut les piéger et les étudier à l'aide d'un ruban adhésif. Le froid les ralentit. La chaleur les tue.

Outre l'effet barrière qui nous protège des intrus pathogènes, le microbiote fabrique nos odeurs par transformation de nos sécrétions. Le fumet de nos pieds et celui de nos aisselles doivent tout ou presque à ces populations saprophytes. Ces effluves ne font pas que signaler notre présence à nos congénères, ce sont eux que repèrent les animaux, particulièrement les insectes. Les moustiques se laissent guider par le vent qui porte ces parfums. Quand on veut les prendre dans des pièges olfactifs, l'odeur de nos biofilms suffit (57). Et les mouches ne sont pas en reste. L'urée de la peau, produite par le microbiote à partir de l'ammonium, attire les insectes piqueurs et suceurs de sang. Le gaz carbonique, même s'il n'est qu'à l'état de traces générées par quelques bactéries, attire ces bestioles qui s'orientent vers la source, leur vol guidé par quelques molécules.

Toutes ces découvertes orientent les types, modes et qualités de nos cosmétiques… et les recommandations des vendeurs de parfum, d'onguents et de déodorants. Un industriel américain qui se demandait pourquoi son cheval se roulait dans la terre humide et sale de l'étable, découvrit que l'imprégnation de la peau et du poil par des nuées de micro-organismes est la méthode que de nombreux mammifères utilisent en guise d'hygiène (58). S'inspirant de la nature, il mit au point une préparation à appliquer sur la peau à base de bactéries inoffensives.

Mais pour la plupart des parfumeurs, l'objectif est de repousser les bactéries, ainsi que les insectes, et de faire oublier les mauvaises odeurs par des produits volontiers sophistiqués. Pourtant les détergents et solvants contenus dans la plupart de ces préparations détruisent les biofilms et les germes saprophytes. Des activités anodines, telles que prendre une douche, font l'effet d'un ouragan et endommagent l'écosystème cutané. Même au hammam apparemment inoffensif, les sudations et bains bouleversent le petit monde de nos microbes, sans parler de l'utilisation prolongée et répétée de savon.

Les microbes nous font une jolie peau. On leur doit nos odeurs et peut-être une part de notre saveur, celle des bébés dont se délectent leur mère, celle que les amoureux mêlent et s'échangent, ces petites madeleines d'un parfum retrouvé lors d'une nouvelle rencontre, comme les signes perçus et décodés d'un langage infra-oral. Ce microbiote de la peau qui nous protège, nous distingue, et nous alerte, n'a sûrement pas fini de faire parler de lui. On commence seulement à lever le voile sur une partie de son mystère.

CHAPITRE IV

Entre « soi »

Deux individus non apparentés ne sauraient tolérer ne serait-ce qu'un lambeau de peau issu de l'autre. Dès lors, comment l'homme peut-il accepter des microbes qui deviennent invasifs dès que les défenses immunitaires baissent la garde ? Comment se supporter l'un l'autre ? Ou mieux, s'accorder ? Comment le « soi » se différencie-t-il du « non-soi (1) » ? La distinction se résumerait-elle à des signaux d'alerte doublés d'une chimie de la tolérance ? Maintenons-nous une veille continue à l'affût du danger ? À la fin de la soirée avec monsieur Teste, Paul Valéry fait dire à son héros : « Je n'attends que mon cri… Et dès que je l'ai entendu – l'*objet*, le terrible *objet* devenant plus petit et encore plus petit se dérobe à ma vue intérieure (2). » L'immunologie, cette « vue intérieure » entre découverte du « soi », la tolérance aux constituants du corps, et création du « moi », l'attaque contre l'étranger, est ainsi au cœur d'une nouvelle géométrie que le microbe régule.

D'un point de vue évolutif, il est facile de deviner que l'intérêt d'un microbe parasite est de rencontrer son hôte et d'y survivre durablement. Inversement, l'intérêt de l'hôte est d'éviter la rencontre, de s'en défendre si elle a lieu, ou au contraire de la rechercher si la symbiose tourne à son avantage. De là découle une course aux armements, expression guerrière plus préventive qu'offensive qui évoque des pressions sélectives réciproques que l'espèce parasite et l'hôte exercent l'une sur l'autre pendant de très longues périodes de temps, souvent plusieurs milliers d'années. L'homme, et avec lui les animaux et les plantes, a ainsi acquis des systèmes de défense qui lui permettent de se protéger de l'invasion ou de la tolérer sur les bases d'une paix armée. Or la présence de microbes commensaux, à commencer par ceux de l'intestin, nous apprend que l'individu se sert des populations microbiennes qui l'habitent pour éduquer son système immunitaire à lutter contre les germes pathogènes. Le bénéfice de l'un, le microbe symbiotique, sert à rejeter l'autre, le microbe infectieux. L'immunologie s'est principalement centrée sur l'identification des cellules qui composent le système immunitaire et les armes qu'elles utilisent, et elle a longtemps négligé la principale interface de l'organisme avec le microbe : l'intestin. C'est pourtant sur le lieu même de la rencontre entre l'hôte et les microbes qu'il faut chercher les extraordinaires subtilités des interactions qui conduisent à respecter certains germes et à en rejeter d'autres. Quand l'homme et les microbes commensaux s'allient contre les microbes pathogènes, il faut comprendre les signaux fins de la reconnaissance autant que du rejet, les termes de la coalition entre le soi somatique et les microbes symbiotiques, au détriment du germe dangereux.

La nature de l'immunité : le rapport à l'autre

La question de l'identité biologique qui fait que les molécules, cellules ou organes constitutifs d'un individu en font un être unique, se pose depuis toujours. Le problème de savoir qui est soi et qui est autre conditionne la greffe entre deux organismes différents, la compatibilité du vivant. Mais concernant l'homme, la découverte puis l'étude du microbiote ont profondément modifié le dogme du soi et du non-soi biologique. L'homme se définit-il par ses seules cellules, celles qui constituent son organisme, ou doit-on lui adjoindre les parasites dix fois plus nombreux qu'il abrite ? La question semble d'ores et déjà tranchée si l'on assimile ces bactéries à un organe, lui-même autonome et intégré à un ensemble constitué en super-organisme. Mais peut-on être *un* lorsque l'on est plusieurs ? En réalité, la notion qu'un individu peut être fait de l'association d'une ou plusieurs formes de vies est extrêmement ancienne. De nombreux récits mythologiques et religieux, notamment orientaux, y font allusion. Depuis les tragédies d'Aristophane (3) jusqu'aux contes médiévaux évoquant l'union de deux ou plusieurs êtres différents en un seul, la fusion du vivant a eu de nombreux échos dans la littérature. Les auteurs ont imaginé des créatures constituées de parties provenant d'espèces différentes, la plus célèbre étant la chimère, un être hybride composée d'une tête de lion, d'un corps de chèvre et d'une queue de serpent. Dans un sens étendu, la chimère désigne toutes les créatures composites, mais aussi les rêves, les fantasmes et les utopies irréalisables. La biologie, à travers l'analyse du microbiote, dévoile la part de vérité cachée de ces récits mythologiques. Plus encore, la symbiose entre homme et microbe éclaire d'un nouveau jour le débat philosophique sur l'identité personnelle (4).

Cette identité est-elle le résultat d'une union entre produits propres à l'organisme et d'autres provenant de l'environnement extérieur ? Ce débat trouve des prolongements dans l'articulation contemporaine entre l'intérieur, l'organisme, et l'environnement, l'extérieur. Le chimérisme que provoque la présence de bactéries en nous, cette mosaïque d'altérité comme le proposent certains philosophes (5), ouvre plus largement encore le débat si l'on considère qu'il s'agit de microbes. Le fait que la symbiose n'existe pas seulement dans l'intestin, mais aussi dans de nombreux autres organes, nous incite à reconnaître que les microbes sont des constituants de notre identité, qu'ils participent à notre physiologie, en bref qu'ils sont une partie de nous-mêmes. Prolongeant certaines thèses d'une construction dialectique de l'individu par son environnement, tout se passe comme si l'organisme s'appropriait des éléments dont on pouvait croire qu'ils lui sont totalement étrangers… Jusqu'à des denrées comestibles comme les bactéries du yaourt.

Il est classique de dire que le soi interagit sans cesse avec l'autre. Les bactéries commensales imposent une vision plus radicale encore : l'autre peut être un constituant majeur et indispensable du soi. En cela, l'idée selon laquelle l'organisme accepte le soi et rejette le non-soi ne permet pas d'expliquer pourquoi, et dans quelles circonstances, une réaction immunitaire est déclenchée, de quelle manière se fait la reconnaissance du soi et de tolérance à l'autre, du moins de certains autres. Par là même, cette compatibilité du vivant ne suffit pas à différencier les individus. La symbiose conduit ainsi à ne plus parler du « soi » ou du « non-soi » indépendamment du rapport complexe qui s'établit là où ils se rencontrent. Pour reprendre une image de Lucien Serre, deux espèces de fourmis peuvent s'entre-tuer mais que l'on plonge l'une d'elles dans une décoction des représentants de l'autre et elle cesse d'être traitée en intrus (6). L'étranger n'était qu'un non-soi olfactif. La différence reposait sur la seule odeur. De la cellule, on était passé à la molécule. Si l'on admet que le système immunitaire est le garant de l'intégrité biologique, le problème n'est plus de distinguer le soi et le non-soi, mais d'identifier le danger (7). Il faut considérer ce système comme un censeur, capable d'éliminer les éléments dangereux, comme les microbes pathogènes, mais capable aussi d'autoriser toute forme de symbiose si elle est bénéfique, comme avec les microbes commensaux. Cela implique un mécanisme fin de reconnaissance et des réactivités qui évoluent avec les risques. Les cellules immunitaires sont les gardiens de la paix.

D'abord décrite comme un phénomène empirique dépendant de formes rudimentaires de vaccination, l'immunité a commencé à intéresser les médecins occidentaux au XVIIIe siècle. Décelant qu'une première infection pouvait éviter la récidive, la plupart des sociétés humaines avaient recours à des pratiques populaires d'inoculation, telles les scarifications, pour protéger les hommes et les troupeaux sans comprendre ni savoir qu'il s'agissait de lutter contre des maladies liées à des germes infectieux. L'immunisation, qui n'est pas encore la science de l'immunité, est apparue longtemps avant la microbiologie, la science des microbes. Le mot immunité provient d'un privilège ancien qui exemptait celui qui le possédait de certaines charges, devoirs ou impôts. Il est longtemps resté sans connotation médicale.

Quand l'immunologie s'éveille

Il fallait sans doute que ce soit un médecin, André-Thérèse Chrestien (1802-1876), pour relier la notion de résistance au contrôle des maladies infectieuses lorsqu'il soutint sa thèse à Montpellier en 1852 (8). Il décrivit alors l'immunité comme une capacité de résistance plus ou moins inhérente à la vie. Ceux qui examinèrent le phénomène reconnurent assez vite qu'il traduisait l'inégalité des individus dans la lutte contre les microbes : tous les âges de la vie, tous les individus ne résistent pas pareillement aux épidémies. L'immunologie trouve alors sa définition, sinon sa compréhension, dans une relation plus ou moins forcée au monde microbien.

L'immunité fut d'emblée envisagée par les médecins comme un ensemble de forces que le thérapeute pouvait tenter de diriger, sinon de dévier pour combattre les maladies infectieuses. En précisant l'agent causal de ces pathologies, pour la plupart d'origine bactérienne, la microbiologie au XIXe siècle allait préciser le concept flou de résistance. La vaccination révélée par l'inoculation de vaccins, de la variolisation de Lady Mary Wortley Montagu[1] (1689-1762) à ceux de Pasteur, n'avait que peu fait avancer la compréhension

1. Écrivaine britannique mariée à Lord Edward Montagu qui fut nommé ambassadeur à Constantinople. Là, elle apprit la technique ottomane d'inoculation de la variole pour protéger de la maladie. Elle fit inoculer son fils et ramena ce procédé en Europe dont le défaut principal était de pouvoir déclencher une variole potentiellement mortelle chez le sujet inoculé.

du phénomène, elle se contentait d'en mesurer l'effet. Car l'expérimentation d'alors et leurs moyens s'y prêtaient mal. Avant l'ère de la microbiologie, les laboratoires étaient les appartements des anatomopathologistes (9). Il n'y avait de place que pour les coupes d'organes et l'examen des tissus malades. L'essor de la microbiologie et l'introduction de nouvelles technologies ont donné une nouvelle impulsion fondée sur la notion d'un agent responsable d'une maladie. Or, parce que l'immunité apparaît comme un corrélat de l'infection et qu'elle peut être tenue en échec, les premières recherches en bactériologie écartèrent celles sur l'immunité. Pasteur lui-même, à travers ses travaux sur la vaccination, s'intéressait plus au vaccin et aux moyens d'atténuer la virulence des germes qu'aux réactions de l'organisme qui en étaient la résultante, à la microbiologie qu'à l'immunologie. On s'éloigna alors des sciences de l'immunité pour privilégier celles des germes et des milieux de culture. Héritier d'Edward Jenner[1] (1749-1823) sur le charbon comme sur la rage, Pasteur n'attacha pas une grande importance à l'imaginaire de l'immunité. Il laissa le champ libre à ses collaborateurs et successeurs pour préciser les techniques d'études et la compréhension du phénomène, à commencer par le premier des immunologistes, Élie Metchnikoff (1845-1916).

Né à Ivanovka, près de Kharkov en Ukraine, alors province russe, Metchnikoff est un outsider qui, lorsqu'il arrive à Paris le 15 octobre 1889, un mois avant l'inauguration de l'Institut Pasteur, a déjà une longue carrière de zoologiste derrière lui. Il s'installe dans les deux pièces du rez-de-chaussée avant qu'on lui attribue la direction d'un service, celui de la microbiologie. Ses observations sur la destruction des échardes introduites dans le corps de larves d'étoiles de mer, puis celles de la digestion des microbes par certaines cellules, l'avaient propulsé au cœur des débats sur les réactions de l'organisme contre les germes infectieux. Car il

1. Conscient des défauts de l'inoculation, Edward Jenner eut l'idée d'inoculer non pas la maladie humaine, mais celle de la vache, la vaccine ou variole des vaches. Jenner est donc l'inventeur de la vaccination.

s'agissait bien d'infection, et non de commensalisme. Pourtant, si Metchnikoff croit à l'immunologie, ce n'est pas vraiment pour préciser les défenses de l'homme face aux bactéries, mais parce qu'il s'intéresse à un phénomène qu'il conçoit comme une digestion au sens large et qui caractérise une capacité du vivant à absorber, englober et digérer les microparticules étrangères. Cet état de phagocytose est connu depuis longtemps (10), et il existe chez les êtres unicellulaires, des protozoaires aux amibes.

L'immunologie naît dans l'esprit de cet évolutionniste convaincu du rapprochement de cette absorption observée dans différents modèles et de la fonction des globules blancs. Si Metchnikoff, qui hésite encore entre Berlin et Paris, Koch et Pasteur, intègre les laboratoires de la rue Dutot, c'est que le microbiologiste allemand ne croit pas à la phagocytose et le reçoit sans amabilité. Pasteur, au contraire, comme Metchnikoff le racontera plus tard, lui parle avec enthousiasme dès le premier entretien : « Je me suis tout de suite rangé de votre côté, lui dit-il, car depuis longtemps j'ai été frappé par la lutte entre divers organismes microscopiques (11). » À l'Institut Pasteur, le savant aux cheveux longs et à la barbe broussailleuse fait découvrir à ses collaborateurs l'affrontement des microbes et des globules blancs, dont il fait un des piliers de la défense contre l'infection. Il les tient pour responsables de l'inflammation, dont le concept était largement débattu, et les promeut agents essentiels de résistance active. En apportant une première vision cellulaire du rôle du système immunitaire, il fait du phagocyte, le globule blanc, un des premiers moyens de lutte de l'organisme contre les pathogènes. Il les distinguera bien vite des macrophages, cellules éboueuses qui détruisent les cellules mortes, bien différentes par leur taille et leur mobilité.

À la fin de sa vie, Nobel honoré, Metchnikoff s'intéresse au vieillissement. En 1901-1902, dans les annales de l'Institut Pasteur, le savant publie deux articles, l'un sur le blanchissement des cheveux et des poils (12), l'autre sur le vieillissement des perroquets (13), certaines espèces pouvant jouir d'une longévité supérieure à celle de l'homme. Les deux articles servent de base à diverses théories sur ce qu'il appelle « la dysharmonie de la nature humaine ». Sous le titre de « Dysharmonie dans l'organisation de l'appareil digestif de l'homme (14) », Metchnikoff s'exprimait sur le cæcum et le gros intestin, rangeant le côlon dans la « catégorie des organes nuisibles à la vie des hommes, réservoir de déchets de notre nourriture. Ceux-ci stagnent pendant un temps assez long pour qu'ils s'y putréfient. Or, les produits de notre putréfaction sont très nuisibles à la santé. Lorsque les matières fécales restent trop longtemps dans le gros intestin (comme dans la constipation), certaines substances [...] peuvent être résorbées par l'organisme et provoquent un empoisonnement parfois très grave (15) ». Metchnikoff mettait les cellules de l'immunité, phagocytes et macrophages, au centre d'une lutte qui tournait au profit de ces derniers, mais dont le déclin caractérisait la vieillesse : trouble de la nutrition, difficulté de purifier le sang, etc. D'où son désir d'associer à cette lutte inégale les bactéries elles-mêmes pour éviter « que les microbes de l'intestin ne se développent abondamment et sécrètent des substances qui pourraient irriter la paroi (15) ». Nous avons vu que pour prévenir les maladies putrides, on avait depuis longtemps proposé l'administration de lait fermenté, on pensait que le yaourt pouvait être utile à la lutte contre certaines infections. Adepte de ses propres principes, Metchnikoff devait s'appliquer un régime diététique strict pour retarder sa sénescence, faisant ainsi de l'interaction entre les cellules de l'intestin et les microbes qui y vivent en symbiose un des piliers de la résistance à l'âge. Comment ne pas s'émerveiller de ce cheminement extraordinaire qui l'avait conduit des vaccins aux microbes, des microbes à l'immunité, puis au vieillissement, se logeant à l'interaction entre l'homme et les microbes, entre la flore commensale et les microbes pathogènes, plongeant la cellule immunitaire et sa destinée au cœur de cette lutte morbide ?

Petite histoire de l'immunologie

Si la digestion dans tous ses états, celle qui se produit dans l'intestin aussi bien que celle des cellules, avait ouvert l'ère de l'immunologie cellulaire, les débats de la fin du XIXe siècle sont dominés par les bactériologistes qui croient au rôle prépondérant des humeurs. Metchnikoff se heurte ainsi à des concepts qui mettent en avant des moyens chimiques de défense, et prônent le rôle des anticorps. Car la phagocytose se heurte à deux écueils. Le premier concerne la nature de la mémoire immunitaire, pour peu que l'on cherche à expliquer le pouvoir du vaccin à prévenir la récidive d'une maladie bactérienne ou le cas de patients protégés à la suite d'une première infection. La phagocytose ne répond pas à l'image d'une lutte passée. Elle ne répond pas à la notion de mémoire immunitaire. Le deuxième obstacle naît de l'extraordinaire spécificité de la prévention. Les réactions chimiques qui s'exercent contre les microbes, dont on ne sait pas encore qu'elles reposent sur la reconnaissance des antigènes, supposent des interactions très spécifiques, bien différentes de la capacité de digestion des phagocytes. Les théories de Metchnikoff et de ses partisans se heurtent ainsi à l'hostilité de l'école allemande fondée par Robert Koch, mais aussi au credo des chimistes et des bactériologistes convaincus qu'il existe des substances chimiques capables d'identifier les toxines produites par des bactéries. Les progrès de la sérothérapie, transfusion du sérum de convalescent, dont Émile Roux (1853-1933) est un des ardents partisans à l'Institut Pasteur, et ses succès contre la diphtérie chez les petits malades de l'hôpital Necker, consacrent cette approche.

Les apôtres des deux théories vont se livrer une lutte fratricide entre 1890 et 1910. Et parce qu'il écarte toute possible complémentarité entre sérologie et phagocyte (16), entre immunité humorale et cellulaire comme on dirait aujourd'hui, l'affrontement des deux écoles nuit à la cohérence d'une science en devenir, qui cherche à comprendre ce qu'est l'individu et la manière dont il réagit à l'étranger.

La chimie victorieuse

L'un des tenants de la bactériologie, Paul Ehrlich (1854-1915), réussit à imposer progressivement la prééminence des théories humorales et à rallier les gardiens du temple pasteurien (17). Avec ses collaborateurs, ils affirment que la plupart des grandes forces de l'organisme, la nutrition mais aussi les défenses contre les toxines et les bactéries, proviennent de réactions chimiques. Les adeptes de cette théorie de l'immunochimie, terme proposé par le chimiste suédois Svante Arrhenius (1859-1927) en 1909 (18), ne s'accordent pas sur les limites et les spécificités des réactions, ni sur leur origine. Mais le langage chimique permet à Ehrlich de reprendre à son compte l'idée de récepteur : la spécificité des réactions humorales semble indiquer l'existence de structures chimiques déterminées qui interagissent de la même façon qu'une prise mâle s'emboîte dans une prise femelle (19). La description de l'effet des sérums sur leur cible ouvre ainsi la voie au concept d'antigène et d'anticorps.

Le terme antigène apparaît pour la première fois dans les annales de l'Institut Pasteur. Il entre dans le langage courant aussi vite que celui d'anticorps. Le mot gène, abondamment employé à cette époque par de nombreux biologistes, ne fait aucunement référence à la génétique. Il correspond à l'idée que l'antigène établit une relation avec l'anticorps ou plutôt qu'il le modifie. La définition reste tautologique : l'antigène caractérise l'anticorps et vice versa. La science de l'immunité s'éloigne des questions originelles que posaient les rapports du microbe avec son hôte. Car au début du XXe siècle, les expérimentateurs sont loin des premiers pionniers qui s'intéressaient à l'immunité pour comprendre comment l'organisme réagit contre les bactéries. La réaction antigène-anticorps devient une réaction vague, explorée par l'injection de divers corps chimiques, la plupart synthétiques, dans des modèles animaux variés : lapins, cobayes, rats, souris. Devenu artificiel, le procédé oublie le microbe qui restait jusque-là indispensable à l'expérimentation. La science de l'immunité est alors totalement dominée par l'immunochimie et l'expression de la spécificité sérologique (20). L'individu est oublié aux dépens de réactions moléculaires et physiques.

Les premiers immunologistes sont morts, Ehrlich en 1915, Metchnikoff en 1916. Leurs successeurs sont plus affairés à classer les anticorps qu'à se préoccuper de leur production, leur nature et leur fonction. La réflexion, et, partant, l'expérimentation, se perd dans les dédales des coagulines, qui agglutinent ou précipitent l'antigène, des lysines, qui détruisent les globules rouges. Une découverte cependant se rapproche des moyens de lutte contre les microbes, celle du « complément ». Décrite en 1888, cette substance vient renforcer l'action des anticorps pour faire éclater les bactéries (21). L'immunologie, science des anticorps, devient une discipline à part entière (22). Les premiers textes qui font référence à ce domaine sont ceux du docteur Simon de Philadelphie qui, dès 1906, dans un ouvrage présentant l'étude de l'infection et de l'immunité, introduit le mot dans son sens scientifique (23). L'immunité ne se détache pas alors du contexte bactériologique et ne sera une discipline scientifique à part entière qu'à propos de l'allergie, lorsqu'on créera, à ce titre, la première chaire d'immunologie pour Arthur F. Coca (1875-1959) (24).

En réalité, au-delà des caractérisations physico-chimiques, c'est-à-dire de la science des anticorps, l'immunologie fascine par la spécificité des réactions mises en jeu. L'un des chantres de celle-ci est Karl Landsteiner (1848-1943), qui partage avec Paul Ehrlich une solide formation de chimiste. Il est convaincu que les propriétés de l'immunité s'expliquent par la spécificité des réactions sérologiques, titre de l'un de ses ouvrages paru en 1933, dans lequel il la définit comme l'ensemble des mécanismes physico-chimiques mettant en relation l'anticorps et l'antigène (25). L'anticorps est vu comme un moule dont l'antigène modifie la forme selon ses propres caractéristiques structurales[1].

1. Un soutien à cette théorie est apporté par deux Allemands : Anton Breinl (1880-1944) et Félix Haurowitz (1896-1937), qui cherchent à expliquer le nombre apparemment infini des anticorps (26).

L'antigène exerce une action physique sur l'anticorps comme un gant s'adapte à la forme de la main qui s'y glisse. Cette vision instructive autant que lamarkienne de la plasticité et de l'adaptabilité du vivant confère à l'antigène le rôle principal. Il façonne l'anticorps à sa propre image, comme la main module les courbures du gant à son galbe. L'immunologie se rapproche ici de la haute couture, si tant est que l'on puisse définir l'antigène par les grains de la peau ou la forme des doigts...

Le débat s'envenime ou s'enlise dans des concepts qui cherchent plus à contredire qu'à comprendre. L'enjeu reste de taille : comment expliquer les réactions de défenses aux infections ou de rejets des greffes, sans parler d'une tolérance aux microbes du microbiote. L'Américain Linus Pauling (1901-1994), illustre pionnier de la théorie quantique et de l'exploration des structures moléculaires, met son poids et ses convictions pour rappeler que la physico-chimie est la science de la biologie. La biologie passe par les sciences dites dures. Il se focalise sur les forces de liaison et électrostatique qu'il considère comme déterminantes pour la compréhension du vivant. Pour renforcer le modèle instructif, Pauling forme une théorie sur les forces et les formes selon une définition tautologique fondée sur la complémentarité et l'intimité qui lient antigènes et anticorps (27). On s'éloigne encore des réactions de défense de l'organisme contre les microbes... D'autant que la thèse de Pauling est contrebalancée à partir de 1941 par une nouvelle vision qui remet en question la théorie instructive et parviendra à la détrôner. Cette nouvelle théorie attribue le rôle principal à la cellule et non à l'anticorps.

Un clone au Panthéon

L'un des premiers champions pour défendre ce rôle, qui fait passer la biologie avant la chimie, fut l'Australien Franck Macfarlane Burnet (1899-1985). Tout, dit-il, repose sur une multiplication cellulaire lors de l'introduction de l'antigène. Il dépasse ainsi la problématique de la complémentarité antigène-anticorps pour se concentrer sur la prolifération d'un clone cellulaire, multiplication d'une cellule induite par l'antigène après qu'elle l'a identifié. La notion de clone était connue de longue date en horticulture et désignait les plans provenant d'une seule plante mère. Il restait à l'appliquer à l'immunologie. Après sa rencontre avec l'antigène, la cellule activée par cette stimulation se reproduit en cellules filles toutes identiques qui réagissent avec lui (28). Dans cette perspective darwinienne, la cellule subit une sélection par l'antigène. Un clone n'est pas seulement sélectionné, il est stimulé, prolifère et donne naissance à des cellules filles, toutes identiques. En bref, on passe de la production des anticorps à leur génération. Reste une question essentielle : celle de savoir comment la cellule reconnaît l'antigène. La thèse de Burnet se heurte ici à un autre paradoxe : comment identifier l'inconnu ?

C'est justement pour répondre à ces questions que fut introduite l'idée d'un processus de sélection. Burnet avait défini la cellule comme unité de transmission héréditaire de l'immunité, un clone capable de se multiplier indéfiniment. Le Danois Niels Jerne (1911-1994) élabore une théorie basée sur une assertion : une cellule, un anticorps. Parmi toutes les cellules immunitaires, l'antigène sélectionne celle qui produit le bon anticorps, celui qui est capable de le reconnaître et, par ce phénomène de reconnaissance, il induit la prolifération de cellules qui lui sont spécifiques. Le rôle de l'antigène ne consisterait pas à sélectionner l'anticorps mais la cellule porteuse de l'anticorps, qu'il active en induisant sa prolifération clonale (29). En résumé, il s'agit d'imaginer que la sélection s'exerce sur les cellules et non sur les anticorps. Pour Jerne et Burnet, le processus s'articule sur cette brique élémentaire du vivant. Dans cette vision de l'immunologie, les anticorps ne servent pas uniquement à la lutte contre l'infection, la diversité cellulaire représente un réservoir dans lequel chacun peut puiser au cours de sa propre histoire. On combat les infections du futur par les vaccins du passé. La théorie sélective, qui devait finalement triompher, impliquait en fin du compte qu'on s'intéresse d'abord à la cellule.

De l'« instruction » à l'« analyse »

Or, pour sa part, Burnet ne cherchait pas à identifier le type cellulaire. L'introduction du principe de prolifération clonale lui suffisait. C'est à partir de 1957, pour accompagner cette théorie et identifier des cellules produisant les anticorps, que l'immunologie est entrée dans une phase analytique, comme un besoin de mieux les définir et les caractériser. Deux raisons devaient permettre de les identifier : si elles patrouillent dans tout le corps pour se rendre aux lieux de l'infection, les cellules de l'immunité appartiennent logiquement à des compartiments de cellules circulantes, notamment le sang et les tissus lymphoïdes. D'autre part, le phagocyte de Metchnikoff, qui appartient à la famille des globules blancs, doit être périodiquement renouvelé, d'où son appartenance à l'hématopoïèse, ce processus physiologique qui assure le renouvellement continu des cellules sanguines.

Toutes les cellules du sang étaient ainsi éligibles aux fonctions immunitaires et, parmi celles-ci, les lymphocytes, cellules possédant un seul noyau. Ceux-ci avaient été identifiés par Paul Ehrlich qui les avait classés dans une lignée cellulaire indépendante, différente de celle qui donne naissance aux polynucléaires (plusieurs noyaux). Il s'était cependant opposé à ceux qui voulaient leur faire jouer un rôle dans l'immunité. Il fallut plusieurs séries d'arguments expérimentaux pour les rattacher plus tard à cette fonction (30).

De multiples questions concernant la localisation et la nature des organes qui produisaient ces cellules ne furent clarifiées que plus tardivement. Au début des années 1950, l'anatomie reprit de l'importance et conduisit à identifier des organes capables de produire et d'abriter les cellules du système immunitaire. Au premier rang de ceux-ci dominait un organe étrange, le thymus, situé à la jonction de la tête et du cou dans la loge thyroïdienne. Il est présent chez la plupart des mammifères et l'une de ses caractéristiques est son évolution au cours de la vie, ou plus exactement son involution. Important à la naissance, il régresse pour ne laisser qu'un reliquat fibreux à l'âge adulte. Chez les oiseaux, il existe de plus un autre organe tout aussi énigmatique qui paraissait jouer un rôle dans l'hématopoïèse, le renouvellement des lignées cellulaires sanguines : la bourse de Fabricius. Située au niveau du gros intestin, donc proche de la flore intestinale, elle évolue également au cours de la vie. Cette poche remplie de lymphocytes doit son nom à un anatomiste de la Renaissance, Fabricius d'Acquapendente (1533-1619), qui en fit la première description. Le rapprochement de ces deux organes se fit alors autour de la faculté de produire des lymphocytes et de leur parenté de structure.

Les cellules de l'immunité : de la description aux fonctions

Décrire les cellules de l'immunité et les organes qui les produisent était certes une avancée. Tout restait cependant à mettre en place pour établir la démonstration expérimentale de leur fonction. Le procédé apparaissait évident : détruire l'un ou l'autre des deux organes phares, la bourse de Fabricius ou le thymus, et observer les conséquences de cette mutilation. L'ablation de la bourse de Fabricius supprime la production des anticorps. Mais on s'aperçut assez vite que ce petit organe accolé à l'intestin, particularité de l'évolution des espèces, ne se trouve que chez les oiseaux. Chez l'homme et les autres mammifères, la bourse de Fabricius n'existe pas ; c'est la moelle osseuse qui remplit son rôle et produit les lymphocytes qui, une fois activés, sécrètent des anticorps.

L'ablation du thymus donne des résultats plus complexes. En 1961, Jacques Francis Albert Pierre (JFAP) Miller (1931-), qui travaillait alors sur le rôle du thymus dans la leucémie, publia une série d'observations dans la prestigieuse revue médicale *The Lancet* (31). Il avait remarqué que l'ablation de cet organe entraînait d'importants désordres chez les jeunes souriceaux. Les animaux devenaient sensibles à de nombreuses infections, notamment virales, ne parvenaient pas à rejeter les greffes de peau et mouraient prématurément. Après examen attentif de leurs cellules circulantes, les rongeurs semblaient manquer d'un type cellulaire qu'un autre chercheur, James Learmonth Gowans (1924-), avait associé aux réponses immunitaires. Il fallut de nouvelles séries d'expériences et le talent de nombreux expérimentateurs pour que chacun s'accorde enfin sur la mission de l'étrange appendice.

Le thymus produit bien un autre type de lymphocytes que ceux de la moelle osseuse ou de la bourse de Fabricius, des lymphocytes qui ne sécrètent pas directement d'anticorps circulants mais dont la présence est requise pour la production optimale d'une réponse humorale. Un phénomène dont le pédiatre Robert A. Good (1923-2003) revendiqua la découverte, son attention ayant été attirée par un patient associant une tumeur du thymus à un déficit en anticorps (32). Il supposa alors que la production d'anticorps résultait d'une coopération entre deux types cellulaires : les lymphocytes de type T, ainsi appelés parce qu'ils proviennent du thymus, et les lymphocytes B. La dénomination B vaut pour bourse de Fabricius ou son équivalent, la moelle osseuse, dont la traduction anglaise *bone marrow* autorise également cette abréviation. Pour résumer, les lymphocytes B ne peuvent fonctionner seuls, il leur faut l'aide des lymphocytes T issus du thymus. Ces derniers donnent l'ordre et les lymphocytes B exécutent. Extraordinaire coopération qui, pour produire des anticorps, fait dialoguer et interagir des cellules issues d'organes aussi différents et éloignés les uns des autres !

Mais le thymus produit aussi une autre catégorie de lymphocytes T, des lymphocytes dits tueurs (33), et cette fois le T n'est que coïncidence. Ces lymphocytes sont là pour anéantir les cellules infectées, se rapprochent de leur proie, s'y accolent, et lui infligent le coup de grâce par injection des enzymes toxiques. Les immunologistes qui aiment à comparer leurs cellules à la vie en société parlent de baisers mortels. Le système immunitaire, décomposé puis recomposé, dévoilait insensiblement sa complexité…

Les premiers travaux de Metchnikoff n'avaient cependant pas été oubliés. Une fois admise la distinction entre deux sortes de lymphocytes ainsi que leur principe de fonctionnement, on en revint au vieux savant et aux cellules qui l'avaient intrigué par leurs capacités de digestion. Il fallait comprendre leur rôle et leur place sur le champ de bataille. Les uns sont en première ligne, ce sont les polynucléaires, phagocytes spécialisés dans l'attaque des bactéries, que l'on appelle ainsi du fait de la présence de plusieurs noyaux aisément décelables dans ces cellules. De l'autre, il y a les macrophages éboueurs et leur service *post mortem* pour éliminer les cadavres cellulaires.

D'un côté les polynucléaires et leurs alliés, les macrophages, forment une première ligne de réaction, ou plutôt de défense ; de l'autre la mise en place d'une stratégie d'attaque, une immunité plus lente qui développe une réponse spécifique contre les microbes en faisant appel aux lymphocytes T et aux lymphocytes B. Ces préparatifs évoquent une armée en action, avec ses fantassins en marche, ses officiers aux commandes, des estafettes en éclaireurs, des mouvements d'arrière-garde, des missiles envoyés à distance, les anticorps, et ses charges de cavaliers tueurs, les lymphocytes cytotoxiques (33). Il fallut à l'humanité 500 000 ans pour mettre en place un système si sophistiqué. Les germes et leurs mille ruses ont sans doute rendu nécessaire la création d'un armement si sophistiqué, en réponse à une course-poursuite où chacun souhaite conserver ses chances. La défense s'appelle immunité innée, l'attaque, immunité adaptative, la première parce qu'elle préexiste à l'arrivée du germe, la seconde parce qu'elle évolue avec l'agresseur, produite ou plutôt sélectionnée pour lutter au mieux, avec d'extraordinaires capacités de reconnaissance, et surtout de mémoire, ce qui lui permet de rester mobilisée par vaccination.

Se défendre…

Si certaines circonstances poussent un germe à devenir pathogène, donc à envahir de nouveaux territoires et à provoquer une infection, ce microbe agressif se heurte à diverses murailles, ainsi qu'aux moyens de défenses et d'attaques que l'hôte a développés pour s'en prémunir.

La première barrière que les germes doivent franchir pour pénétrer dans l'organisme est la peau, mais aussi toute une série de muqueuses, composants qui tapissent les cavités de nos organes, tube digestif, bouche, bronches, organes génitaux. Les muqueuses sont appelées ainsi car elles sécrètent un liquide visqueux, le mucus, dont le rôle est de recouvrir les germes afin d'empêcher leur adhésion à l'épithélium et de les éliminer par un flux liquidien continu. Le mucus intestinal, entre autres, participe de cette fonction et assure ainsi la régulation des germes commensaux qui s'y trouvent. Les cellules des muqueuses n'ont pas qu'une fonction passive : elles produisent des médiateurs, enzymes ou autres substances toxiques pour les microbes, qui sont capables d'inhiber leur croissance, parfois de les détruire. Au niveau de l'estomac, l'acidité du contenu gastrique et la présence de certaines enzymes expliquent la faible population des germes.

Si certains microbes réussissent à franchir ces barrières naturelles, qu'il y ait eu destruction de la muqueuse ou qu'ils soient responsables d'une effraction, ils cherchent à coloniser les tissus pour y proliférer. Leur présence est alors rapidement détectée. Au début de l'infection, en effet, les phagocytes résidents des tissus, en majorité des macrophages, sont alertés et, en même temps qu'ils se dirigent vers leurs proies, ils sécrètent des molécules qui attirent et recrutent d'autres cellules, notamment les phagocytes polynucléaires. À l'état physiologique, un individu produit de 100 à 200 milliards de polynucléaires par jour dont la durée de vie est courte, environ de six à huit heures, s'il n'existe pas de challenge inflammatoire.

Lorsqu'ils sont alertés, ces héros cellulaires, libérés massivement dans la circulation, rejoignent les lieux où se trouvent les microbes. Leur extraordinaire équipement enzymatique leur permet de détruire les bactéries et leur confère ainsi un rôle majeur dans la seconde ligne de défense anti-infectieuse, après celui des barrières cutanées et muqueuses. C'est un magnifique spectacle que d'observer ces cellules, de les voir étendre leur membrane cellulaire autour du microbe, l'attirer dans un voile, l'entourer et l'ingurgiter au sein d'une petite vésicule. Mais leur victoire signe aussi leur fin et, après digestion du microbe, elles meurent en formant le pus.

Polynucléaires et macrophages collaborent ainsi pour la même fonction, éliminer les intrus, mais les seconds, parce qu'ils ont une activité bactéricide moindre, sont considérés comme une ligne de défense plus accessoire contre les bactéries. En revanche, cette activité tueuse plus faible leur permet d'être présents dans les tissus sans risquer de les léser. Par leur fine expertise, ils subviennent alors à d'autres besoins, dont celui de nettoyer le terrain du conflit en éliminant les cellules mortes et d'éteindre l'incendie inflammatoire que la lutte entre germes et polynucléaires a attisé. Car les enzymes et les substances toxiques que relarguent ces cellules en action diffusent dans les tissus avoisinants et provoquent une réaction inflammatoire. Or il faut bien, dans les cas heureux où l'organisme est victorieux par l'assaut de ses seuls polynucléaires, que le conflit se termine et qu'on en efface toute trace. L'organisme y pourvoit par la stratégie des poupées russes : après avoir tué les bactéries, les polynucléaires agonisants sont à leur tour phagocytés par les macrophages, une coopération essentielle pour la résolution de l'inflammation. Rien de cellulaire ne se faisant sans complément moléculaire, l'analyse des exsudats inflammatoires a permis de mettre en évidence de nouveaux médiateurs qui facilitent la capacité des macrophages à phagocyter les polynucléaires mourants et qui favorisent le retour à la normale, à l'homéostasie des tissus. Par l'examen minutieux de ces premiers temps du combat, on pourrait imaginer l'identification de nouvelles molécules microbicides innovantes, de nouveaux antibiotiques qui proviendraient non des germes, mais de l'homme qui les produit pour se défendre. Des travaux sont en cours dans ce sens.

Polynucléaires et macrophages sont ainsi les premiers acteurs, des composants phares de l'immunité innée. Ils sont cependant soutenus par d'autres combattants, car les bactéries et les champignons contre lesquels ils livrent bataille ne sont pas les seuls micro-organismes infectants, il y a aussi les virus. Or, si le germe envahisseur est un virus, il trouve sur son chemin d'autres cellules spécialisées, prêtes à tuer, elles aussi cellules de l'immunité innée, celle des premières défenses : les cellules naturelles tueuses ou *Natural killer* (NK) (34). Les virus, il faut le rappeler, sont des parasites cellulaires stricts, ils ne peuvent vivre sans utiliser l'extraordinaire machinerie cellulaire. Il ne s'agit donc plus alors de tuer des microbes circulant, comme le font les polynucléaires, les monocytes et les macrophages, mais d'éliminer des microbes intracellulaires qui signalent leur présence en modifiant la membrane des cellules qu'ils infectent.

Les lymphocytes NK sont particuliers car originaires de la moelle osseuse ; ils n'appartiennent ni à la catégorie des cellules T, ni à celle des cellules B. Ils contiennent des granules capables de détruire les cellules infectées lorsqu'ils les rencontrent. Ces cellules parcourent continuellement le corps à la recherche de leurs cibles. Elles abondent dans la muqueuse de l'intestin où, sentinelles permanentes, elles surveillent le microbiote, prêtes à bondir au moindre débordement. Ainsi, au sein de l'immunité innée existent différents types cellulaires qui se répartissent l'assaillant infectieux : polynucléaires et macrophages luttent contre les bactéries et les champignons, tandis que les lymphocytes NK éliminent les cellules infectées par les virus.

… ou attaquer

Si l'immunité innée est débordée, il existe une troisième ligne de défense, ou plutôt d'attaque : l'immunité adaptative, ainsi appelée en raison de son extraordinaire capacité à se lier spécifiquement à l'antigène qui la sélectionne, selon le principe décrit par Burnet. À partir d'une cellule que stimule un antigène, ce sont des millions de cellules filles qui prolifèrent, formant un clone, un contingent de semblables remarquablement adaptés à leur cible. Cette réponse repose sur les cellules B et les lymphocytes T déjà nommés. À chacun sa tâche, à chacun son arme. L'activité principale des lymphocytes B, en se transformant en plasmocytes, est de sécréter des anticorps pour éliminer les microbes extra-cellulaires et leurs toxines.

Englobants, précipitants, neutralisants, les anticorps sont des protéines, certaines présentes sur la membrane des lymphocytes B, la plupart produites sous forme soluble dans la majorité des liquides. Malgré leur structure globale assez conservée, les anticorps sont les protéines les plus hétérogènes du monde vivant. Une forme particulière d'anticorps se trouve dans les sécrétions des muqueuses, dans l'intestin, la salive, les larmes, la bouche, les bronches, le vagin et même le lait maternel : ce sont les immunoglobulines A ou IgA (35). Ces IgA, sécrétées dans les muqueuses, sont les anticorps impliqués dans l'élimination locale des microbes ou de toute une variété de substances toxiques ingérés ou inhalés. Ils empêchent l'adhésion de nombreuses bactéries aux cellules épithéliales des muqueuses. Il faut imaginer les anticorps comme des armes moléculaires, missiles dissous dans les sécrétions qui régulent les microbes et contrôlent leur prolifération. Et puisqu'ils circulent, les anticorps peuvent agir à distance de la cellule qui les a produits.

Mais dans cette lutte avec les microbes, les lymphocytes T ont bien évidemment leur part. Le thymus produit deux catégories de lymphocytes T dont l'une, douée de capacités pour tuer, se charge des cellules infectées par les virus. Par définition, en bons soldats de l'immunité adaptative, leur réponse est extraordinairement diversifiée pour pouvoir s'adapter à tout type de virus. Quant aux autres lymphocytes T, ils sont comme Miller et Good l'avaient montré, absolument indispensables à la production des anticorps par les cellules B, à travers une coopération cellulaire qui n'a pas fini d'intriguer les immunologistes.

De fait, deux des plus importantes propriétés de l'immunité adaptative sont sa capacité de répondre à un nombre considérable d'antigènes différents, mais aussi celle d'induire une mémoire immunitaire. Les vaccins qui nous protègent contre la poliomyélite, le tétanos, la diphtérie, jusqu'aux espoirs qu'ils suscitent dans la prévention du sida, du paludisme, ou d'Ebola, reposent sur cette caractéristique centrale de l'immunité adaptative : sa capacité de mémoire. Qu'un rappel vaccinal soit administré ou qu'une seconde rencontre du germe survienne et la réponse immunitaire se met en branle immédiatement. Plus forte, plus accélérée, mais tout aussi spécifique que lors d'une première stimulation, elle est orchestrée par ces lymphocytes doués de mémoire qui n'ignorent rien de l'envahisseur et qui parviennent ainsi à juguler l'infection avant qu'elle ait eu le temps de se propager. Dans la course aux armements, la mémoire immunitaire apparaît comme la meilleure qualité que la sélection darwininienne ait retenue pour nous protéger. Et ce n'est sans doute pas un hasard, car la nature sélectionne le plus efficace, qu'elle soit portée par une coopération symbiotique entre des populations aussi diverses que ces multiples catégories cellulaires qui, dans un dialogue muet mais permanent, échangent des signaux moléculaires, signaux de détection, de reconnaissance, d'identification, signaux d'alerte, d'appel à l'aide, balises de positionnement, de signalement du danger ou d'indication topographique, que les scientifiques n'ont pas fini de décrypter.

Des mouches et des hommes

Les lignes de défense et d'attaque sont en place, les protagonistes en poste, cellules humaines aussi bien que microbes. Il reste à comprendre comment ils se reconnaissent les uns les autres. Si les cellules immunitaires patrouillent, voire résident dans les différents tissus et muqueuses, dont celles de l'intestin, comment s'y prennent-elles pour déceler les microbes ? Et s'il existe deux systèmes immunitaires, l'un pour la défense et l'autre pour l'attaque, l'immunité innée et l'immunité adaptative, de quelle manière les microbes les différencient-ils ? Quels sont, chez l'homme comme chez les microbes, les moyens qui permettent de s'identifier, se tolérer ou se détruire ?

Parmi les animaux, seuls 5 % des vertébrés possèdent cette double immunité naturelle et adaptative. Quatre-vingt-quinze pour cent des défenses immunitaires de toutes les espèces animales reposent sur l'immunité innée. Si l'on envisage l'immunologie à l'aune de l'évolution des espèces, la nature paraît conservatrice : elle a tendance à préserver le mécanisme efficace en l'améliorant plutôt qu'à inventer une nouvelle forme de défense. « L'évolution biologique, disait François Jacob, est ainsi fondée sur une sorte de bricolage moléculaire, sur la réutilisation constante du vieux pour faire du neuf[1] (36). » Si l'immunité innée est une forme particulière de défense apparue aux premiers temps de l'évolution, elle pose une question essentielle : comment les molécules propres au microbe sont-elles différenciées de celles constitutives de nos cellules ? L'étude de ce phénomène a été à l'origine d'une extraordinaire découverte. Une fois encore c'est la drosophile mélanogaster, cette petite mouche du vinaigre au corps noir et aux yeux rouges, modèle de laboratoire très étudié par les embryologistes et les généticiens, qui a apporté une contribution décisive.

1. François Jacob, *Le Jeu des possibles. Essai sur la diversité du vivant*, Fayard, 1981.

En 1988, des chercheurs allemands découvrent une protéine impliquée dans le développement embryonnaire de ce petit insecte et démontrent que l'orientation de ses organes en dépend (37). Ils observent que les mouches dépourvues d'un gène particulier, dénommé alors Toll, qui signifie « formidable » en allemand, présente d'importantes anomalies dans le positionnement de l'axe dorsoventral de l'animal. Huit ans plus tard, en 1996, des travaux mettent en évidence une seconde fonction de cette protéine essentielle à la lutte anti-infectieuse puisque les drosophiles porteuses d'une mutation du gène codant pour cette molécule succombent aux infections par les champignons. La stimulation de cette protéine (38), qui s'exprime à la surface des cellules de l'immunité innée, déclenche une cascade de signaux qui aboutit à la production de substances antimicrobiennes, des peptides aussi toxiques sur les bactéries que ne le sont les antibiotiques (39). Cette observation fut le point de départ d'une série de recherches très actives qui révélèrent que ce mode de défense, rudimentaire chez la mouche, est également présent chez les mammifères, et notamment chez l'homme (40).

« Toll le formidable » ou les récepteurs de l'inné

Toll, structure moléculaire dotée d'un extraordinaire pouvoir microbicide, est ainsi l'un des premiers récepteurs remarquablement conservés à travers l'évolution, présent chez les vertébrés comme chez les invertébrés, capable de reconnaître des composants propres des microbes. Stimulée par un large spectre de profils moléculaires, sa capacité de reconnaissance étendue permet la destruction d'une gamme très importante de microbes. En regard, les bactéries expriment dans leur membrane des molécules qui réagissent avec Toll. Il existe de nombreux motifs moléculaires largement conservés parmi les microbes, qui apparaissent comme autant de petits drapeaux signalant leur présence aux cellules immunitaires, et qui, sauf tolérance, engagent les premiers éléments de réponse anti-infectieuse.

Toll n'est cependant pas le seul mode de reconnaissance des micro-organismes même s'il est le plus célèbre, sans doute parce qu'il fut le premier et qu'il bénéficia de la remarquable publicité que les scientifiques lui ont faite. D'autres molécules du même ordre existent à la surface des cellules de l'immunité innée, parfois même à l'intérieur de celle-ci, et partagent la même fonction : reconnaître des produits dérivés de la paroi des bactéries, induire une réponse contre les germes selon la spécificité de la reconnaissance et l'intensité de la stimulation. À des degrés divers, les lymphocytes des muqueuses expriment, à leur surface, de tels récepteurs capables de reconnaître des produits bactériens. Pour certains, dont ceux de l'intestin qui évoluent dans un milieu microbien pullulant, c'est le principal moyen de recenser l'environnement des germes.

Mais le phénomène et, partant, la fonction de ces molécules ne s'arrêtent pas là. La symbiose est source intarissable d'étonnement car une des modalités du dialogue entre l'homme et le microbe n'est pas sans rappeler celle des fourmis et de l'acacia. Les cellules immunitaires participent, avec les cellules épithéliales localisées dans les replis de la muqueuse intestinale, à un jeu de rôle qui explique, au moins pour une part, la tolérance à certains germes commensaux et la résistance aux microbes pathogènes. Certaines bactéries résidentes induisent la sécrétion de médiateurs par les cellules immunes qui, à leur tour, entraînent la production de sucre par les cellules épithéliales, ce dernier étant utilisé comme substrat par le microbiote (41, 42). La réponse de l'hôte n'est pas désintéressée car elle favorise la prolifération de bactéries utiles à la digestion de l'amidon et des fibres végétales, commensaux, bénéfiques à l'homéostasie de l'organisme, sans faire le lit de micro-organismes pathogènes. Il faut savoir choyer ses amis pour mieux résister à ses ennemis. En favorisant la production de sucre avec l'aide des cellules de l'immunité innée, la prolifération des microbes symbiotiques constitue un des premiers remparts contre l'invasion de germes étrangers. Le récepteur immunitaire apparaît comme un moyen non plus de défense mais de multiplication pour des germes qui trouvent ainsi le « vivre et le couvert », en même temps qu'ils limitent, sur le territoire qu'ils occupent, la présence de germes infectieux nocifs. En sélectionnant ses germes commensaux par la production de certains sucres, germes qui la nourrissent, la muqueuse intestinale se protège par la formation d'une ligne de défense tout aussi efficace que la couche protectrice de ses propres cellules. Les microbes la protègent. C'est ce que les scientifiques appellent l'effet barrière. La solidité de cette muraille est renforcée par l'action du microbiote sur la maturation des briques qui la constituent, les cellules épithéliales, *via* l'imperméabilité des jonctions serrées qui les relient et le développement du réseau vasculaire dans l'épaisseur de la muqueuse digestive. Par la production de gaz et d'autres métaboliques qui leur permettent de survivre ou de vivre mieux, ces germes « bon enfant » empêchent la prolifération d'éléments agressifs.

Par les récepteurs Toll, ceux qui leur sont apparentés et probablement d'autres à découvrir, l'organisme humain limite la confrontation avec des microbes capables d'infection systémique. Par la production de certains sucres, il crée des milieux de culture propices à l'implantation et la prolifération de microbes qui protègent leur hôte. Le microbiote est ainsi sélectionné en fonction des services rendus. Une histoire dans laquelle chacun trouve son compte. Un exemple de cet ordre est observé chez la mouche. La communauté de microbes est réduite à cinq espèces principales qui se protègent les unes les autres. Un déséquilibre entre ces germes commensaux vient-il à se produire qu'une des populations microbiennes prend le dessus et entraîne la mort des cellules intestinales… puis celle de l'insecte.

HLA ou les récepteurs de l'« adaptatif » : un contrôle génétique de l'immunité

La découverte des récepteurs de l'immunité adaptative vient d'une tout autre considération, celle concernant les différentes sensibilités des hommes et des animaux aux maladies infectieuses. Tous les individus d'une même espèce n'ont pas les mêmes capacités à lutter contre les infections, tous ne répondent pas identiquement aux vaccins. Ceux qui survivent ou résistent aux épidémies incarnent l'inégalité face au péril infectieux. Dans l'ignorance du poids des facteurs génétiques, de multiples causes avaient été évoquées pour distinguer les sujets infectés qui mouraient de ceux qui survivaient. Les premières démonstrations de l'influence du patrimoine génétique sur la lutte contre les infections remontent à des expériences effectuées en Allemagne lors de la Seconde Guerre mondiale. Imprégnés des théories eugénistes, des savants cherchaient à démontrer que certaines races résistaient mieux que d'autres aux infections. Avec un nombre limité de générations de cobayes sélectionnés par croisements successifs, ils obtinrent des lignées résistantes ou sensibles au bacille de la diphtérie, montrant ainsi un déterminisme génétique. Ces expériences furent oubliées pendant plusieurs dizaines d'années avant que l'histoire ne rebondisse avec de nouvelles approches (43) qui allaient valoir à Jean Dausset (1916-2009) et Baruj Benaceraff (1920-2011) un prix Nobel commun en 1981 (44, 45).

En 1952, Jean Dausset et ses collaborateurs décrivent un antigène identifié à la surface des globules blancs d'un sujet qui présente une baisse de son taux de polynucléaires. Grâce à divers réactifs sérologiques obtenus chez des polytransfusés, Jean Dausset démontre en 1956 qu'il existe des antigènes dont la fonction, d'abord obscure, fut ensuite rattachée à la capacité de tolérer ou non les greffes. Le système HLA pour *Human Leucocyte Antigen* était né, et avec lui, la distribution de molécules présentes sur la totalité des cellules de l'organisme (46). Les gènes HLA possèdent deux caractéristiques remarquables : leur important polymorphisme (variation d'un même gène), et leur très grand nombre – deux critères qui distinguent les individus les uns des autres. Mais ils diffèrent aussi par leur extraordinaire capacité fonctionnelle, qui intrigua longtemps les immunologistes jusqu'à ce qu'on décrypte leur structure et leur capacité d'interaction avec les cellules T. En effet, si les cellules B reconnaissent des antigènes solubles grâce aux anticorps qu'elles produisent, les cellules T possèdent des récepteurs particuliers qui n'identifient les antigènes que fragmentés en petits peptides et à la seule condition qu'ils leur soient présentés par les molécules HLA.

Les molécules HLA ont ainsi une fonction particulière, celle de présentoir. L'existence de plusieurs catégories de molécules HLA permet de présenter différents peptides aux cellules T, soit pour stimuler leur cytotoxicité, soit pour qu'elles coopèrent avec les cellules B afin de produire des anticorps. L'extraordinaire diversité des gènes qui les produisent explique la capacité qu'ont les molécules HLA de capter les fragments peptidiques les plus variés. Les molécules sont spécialisées, les unes complémentaires de peptides produits par des cellules victimes d'une infection virale, les autres de molécules absorbées lors de la digestion cellulaire des bactéries ou de leur toxine. Une fois le produit dégradé, attrapé par la molécule HLA, les peptides sont présentés aux cellules T et déclenchent alors leur réactivité. C'est cet ensemble, molécule HLA et peptide, qui sélectionne parmi l'extraordinaire diversité des cellules T celles qui correspondent à un ou à plusieurs intrus. La sélection darwinienne opère encore car chaque hybride moléculaire trouve son récepteur et déclenche la prolifération du clone correspondant lui assurant ainsi sa reproduction en cellules filles et sa fonction cellulaire.

Le gène HLA est issu d'un gène ancestral apparu en même temps que les premiers vertébrés, le requin étant parmi les plus anciens d'entre eux. Il n'a pas d'équivalent chez les invertébrés et représente sans doute un gain évolutif dans la différenciation de la compatibilité tissulaire. Les végétaux n'ont pas un tel système mais ils ont développé des facteurs qui s'opposent à l'autofertilisation afin de privilégier la pollinisation croisée entre plantes différentes.

De nombreuses molécules, à commencer par les immunoglobulines, ont des structures comparables à celles des HLA. Elles ont en commun des fonctions de contact, d'adhésion et de reconnaissance. Par la suite, ces motifs moléculaires ont évolué afin d'augmenter la capacité de fixation avec une affinité suffisante pour capter et présenter une variété plus importante de peptides, qu'ils soient circulants, molécules dégradées, ou proviennent des cellules en voie de destruction. Parallèlement les cellules T se sont diversifiées pour permettre une infinie combinaison de reconnaissance. HLA existe ainsi depuis l'*Homo sapiens*. Les migrations responsables du peuplement de la Terre, le déplacement des populations, et les nouvelles générations nées des croisements entre individus non apparentés, ont rebattu les cartes et généré un polymorphisme adapté à l'immense diversité des microbes qui peuplent la planète, ainsi qu'à l'extraordinaire variété des antigènes (47). Reste à comprendre comment on peut tout à la fois lutter contre l'étranger et tolérer ses propres antigènes.

Si le rôle principal des cellules immunes est de maintenir l'intégrité biologique de l'individu, celles-ci doivent reconnaître, c'est-à-dire différencier, les constituants d'un organisme de ceux qui lui sont étrangers. En d'autres termes, distinguer le soi du non-soi, un concept, nous l'avons vu, introduit par Burnet dans les années 1940. En 1969, dans un ouvrage intitulé *Self and Notself*, l'immunologiste lance un défi : « Le temps est venu pour l'immunologie d'insister sur l'importance du soi et du non-soi et de rechercher la manière dont la reconnaissance de la différence, peut se faire (48). » Le système HLA, essentiel à la fois pour la réponse à l'étranger et la permissivité des greffes, apparaissait comme le candidat de choix pour répondre à cette interrogation. Chaque individu pouvant être caractérisé par ses molécules HLA, leur extraordinaire polymorphisme devait être considéré comme une sorte de signature, de singularité faisant de chacun un être unique. L'immunologie semblait alors se résumer à une science de la reconnaissance du soi, défini par le système HLA, et du non-soi, représenté notamment par les microbes, mais aussi par les tissus étrangers, la théorie de Burnet répondant à une nouvelle compréhension de l'acceptation ou du rejet des greffes comme un phénomène immunitaire. Reconnaître son ennemi commence par se connaître soi-même. Dès lors intervient un phénomène tout aussi important, sinon plus, que celui de la défense, à savoir la tolérance. Comment apprend-on à se tolérer en combattant et rejetant l'autre ? Quel est l'ordre qui régit l'un et l'autre mécanismes, si tant est qu'il faille les relier ? Par lequel commence-t-on ? Et que vient faire le microbiote dans cet apprentissage titanesque d'un individu qui doit se connaître pour combattre l'autre, s'il ne veut pas se détruire, à moins que ce ne soit l'inverse ?

Se tolérer

Tolérance est un joli mot. Il définit la capacité d'accepter ce que l'on désapprouve, de ne pas exclure, ne pas réprimer. Cela aide à comprendre son acception immunologique : le fait de ne pas avoir de réaction immunitaire contre un antigène, un phénomène qui s'applique avant tout aux molécules du soi. Comment fait le système immunitaire pour ne pas détruire l'individu qu'il défend ?

Ce fut longtemps une énigme pour de nombreux immunologistes. Les molécules HLA semblaient au cœur du processus mais, en 1945, les observations de Ray Owen (1915-2014) démontrèrent pour la première fois que la tolérance aux antigènes du soi n'était pas un phénomène inné mais acquis (49). Ses travaux portaient sur des jumeaux de bovins nés d'un placenta commun mais de deux ovules, et qui, à l'âge adulte, se comportaient comme des chimères, puisqu'ils présentaient dans le sang circulant un mélange de cellules provenant des deux individus. Owen avait alors émis l'hypothèse que cet état de coexistence pacifique, qu'il appelait tolérance, était la conséquence du mélange des cellules-souches lymphocytaires *in utero*. La différence ne tenait pas à la structure moléculaire dépendante du génome de l'individu, mais plutôt au contexte génétique, tel le HLA, dans lequel l'antigène entrait en contact avec le système immunitaire.

La preuve formelle du caractère acquis de la tolérance fut apportée quelques années plus tard par Rupert Billingham (1921-2002), Leslie Brent (1925-) et Peter Medawar (1915-1987) qui démontrèrent que l'on pouvait induire une tolérance immunitaire par la greffe de tissus d'un individu chez un autre si ce dernier avait été transfusé à la naissance avec des lymphocytes du futur donneur (50). Ces données rejoignaient la théorie élaborée dans les années 1950 par Macfarlane Burnet selon laquelle la tolérance résultait d'un processus d'apprentissage qui ne pouvait se dérouler que très tôt au cours du développement du système immunitaire. Il fallait imaginer que les lymphocytes qui reconnaissent les antigènes du soi étaient éliminés du répertoire, c'est-à-dire de l'ensemble des lymphocytes par simple délétion ou mutation par perte de matériel génétique. Au début des années 1980, les scientifiques disposèrent des outils expérimentaux, notamment de biologie moléculaire, pour confirmer la réalité de cette délétion de clones lymphocytaires qui reconnaissent les antigènes du soi (51). On comprit alors que la tolérance centrale s'effectuait dans le thymus.

Au cours de la maturation des cellules T dans cet organe, près de 95 % des cellules qui le colonisent meurent avant d'arriver à maturité et de migrer vers la périphérie du corps, un gaspillage à mettre sur le compte des critères de sélection stricte. Toutes les cellules qui réagissent contre les antigènes HLA transportant les molécules du soi sont éliminées et ne sortent du thymus que celles qui peuvent reconnaître des peptides étrangers. Dans quelques cas se produit une rupture anormale de cette tolérance qui induit des phénomènes d'auto-immunité, c'est-à-dire des réactions immunes dirigées contre le soi, comme c'est le cas au cours de certaines maladies, parmi lesquelles le diabète insulinodépendant[1] ou la sclérose en plaques.

1. Le diabète de type 1 ou diabète insulinodépendant est celui qui survient dans l'enfance et qui nécessite d'emblée des injections d'insuline. Ce diabète est considéré comme une maladie auto-immune. Plus fréquent, le diabète de type 2 ou diabète

Ce phénomène apparemment simple de tolérance centrale devrait suffire à expliquer l'absence de réaction contre les antigènes propres à chaque individu : il ne reste de fait que les lymphocytes capables de réagir à l'autre.

Mais si la tolérance est un phénomène acquis, et donc lié à l'immunité adaptative, reste une énigme à résoudre pour des cellules innées, les cellules NK. Comment ces patrouilleurs qui sillonnent les corps prêts à tuer à n'importe quel moment peuvent-ils tolérer les antigènes du soi ? Diverses observations ont montré que les cellules NK répondent bien aux molécules HLA du soi, mais que cette interaction déclenche des signaux négatifs qui inhibent leur potentiel de cytotoxicité (52). Lorsqu'ils rencontrent une cellule, ces lymphocytes tueurs sont inhibés par les molécules HLA de leur cible potentielle, comme si le poignard de l'assassin était retenu par la main de l'éventuelle victime. Mais la main reste-t-elle inerte ou perd-elle de la force, que la victime est tuée. C'est ce que l'on observe dans certains cancers : la perte de molécules HLA sur la surface des cellules cancéreuses en fait d'excellentes cibles, heureuse circonstance d'une rupture de tolérance qui nous défend ainsi du cancer. En bref, les cellules NK représentent une continuelle balance entre les signaux négatifs des antigènes du soi et ceux de l'étranger. Il suffit de déplacer l'équilibre pour les voir anéantir leur cible.

Dans le contexte d'un soi mutualiste ou plus exactement mutualisé, qui associe les cellules de l'homme et les microbes commensaux, le système immunitaire respecte toujours le soi, mais les clauses de l'accord ne sont plus les mêmes. Il ne faut plus raisonner en termes de soi et de non-soi, mais d'avantage et de désavantage, de paix ou de danger. L'avantage, c'est ce qui se passe à chaque instant entre notre intestin, bouche, peau, vagin, trachée, bronches et les microbes qu'ils abritent. Le désavantage ou le danger correspond

de la maturité, qui survient plus tardivement et qui ne nécessite pas d'emblée des injections d'insuline, répond à d'autres mécanismes physiopathologiques.

à toute altération de cet équilibre, aux bactéries invasives, à celles qui se mettent à proliférer sans limite. Le système immunitaire surveille et est en perpétuel éveil. Dans ce contexte, la part de soi que représentent les microbes commensaux n'induit pas « rien » mais seulement un faible niveau d'activation du système immunitaire et d'inflammation « physiologique » autorisant leur tolérance, tandis qu'un pathogène conduit à une réaction d'une tout autre ampleur. Du coup, les micro-organismes établissent une continuité entre ces deux extrêmes : commensaux et pathogènes se différencient par leur capacité à moduler la réponse immunitaire de l'hôte (53). Mieux encore, les bactéries résidantes éduquent le système immunitaire, l'entraînent à lutter contre les germes menaçants.

La plupart des connaissances sur ce sujet proviennent des études comparatives entre les animaux axéniques dépourvus de microbiote et leurs congénères élevés dans les conditions classiques des animaleries de laboratoire. Les rongeurs maintenus en milieu stérile présentent une raréfaction des structures lymphoïdes enchâssées dans la muqueuse de la partie terminale de l'intestin grêle, les plaques de Peyer. En cas d'alerte, la réponse immunitaire intestinale mobilise ces formations gorgées de lymphocytes B et T. De façon logique, leur développement anormal s'accompagne d'un déficit de l'épithélium digestif en lymphocytes. Plus étonnant, d'autres centres impliqués dans la maturation et la prolifération de cellules immunitaires, comme la rate et les ganglions lymphatiques disséminés dans tout le corps, présentent également des anomalies architecturales et des zones lymphocytaires atrophiées, immatures. L'absence de stimulation par les commensaux est donc à l'origine d'un étiolement des organes lymphatiques secondaires qui dépasse la sphère digestive, affecte l'ensemble des bases avancées des cellules de l'immunité adaptative et perturbe l'homéostasie immunitaire de l'organisme dans sa globalité, notamment du fait d'une carence en lymphocytes matures. En plus de leur quantité, le microbiote préserve l'équilibre qualitatif des cellules de l'immunité. Certaines populations bactériennes favorisent la production de lymphocytes T dits Th17 (54), qui ont un rôle important dans l'organisation de la réponse immune protectrice, tandis que d'autres bactéries stimulent les lymphocytes T régulateurs, qui inhibent cette réponse (55).

Les commensaux participent ainsi à l'équilibre entre tolérance et rejet, état de paix et de guerre ; ils maintiennent le système immunitaire sur une ligne de crête entre action et inhibition. Quel extraordinaire et subtil équilibre où chacun, cellules somatiques et populations microbiennes, se sert de l'autre, se tolère ou se détruit !

Pour être tolérées, les bactéries résidantes, qui bénéficient de l'environnement des muqueuses ou de la peau, ont plusieurs moyens qui leur permettent d'éviter l'agressivité du système immunitaire à leur égard. Dans certains cas, ces bactéries parviennent à désensibiliser les récepteurs Toll qui les surveillent, en d'autres termes ils rendent le récepteur inerte, comme un chiffon qu'on mettrait sur les yeux du guetteur. Un autre mécanisme de cette tolérance de l'hôte pour le microbe a été élucidé dans le cas de *Bacteroides fragilis*, espèce cultivable du microbiote (56).

Cette bactérie possède une substance dans sa paroi qui induit la production d'une catégorie particulière de cellules T inhibant la réponse immunitaire, les lymphocytes T dits régulateurs. Si la sélection thymique suffit à maintenir une tolérance aux antigènes somatiques, il existe une autre tolérance induite par le microbe pour échapper à la vigilance immunitaire. D'un côté, l'individu élimine par le thymus ce qui pourrait nuire à sa constitution, de l'autre les microbes saprophytes qui colonisent l'organisme stimulent la production de ces lymphocytes qui inhibent toute réaction agressive. Cette tolérance liée aux lymphocytes régulateurs n'est plus centrale, mais périphérique. Elle n'est pas induite par le thymus, mais par la flore de l'intestin. Mais la fonction de régulation, donc de contrôle de la réponse immune, s'exerce sur bien d'autres fonctions que celle de contrôler la réponse aux microbes. Les lymphocytes T régulateurs induits par les bactéries commensales diffusent dans l'organisme et empêchent les réactions immunitaires délétères. Il faut préserver ses amis pour résister à ses ennemis. Encore une fois, on en revient à l'épisode des fourmis et de l'acacia…

D'autres exemples d'interaction, voire d'entraide, entre bactéries et système immunitaire, qui favorisent la tolérance des premières et le développement du second pour mieux lutter contre les germes étrangers, concernent les bactéries filamenteuses, résidents usuels de nos intestins. Les animaux qui manquent de telles bactéries ont une réponse immune plus faible, notamment en anticorps IgA, et présentent peu de lymphocytes dans l'intestin. Leur microbiote ne les protège pas des germes invasifs, un état aggravé par le traitement antibiotique. La constitution du système immunitaire et sa maturation dépendent ainsi de la présence d'un microbiote particulier. Ces microbes fourbissent les armes du système immunitaire et lui permettent de combattre des pathogènes autrement plus dangereux que la flore commensale. Le microbiote n'a donc pas qu'une mission locale de maintien de l'équilibre entre les cellules immunes de l'intestin et les bactéries qui y prolifèrent. Il joue un rôle plus important pour l'organisme : en l'absence de microbiote, le système immunitaire est en effet amoindri, inefficace et les rangs des différentes populations lymphocytaires clairsemés. Un certain degré d'interaction entre les bactéries symbiotiques et le système immunitaire sert son maintien et son homéostasie. Ses cellules ne sont jamais au repos, elles doivent être continuellement stimulées, notamment par des bactéries symbiotes, pour se développer d'un côté et tolérer de l'autre. Une nouvelle vision s'impose ainsi où le soi somatique se fond et se confond au non-soi microbien.

Auto *et* Self *ou comment générer un sixième sens*

Auto et *self*, deux mots, l'un dérivé du grec, l'autre du latin, ont été utilisés par les immunologistes lorsqu'il s'est agi d'explorer la formation ou, mieux, l'éducation du soi, et de découvrir ainsi les lois de l'auto-organisation des êtres vivants. « Il y a beaucoup à apprendre sur les implications immunologiques de ce processus... Les réactions immunitaires de toute sorte, résultent pour ainsi dire d'un apprentissage (57) », écrivait Burnet dans son plaidoyer pour l'exploration de la tolérance aux antigènes du soi. *Auto* explique la spontanéité de l'action, comme dans une automobile. *Self* joue le rôle du sujet. La diversité des situations ne saurait dissimuler le lien qui peut exister ente ces deux définitions. On parle d'auto-immunité : immunité qui se retourne contre soi, et de self pour définir la structure qui est reconnue. En introduisant l'idée que la différence entre soi et non-soi est le point central de l'immunologie et en définissant la tolérance comme une propriété acquise, Burnet mettait le soi biologique au cœur du débat sur l'individu. À travers le rejet des greffes liées à l'incompatibilité, le polymorphisme immunologique lié notamment aux molécules HLA, déterminants essentiels du soi, part considérable du polymorphisme génétique, prenait une place privilégiée pour caractériser l'individu. Mais il s'agit là d'une détermination par la négative. L'individu est caractérisé par ce qu'il n'est pas, par le rejet de l'autre.

En cherchant à mieux décrire les réactions de défense et d'attaque, le langage immunologique a constitué un nouveau registre de signification. Le microbiote et sa continuelle stimulation du système immunitaire nous éloignent des notions sur la reconnaissance de l'antigène qui dominèrent la science de l'immunité au début du XXe siècle. Il s'agissait de comprendre comment on réagit à l'autre. Le fait d'avoir des étrangers en nous, en l'occurrence des microbes, pose une double question : savoir comment on les tolère et comment les différencier de ceux qui sont dangereux ou risquent de l'être. Le système immunitaire doit être perçu comme un organe sensoriel qui se structure par un apprentissage et un système de reconnaissance, ce qui le rapproche du système nerveux. Il délivre à l'organisme un flot incessant d'informations, généré par la perpétuelle stimulation d'un double environnement, interne et externe.

Le soi immunitaire est un miroir qui associe les deux faces du soi biologique : cellules somatiques et microbes commensaux. Les premières conceptions du soi immunologique ont inspiré à de nombreux scientifiques et philosophes une exploration narcissique du monde à travers la découverte des antigènes étrangers. Il s'agissait de connaître l'autre à travers l'exploration de son identité. Le face-à-face des cellules immunitaires avec les microbes impose un autre regard, et un nouveau concept sur les signaux de tolérance et de défense. Pour reprendre la métaphore de la serrure et de la clé, symbole de la réaction anticorps-antigène, du soi qui se moule sur l'étranger, l'immunologie aujourd'hui s'illustrerait plutôt par la main qui tourne la clé dans la serrure au moment du danger. L'immunologie à la recherche du soi biologique se marque aujourd'hui par l'analyse de l'interface extraordinaire que représente le microbiote dans les territoires de l'homme. Le microbiote fait partie de l'*auto*. Il est perpétuellement la cause d'une auto-immunité qui, cependant, conduit à sa tolérance, sauf dans les cas où il altère le fonctionnement du soi, menace de l'envahir, de le submerger. Selon le psychiatre Cyril Koupernick (1917-2008), on ne naît pas une personne, on le devient (58). Les microbes ont leur part dans cette destinée humaine.

CHAPITRE V

Les menaces du microbiote

À l'été 1906, Marie Mallon, une Irlandaise immigrée aux États-Unis, d'abord employée de maison depuis l'âge de 15 ans puis cuisinière de familles fortunées, entre au service du banquier new-yorkais Charles-Henri Warren. Ce mois d'août, onze personnes de l'entourage sont contaminées par la fièvre typhoïde. Warren, qui veut connaître la source de la contamination, engage un ingénieur civil dont les soupçons se portent rapidement sur Marie. Il reconstitue le parcours de la cuisinière au cours des six dernières années et constate que près de 22 cas de typhoïde, dont deux ayant entraîné la mort, sont survenus chez cinq de ses employeurs. Accusée, Marie refuse farouchement les prélèvements de selles qu'on veut lui imposer avant d'être contrainte par la police de se soumettre aux examens. Le bacille isolé dans les selles la désigne comme porteur sain de la maladie et donc source de la contamination. Elle est alors placée en quarantaine sur une île de l'East River mais, au fil des mois, l'Irlandaise se sentant injustement accusée, rend publique la raison de sa réclusion. Son histoire suscite un mouvement de sympathie. Elle devient rapidement célèbre sous le nom de typhoïde-Marie.

En 1910, la Commission de surveillance sanitaire décide de lui accorder la liberté à condition de ne plus exercer la profession de cuisinière et de se soumettre régulièrement à des examens de selles. Mais Marie échappe à la surveillance. Cinq ans plus tard, une épidémie de typhoïde frappe la maternité du Sloane Hospital, atteignant vingt-cinq personnes et en tuant deux. L'enquête épidémiologique remonte jusqu'à une certaine Mme Brown qui fait office de cuisinière et se révèle être Marie Mallon, engagée sous ce nom d'emprunt. Le verdict sera sévère : l'opinion publique se retournera contre elle. Marie regagnera Mousse Brother Island pour les trente-trois ans qui lui restent à vivre : un record inégalé dans l'histoire de la quarantaine (1) et sûrement aussi dans l'étude du microbiote avant l'ère génomique.

Si Marie n'en souffrait pas, elle était pourtant porteuse d'un germe pathogène qui vivait commodément chez elle en véritable commensal. Les bactéries du microbiote peuvent en effet représenter un risque épidémique pour l'entourage. L'équilibre est subtil. À l'inverse, des microbiotes sans danger pour l'entourage peuvent affecter leurs hôtes de diverses maladies, pourvu qu'ils portent au surplus quelques gènes qui y prédisposent.

De fait, l'étude d'un certain nombre de pathologies qualifiées de non transmissibles a révélé que le microbiote est sans doute nécessaire à leur apparition. Obésité, cancer, troubles du comportement, mais aussi affections allergiques, inflammatoires et auto-immunes, sont autant de pathologies aujourd'hui sous les feux de la rampe pour déceler l'origine de leur survenue ou de leur aggravation à travers l'étude des germes commensaux. La symbiose n'a pas que des vertus. Elle est aujourd'hui mise en cause dans nombre de maladies, sans doute parce qu'il existe des conditions particulières de l'hôte pour que les microbes qui vivent en nous deviennent pathogènes.

Ce microbiote qui nous rend obèse

On s'est souvent attaché à voir dans l'obésité un symbole de l'amour et de la sensualité. La *Vénus de Willendorf* du Paléolithique supérieur, qui rivalise par sa corpulence avec d'autres symboles de fécondité, a de loin précédé la *Vénus callipyge*. Oubliée au Moyen Âge, la représentation de la femme et de l'homme anormalement enveloppés réapparaît à la Renaissance. Le personnage du gros apparaît pour la première fois dans l'art renaissant, dans les *Noces de Cana*, la fresque peinte en 1302 par Giotto (1277-1337) dans la chapelle des Scrovegni à Padoue, sous les traits d'un goûteur au ventre volumineux et au double menton. Au XIXe siècle, « la maigreur est encore le reflet de la pauvreté et de la maladie, alors que la richesse et la santé sont associées à l'opulence du corps. Nombreuses sont alors les dames désespérées par leur minceur. Tout est bon pour grossir depuis le repos au lit sans exercice jusqu'au régime riche en féculents, en graisse et en pain (2) ». La littérature fait la place belle à de nombreux personnages qui valent parmi les plus belles descriptions de leurs auteurs : Fat Joe, le domestique de M. Wardle dans le roman de Charles Dickens (1812-1870) *The Pickwick Papers*, qui donna son nom à un syndrome de somnolence bien connu, décrit par Charles Sidney Burwell (1893-1967) en 1956 (3). On se souvient de Pierre, opposé à André Bolkonsky dans *Guerre et paix* de Tolstoï, dont la taille épaisse interdit l'accès au salon. Le Falstaff de *Henry IV* de Shakespeare, la figure obèse du baron de Charlus chez Proust ou encore *Boule de suif*, « graisse à lard », chez Maupassant sont autant d'hommages rendus à l'obésité. Saint-John Perse (1887-1975) la met aussi en exergue :

> Il se peut qu'aux trois plis de ce ventre réside,
> Toute sécurité de ton royaume :
> Sois immobile et sûre, sois la haie de nos transes nocturnes (4) !

Quand Beth Ditto, chanteuse de pop-rock, Melissa McCarthy, la cuisinière maladroite de la série *Gilmore girls*, les sumos ou même Obélix et Gérard Depardieu, occupent une place de choix dans les spectacles et les magazines : la représentation de l'obèse fait preuve de modernité et attire la sympathie dans une société où la maigreur est la référence. La médecine et la science ont cependant appris que l'obésité fait le lit d'un certain nombre de pathologies et qu'elle est associée à des particularités de la flore intestinale. L'obésité, une maladie due à des microbes ? Le problème vaut d'être posé.

L'obésité se définit comme un excès pondéral essentiellement des tissus adipeux. L'Organisation mondiale de santé la désignait jusqu'à présent comme la première des maladies non infectieuses par ses conséquences (5). Nombreux sont ceux qui considèrent qu'il s'agit tout simplement d'un phénomène sociétal lié avant tout à l'alimentation, à un mode de vie sédentaire, et un apport énergétique mal contrôlé. On l'attribue à la malbouffe, à l'excès de sucre et de graisse, aux facteurs endocrinologiques. La prédisposition génétique a son importance. Ainsi, des enfants en surpoids à 10 ans ont 80 % de chances d'être obèses à l'âge adulte si les deux parents sont eux-mêmes obèses (6).

La plupart se contenteraient volontiers d'une simple définition, comme celle fournie par l'indice de masse corporelle savamment calculé en divisant le poids par le carré de la taille, en sachant que l'on parle d'obésité morbide à partir de 40 kilos par mètre carré (7). D'autres s'appuient sur des critères de santé publique. En France, les obèses se comptent par millions – 6,5 millions plus exactement (8) –, dont un tiers sont hypertendus, diabétiques ou hyperlipidémiques. Les campagnes sont plus affectées que les villes, les femmes les premières visées avec un tour de taille qui ne cesse d'augmenter. Les filles d'aujourd'hui sont plus grosses que leurs mères. L'obésité affecte d'ailleurs tous les pays du monde, de sorte que dans certaines régions, elle côtoie la famine. Ainsi, pour la première fois dans l'histoire de l'humanité, il y a plus de personnes obèses que de dénutris. Aux États-Unis et au Mexique, le surpoids ne cesse de progresser : 36 % des Américains sont obèses et 65 % ont une surcharge pondérale. L'OMS parle d'une véritable épidémie. Les chiffres ne trompent pas : la proportion de femmes en surpoids approche 50 % en Amérique du Nord et au Moyen-Orient, 35 % en Amérique latine contre 15 % en Afrique subsaharienne. Pour l'Amérique du Sud, les statistiques sont encore plus impressionnantes :

41 % en Colombie, 30 % au Brésil. À l'échelle mondiale, le nombre de cas a doublé depuis 1980. Le surpoids concerne aujourd'hui 1,4 milliard de personnes de 20 ans ou plus.

Les politiques qui s'en préoccupent l'attribuent à des causes si diverses que chaque secteur se sent concerné : la santé, l'agriculture, le transport, l'urbanisme, l'environnement, l'industrie agroalimentaire, la distribution, l'éducation, le commerce. L'obésité est source de maladies chroniques multiples qui lui sont associées et qui diminuent l'espérance de vie, telles que les maladies cardiovasculaires, dont l'insuffisance cardiaque et les accidents vasculaires cérébraux, première cause de décès en 2012, le diabète avec résistance à l'insuline, les troubles musculosquelettiques avec l'arthrose, certains cancers dont ceux de l'endomètre, du sein, du foie et du côlon. L'obésité chez l'enfant entraîne des difficultés respiratoires, un risque accru de fracture et l'apparition des premiers marqueurs d'atteintes cardio-vasculaires.

Dans une déclaration publique, adoptée en septembre 2011 lors d'une réunion de haut niveau de l'assemblée générale des Nations unies sur la prévention des maladies non transmissibles, l'ensemble des États annonçaient leur intention d'agir au niveau mondial, régional et local pour améliorer les régimes alimentaires et favoriser la pratique d'exercices physiques. L'OMS a ainsi élaboré un plan mondial et décelé neuf cibles à atteindre d'ici 2025, notamment pour stabiliser les taux mondiaux d'obésité à leur niveau de 2010 (9). L'obésité s'impose ainsi comme l'une des premières préoccupations médicales et médico-économiques.

Les facteurs alimentaires et physiques ont certes leur part dans la progression de ce fléau, de même que les nombreux gènes que l'homme a sélectionnés au cours de l'évolution pour résister aux périodes de famines. Mais le microbiote tient aujourd'hui une bonne place parmi les éléments qui favorisent la surcharge pondérale. Car la flore intestinale est particulière chez les sujets obèses. Elle y est globalement moins diversifiée, avec une augmentation des firmicutes et une diminution des bactéroïdes (10). L'analyse du microbiote des patients obèses révèle certaines spécificités (11-16). Il se caractérise par une prévalence élevée de cinq populations de bactéries qui ne varient pas qu'en nombre. Ces bactéries ont des fonctions particulières capables d'induire diverses manifestations pathologiques. La moindre diversité génétique des souches est associée à une résistance à l'insuline, qui peut conduire au diabète, à une anomalie des lipides, et à un syndrome inflammatoire, que signe une série de biomarqueurs dosés dans le sang. Dans le tissu adipeux, au sein de la graisse du ventre, se nichent des cellules immunitaires, phénomène anormal si l'on considère qu'elles n'ont pas de raison de se trouver dans ce territoire, autrement qu'attirées par la lutte contre des bactéries, des bactéries avant tout intestinales si l'on fait le lien entre obésité et alimentation. Il est en effet possible d'y déceler quelques germes, ou tout au moins leur ADN. Ces cellules immunitaires ne sont pas en repos, elles sécrètent elles aussi des médiateurs inflammatoires ou des facteurs nécrosants qui facilitent la migration d'autres leucocytes sur les lieux de cette nouvelle écologie microbienne.

Mais les scientifiques le savent bien, trouver des corrélations ne permet que d'émettre des hypothèses, car covariance ne signifie pas relation de cause à effet. Il faut apporter la démonstration expérimentale, passer du phénomène observé à la conséquence du dérèglement évoqué, en l'occurrence l'obésité (17). Les meilleures preuves ne peuvent cependant être apportées que chez l'animal : l'homme ne peut souffrir d'expérimentations hasardeuses si l'on n'a pas obtenu au préalable quelques arguments dits précliniques. L'un des éléments convaincants vient d'une expérience originale : le transfert de flore intestinale de souris obèses à leurs congénères non obèses. La méthode consiste à introduire chez des souris de poids normal les matières fécales (et leurs bactéries) de rongeurs rendus obèses par suralimentation. Cette manœuvre induit une prise de poids importante chez les souris nouvellement colonisées. D'autres expériences viennent conforter les premières. Les souris sont coprophages, c'est-à-dire qu'elles ont l'habitude de se nourrir des matières stercorales. Or, si l'on met côte à côte dans une même cage deux races de souris, les unes obèses, les autres non, les secondes deviennent aussi grosses que les premières. S'agit-il d'une épidémie ? Encore une fois, de nombreux facteurs génétiques et alimentaires agissent ici, mais ces expériences font signe vers le monde mystérieux, envahissant, exponentiel, des microbes et le rôle que la sélection de certains gènes chez l'homme et ses bactéries commensales peuvent jouer sur le tour de taille. La symbiose a ses conséquences et aussi ses anomalies. L'alimentation et l'environnement favorisent la prolifération de bactéries qui engraissent l'homme et ses animaux de laboratoire.

Reste cependant à comprendre les étapes de cette transformation, le rôle des bactéries, et celui de l'inflammation du système immunitaire qu'elles stimulent. Si l'on examine le sang de souris obèses dont la flore paraît déséquilibrée et comprend principalement des firmicutes, on trouve une augmentation d'éléments bactériens dont des toxines pyrogènes, parmi lesquelles le fameux LPS (lipopolysaccharide), qui entre dans la composition des sucres intégrés aux parois bactériennes. C'est en se liant à la surface des récepteurs Toll que le LPS déclenche une réaction inflammatoire. Il a ainsi été montré que les souris dont les gènes codants pour ce récepteur ont été inactivés ne développent ni obésité ni diabète sous l'influence d'un régime gras. Inversement, la perfusion continue de LPS induit une toxémie et génère une infiltration importante du tissu adipeux par les macrophages, une prise de poids, une intolérance au glucose, une résistance à l'insuline et le stockage des lipides dans le foie, toutes manifestations favorisant l'obésité et le diabète. S'il existe ainsi une augmentation de la perméabilité intestinale au fragment toxique bactérien, qu'en est-il des bactéries elles-mêmes ? Comment franchissent-elles leur habitat habituel du jéjunum et du côlon ? Pourquoi, comme cela est montré par de telles études, existe-t-il de l'ADN bactérien dans le tissu adipeux, indiquant que les bactéries de l'obèse quittent la lumière intestinale pour se développer dans d'autres tissus ?

Une preuve directe de ce curieux phénomène est donnée par l'ingestion de bactéries fluorescentes, *Escherichia coli*, dans cette expérience. Lorsque les microbes ainsi marqués sont ajoutés dans les mangeoires de rongeurs diabétiques et obèses, il est possible de suivre leur progression dans les entrailles de l'animal. Sans surprise, on les retrouve d'abord dans la lumière intestinale. Mais, captées par les macrophages, certaines réussissent à échapper à la phagocytose de ces cellules immunitaires, et parviennent à se réfugier dans le tissu adipeux et le foie.

Les anomalies du microbiote de l'obèse s'aggravent avec l'augmentation de la prise de poids, mais à l'inverse, s'améliorent avec son traitement. Le régime à basses calories avec fibres végétales, protéines, et faible quantité de graisse, entraîne, en même temps que la baisse de poids, une augmentation de la diversité des bactéries intestinales. La même évolution se voit après une chirurgie bariatrique chez l'homme, traitement chirurgical de l'obésité qui consiste à restreindre l'apport alimentaire par résection d'une partie de l'intestin et dérivation de l'estomac. L'efficacité est à peu près constante ; on obtient une diminution de la mortalité et de la morbidité cardio-vasculaire, une amélioration de la glycémie, et une perte pondérale qui peut aller jusqu'à 40 % du poids initial. Dans tous ces cas, le microbiote se diversifie en parallèle et devient plus riche en populations bactériennes (18). Dans une cohorte de 30 obèses ayant opté pour ce traitement, ce sont jusqu'à 80 espèces nouvelles de bactéries qui sont apparues dans l'intestin. Certaines d'entre elles sont cependant pathogènes telles les salmonelles, vibrions, ou le célèbre *Helicobacter*, ainsi que des bactéries buccales que l'acidité gastrique ne peut parvenir à détruire. Si l'on transfère cette flore à des souris obèses, leur poids diminue. Mais les bactéries ne font pas tout, il faut aussi tenir compte du régime.

On le sait, microbiote et antibiotiques ne font pas bon ménage. Or, les élevages industriels d'animaux en batterie utilisent depuis longtemps les antibiotiques pour augmenter la croissance et le poids des volailles. La consommation de ces médicaments s'en ressent d'ailleurs : 44 % des ventes d'antibiotiques sont destinées aux élevages de poulets mais aussi de porcs (19). L'action de ces médicaments sur le métabolisme des volatiles pourrait, comme chez la souris, passer par une modification du microbiote.

Les microbes responsables de l'obésité ? Pas seulement : certaines bactéries semblent, à l'inverse, favoriser la perte de poids. À preuve, une expérience rapportée en novembre 2014 dans la prestigieuse revue *Cell* (20). Étudiant les selles de 416 paires de jumeaux, les chercheurs montraient que la diversité du microbiote dépend de facteurs génétiques, mais aussi qu'une bactérie particulière est associée à la maigreur. Dénommée *Christensevella minuta*, cette souche de firmicute produisant du méthane se trouve chez les sujets maigres. Ajoutées à la transplantation de selles d'un sujet obèse habilement sélectionnées pour la prise de poids qu'elles induisent chez des souris, elles diminuent leur capacité à faire grossir ces petits rongeurs. Cette élégante expérience a cependant ses limites, car l'effet est aussi dépendant de l'alimentation. En analysant l'abondante littérature médicale sur les liens entre obésité et bactéries intestinales, beaucoup pourraient légitimement penser qu'il existe nombre de zones d'ombre, et que la science en est encore, dans ce domaine, à ses débuts. Au-delà d'une dose raisonnable de scepticisme, justifiée là où il existe encore un certain degré d'incertitude, il faut reconnaître l'abondance des preuves qui mettent en rapport le microbiote, sa diversité et ses fonctions, à l'obésité et ses complications métaboliques, ainsi sans doute qu'à la maigreur. Le microbiote n'a cependant pas livré tous ses secrets. D'autres maladies « non transmissibles » y sont aujourd'hui reliées.

À l'origine des cancers digestifs

Que sait-on des cancers ? Des souffrances qui font peur, des pourcentages qui inquiètent, des traitements innovants qui donnent espoir, mais aussi des découvertes qui surprennent en reliant certains cancers aux maladies infectieuses, et plus récemment à ces microbes qui nous habitent. De nombreuses études du microbiote en font un sujet d'importance qui pourrait conduire à de nouvelles préventions.

Le cancer est une des principales causes de mortalité et de morbidité dans le monde. En 2012, l'OMS communiquait sur des données alarmantes : 14 millions de nouveaux cas par an dans le monde, 8,2 millions de décès (21). En France, le taux d'incidence tous cancers confondus ne cesse d'augmenter dans des proportions comparables pour les deux sexes. Il était cette année-là de 350 000 cancers nouveaux : 200 000 chez l'homme, 150 000 chez la femme. Les cancers les plus fréquents sont ceux du sein, de la prostate, des poumons, mais aussi du rectum ou du côlon où habitent la plupart de nos bactéries. Or si l'on songe au rôle possible de la flore intestinale sur l'apparition des cancers colorectaux, il est un fait qui retient l'attention : il y a dix fois plus de cancers de ces organes aux États-Unis d'Amérique qu'en Afrique, un chiffre à mettre en regard avec un phénomène récemment observé : les bactéries Gram de l'intestin sécrètent des toxines qui diminuent la prolifération des cellules intestinales. Les pays à haute incidence d'infections entériques ont ainsi une faible fréquence de cancers colorectaux. Ces cancers sont ceux des pays riches où l'hygiène est la plus développée. Fréquents en Amérique du Nord, en Europe, en Australie, en Nouvelle-Zélande et au Japon, les cancers colorectaux sont nettement moins fréquents en Amérique du Sud, en Asie et en Afrique.

Il est depuis longtemps connu que l'apparition d'une tumeur maligne provient d'une série de facteurs qui sont parfois synergiques. Il y a certes les agents cancérigènes physiques, comme les rayons ultraviolets ou les radiations ionisantes, ou ceux des produits chimiques comme le benzène ou les composants de la fumée de tabac, l'arsenic polluant de l'eau de boisson, l'aflatoxine contaminant les denrées alimentaires. La composante génétique est également importante : certaines mutations augmentent le risque de cancérogénèse. Par exemple, parmi les cancers du sein, 5 à 10 %

sont héréditaires. Être porteur d'une mutation ne se traduit cependant pas systématiquement par l'apparition des cancers, mais en augmente le risque. On parle alors de prédisposition génétique. L'incidence du cancer augmente également avec l'âge, un phénomène lié à l'accumulation des risques apparus tout au long de la vie.

Mais en faisant référence aux microbes, les cancérologues ont constaté que plus d'un tiers des cancers sont des cancers infectieux, en majorité liés à des virus comme ceux identifiés du virus de l'hépatite B, C pour le cancer du foie, ou les papillomavirus qui peuvent induire des cancers de l'utérus. Le rôle des virus est déterminant. À ces cas où des virus venus de l'extérieur se répliquent et transforment en tumeurs malignes les cellules qu'ils infectent, s'ajoutent ceux où le microbiote peut être incriminé. Les épidémiologistes et les médecins de santé publique ont raison de dire qu'un tiers de la mortalité due aux cancers pourrait être évité en modifiant ou en évitant les principaux facteurs de risque tels que le tabagisme (à lui seul, le tabac est à l'origine de plus de 20 % de mortalité tous cancers confondus et de 71 % des décès par cancers du poumon), l'alcool, l'obésité, la sédentarité. Mais la lente évolution des découvertes qui ont émaillé la compréhension des processus tumoraux incite aujourd'hui à redoubler d'imagination en recherche. Au-delà des infections connues, les hommes ont trop de relations avec les microbes pour ne pas les incriminer une fois encore et distinguer au sein du microbiote les *usual suspects* des *serials killers*.

L'histoire apprend à être modeste sur l'évolution des concepts, mais aussi à se convaincre que le rôle des microbes dans la survenue des cancers est depuis longtemps soupçonné, même si la preuve chez l'homme n'a été apportée que récemment. Le cancer existe depuis des siècles (21, 22). Son histoire se confond avec celle des hommes et de la médecine (23). Les paléontologues en retrouvent la trace dans les restes d'hommes fossilisés. Le papyrus égyptien du XVe siècle avant J.-C., découvert à Thèbes par Georges Ebers (1837-1898), mentionne une première classification des cancers. Plus tard, pour Hippocrate (460 av. J.-C.-370), le carcinome est un

John Simons qui imagine que la tumeur est chargée d'extraire le sang des principes délétères qu'il contient, et qu'il faut la respecter surtout lorsqu'elle est ulcérée car elle réalise, dit-il, un travail « éliminatoire (26) ». De nouvelles recettes thérapeutiques apparaissent : l'eau de mer, surtout celle de la Méditerranée, riche en brome et chlorure, y voisine avec la ciguë, la suie, le coaltar du goudron ou les onguents mercuriels. Beaucoup de ceux qui ne croient pas aux microbes pensent à d'autres hypothèses, notamment au chagrin violent et prolongé, surtout les passions vives qui seraient, dit-on, à l'origine du cancer. Le XIXe siècle sied aux charlatans, aux faux guérisseurs, qui d'ailleurs font parfois mieux que les médecins, profitant de quelques diagnostics et guérisons spontanées pour faire valoir leurs procédés. D'autres, qui mettent en avant leur attitude scientifique, empruntent aux maladies infectieuses des procédés de sérothérapies, transfusion de sérum, et de vaccins, expériences qui peuvent conduire aux poursuites judiciaires, comme celles lancées à l'encontre du chirurgien Eugène Doyen (1859-1916) en 1903 qui croyait avoir isolé et cultivé des microbes à partir de tumeurs. Il faudra attendre 1908 pour que les Danois Oluf Bang (1881-1937) et Vilhem Ellerman (1871-1924) démontrent que la leucose aviaire peut être transmise par filtration des cellules. Cette découverte sera plus tard à l'origine de celle du premier virus oncogène isolé par Peyton Rouss (1879-1970) en 1911. Mais quarante ans s'écouleront encore avant que d'autres exemples de cancers infectieux soient décrits. Entre-temps les rayons éclipsent la ciguë, car en 1934, Frédéric (1900-1958) et Irène (1897-1956) Joliot-Curie introduisent les radioéléments dans le traitement des cancers : la radiothérapie et la thérapie par le radium viendront en complément de la chirurgie traditionnelle. Ces innovations thérapeutiques seront suivies d'autres, loin de toute référence aux microbes. Lors de la Seconde Guerre mondiale, le lieutenant-colonel Steward Alexander, un expert de la guerre chimique qui enquêtait sur un bateau coulé en 1943 avec cent tonnes de gaz moutarde ypérite dans ses soutes, découvrit l'action toxique de cette substance sur les cellules du sang des marins. La chimiothérapie était née (26).

Le rôle joué par l'infection dans la survenue du cancer rebondit dans les années 1950 avec Ludwig Gross (1904-1999) qui décrivit un virus responsable d'une variété de tumeurs chez la souris, et surtout démontra pour la première fois en 1958 que le cancer pouvait être chez l'homme une maladie infectieuse. On doit l'origine de cette découverte à un chirurgien, Denis Parsons Burkitt (1911-1993). Burkitt était né en Irlande dans une famille protestante. Bien qu'il n'eût pas la passion pour les oiseaux que leur portait son père ornithologue, ce qui était dû, dit-on, au fait qu'il avait perdu un œil à l'âge de 11 ans lors d'une rixe écolière, il avait hérité d'un puissant sens de l'observation. Après des études de médecine à Dublin, la Seconde Guerre mondiale l'entraînera au Kenya, puis en Somalie. Cet « Anglais sous les tropiques » devait y trouver sa vocation et son goût pour l'exercice de la chirurgie. Le hasard ou peut-être l'intuition allait le conduire en Ouganda où il résida jusqu'en 1962. C'est là qu'il fit sa remarquable découverte. En 1957, à l'hôpital de Mulango, Burkitt observa un enfant qui présentait une volumineuse tumeur de la mâchoire. À quelque temps de là, il fut conduit à examiner un second cas avec des symptômes similaires. Acquérant de bouche-à-oreille la notion qu'il s'agissait là d'une tumeur fréquente dans ces pays, il compulsa les archives de ce petit hôpital et trouva d'autres cas identiques qui devaient forger sa conviction : il s'agissait d'une forme contagieuse de cancer. Son premier article sur le sujet parut dans le *British Journal of Surgery* en 1958 (27). Parcourant l'Afrique dans une voiture cabossée, il compléta ses descriptions cliniques par des travaux d'ordre épidémiologique. Il remarqua que les tumeurs ne s'observaient pas en Afrique du Sud, elles correspondaient toujours aux tropiques humides, territoires où ces cas se superposaient aux zones de plus fortes prévalences du paludisme, de la fièvre jaune et surtout au vol des moustiques vecteurs de ces infections. Il n'en fallut pas plus pour évoquer la transmission de la maladie par les insectes et s'interroger sur le rôle que pourraient jouer les co-infections. Cette hypothèse se vérifia en 1964 avec la découverte d'un virus de la famille de l'herpès par Sir Michael Anthony Epstein et son étudiante Yvonne Barr, qui léguèrent leurs noms à un nouveau virus, le virus d'Epstein-Barr. On s'aperçut alors que 80 à 90 % des habitants du monde sont infectés par ce virus, qui devint par la suite célèbre non seulement par sa répartition, mais par les maladies qu'il induit. Outre la tumeur, un équivalent de maladie d'Hodgkin qui porte le nom de lymphome de Burkitt, le virus EBV est responsable de deux autres pathologies : le carcinome du rhino-pharynx et la mononucléose infectieuse, la fameuse maladie des adolescents transmise par le baiser.

Trois maladies pour un seul virus : c'est trop ou trop peu, si l'on considère que les causes ne sont pas totalement élucidées. Le virus est certes nécessaire, mais pas suffisant, règle dont il faudra se souvenir pour impliquer les microbes commensaux dans d'autres cancers. Quoi qu'il en soit, la porte était dorénavant ouverte, et bien ouverte, pour identifier les agents infectieux à l'origine de cancer. Chaque germe, chaque microbe responsable d'une tumeur aura son heure de gloire, aussi bien pour les découvreurs que pour les virus : papillomavirus pour le cancer de l'utérus, sarcome de Kaposi pour des tumeurs cutanées, cancer du foie pour les hépatites, leucémie lymphoblastique pour le virus HTLV isolé par Robert Gallo, qui échoua quelques années plus tard à mettre la main sur un autre rétrovirus : celui du sida. Les virus ne sont pas seuls en cause, le fameux *Helicobacter pylori* responsable du cancer de l'estomac positionna les bactéries dans un monde de virus cancérigènes en montrant que celles-ci ne sont pas en reste. À ses côtés, les cancers de la peau, de l'intestin, de l'œil portent la marque de certaines bactéries. Les microbes ne sont jamais seuls. La microbiologie se conjugue toujours avec une autre science, l'immunologie. Ces dernières années l'immunothérapie des cancers a connu ses plus grands succès. Après un long débat interne, la revue *Science* plaça en 2013 l'immunothérapie du cancer parmi le *top ten* des avancées scientifiques de l'année (28). Or, ces diverses découvertes qui incriminaient certains microbes pathogènes dans l'apparition des tumeurs allaient connaître de fantastiques rebondissements avec toute une série d'études tendant à montrer que nos germes commensaux, flore intestinale en tête, peuvent être à l'origine de processus tumoraux sur le lieu de leur résidence et parfois même plus à distance.

Le cancer colorectal est un des principaux cancers du monde (29). Il y a dans le monde près d'un million cinq cent mille nouveaux cas chaque année, dont six cent mille évoluent vers une issue fatale. De nombreux facteurs de risque y sont associés telle une surconsommation de viande animale associée à des apports insuffisants en vitamine D et en fibres alimentaires. La tumeur débute sous forme bénigne, elle se présente comme une sorte de polype qui conduit ensuite à des anomalies génétiques et épigénétiques, puis bien vite à des métastases liées à une prolifération anarchique des cellules. Au fur et à mesure du processus tumoral, de nouvelles mutations s'accumulent, notamment au niveau de certains gènes dits suppresseurs de tumeurs ou anti-oncogènes, dont l'expression empêche l'apparition du cancer, mais que les anomalies acquises rendent inopérants. Dans d'autres cas, les cellules intestinales présentent des mutations les rendant insensibles aux signaux qui contrôlent habituellement leur taux de renouvellement, leur mort, ou encore leur sensibilité aux cellules du système immunitaire, les fameuses cellules NK chargées de détruire les cellules anormales. Leur métabolisme énergétique, souvent modifié avec l'apparition de nouveaux vaisseaux, permet une invasion d'abord dans les tissus avoisinants, puis à distance. La transformation d'une tumeur bénigne en une tumeur maligne requiert ainsi l'apparition de mutations dans de multiples gènes qui régulent le cycle cellulaire.

Or il est apparu que parmi les nombreux facteurs que l'on pourrait qualifier d'environnementaux dans la mesure où ils intéressent les tissus avoisinants la tumeur ou précédant son apparition, le microbiote a sa part (30-32). On constate en effet une modification importante des populations de bactéries dans les selles des patients cancéreux : augmentation des anaérobies, notamment du groupe des *Bacteroides petronella*, avec production de toxines inflammatoires et, parallèlement, diminution du nombre des firmicutes. Ces modifications ne se retrouvent pas que dans les selles, elles existent aussi au contact de la tumeur où les germes anaérobies prolifèrent. Elles s'accompagnent d'une diminution de la production de butyrate, métabolite d'importance car les acides gras à chaîne courte produits par la fermentation des sucres sont presque entièrement métabolisés par les cellules du côlon. Elles représentent le principal substrat énergétique de l'épithélium intestinal et, de plus, ont un effet trophique sur le biofilm bactérien. Molécule essentielle pour les entérocytes, le butyrate module de nombreux gènes et leur réponse à leur environnement. De ce fait, l'intégrité de la muqueuse intestinale, son renouvellement au fil du temps, sa production de mucus, ses mouvements d'austration, bref sa physiologie, dépend en grande partie de la flore colique. Les toxines de bactéries mettent au repos la multiplication des cellules intestinales. Ainsi les microbes font-ils office de contremaîtres, certains en stimulent d'autres, qui limitent la prolifération, et donc la mort, des cellules épithéliales dont le destin dépend, en grande partie, des germes commensaux.

Comment imaginer alors le rôle du biofilm dans cette séquence particulière qui favorise d'abord une tumeur bénigne, puis l'apparition d'un cancer ? Les modifications se passent vraisemblablement par étapes, dans une sorte de négociation armée entre les bactéries résidentes et les intrus qui profitent d'un désordre pour tenter de s'insérer. D'abord, certains microbes étrangers se présentent en premiers colonisateurs à la faveur d'un défaut du biofilm formé par les germes commensaux. Dans ce milieu qui soudain leur plaît, ces bactéries invasives sécrètent quelques toxines pour se faire de la place, substances ressenties comme un coup de fouet par les cellules résidentes de l'immunité innée, notamment les fameux macrophages éboueurs qui, braves sentinelles, n'attendaient que ce signal pour réagir. Ces phagocytes sonnent l'alarme et commencent à sécréter des médiateurs pour prévenir les cellules intestinales de la présence de germes qui n'ont rien à faire dans cet environnement. Celles-ci larguent alors des produits antimicrobiens, mais il se produit l'effet inverse de celui recherché. Ces molécules agressives tuent les germes résidants et induisent une sélection de microbes résistants. Ainsi émerge une nouvelle population bactérienne plus pathogène que la population commensale. Ces nouveaux acteurs stimulent la prolifération des cellules intestinales de manière anarchique et leur font perdre tout contrôle. Il en résulte des mutations, fatales pour certaines d'entre elles, car elles perturbent le cœur du dispositif moteur de la vie des cellules intestinales. En bref, en supprimant le premier biofilm, tapis de bactéries commensales et protectrices, on laisse la place à des micro-organismes qui, insuffisamment contrôlés par la réponse immunitaire, suscitent une multiplication désordonnée des cellules intestinales jusqu'à les rendre cancéreuses. Ce mécanisme, à la fois simple et complexe, peut être résumé et reproduit dans des modèles de souris. Il suffit d'introduire une modification du biotope pour induire des cassures chromosomiques dans les cellules intestinales et passer d'un stade purement inflammatoire, une altération bénigne, à la genèse du cancer.

L'origine du mal n'est cependant pas toujours due à une modification des bactéries elles-mêmes, l'hôte peut y avoir un rôle prédominant (32). Les cellules intestinales trient les bactéries qui leur sont favorables par la sécrétion de certains sucres. Un de ces récepteurs, tels que ceux signalés chez les mouches, comme nous l'avons vu précédemment (voir chapitre IV), vient-il à être déficient que la flore intestinale devient instable, mal contrôlée et qu'elle laisse séjourner des microbes qui n'ont rien à y faire. Dans certains modèles animaux, ces gènes mutés présentent une fréquence accrue de tumeurs malignes. Mélangées dans des cages avec des souris sans germe, ces dernières développent à leur tour des tumeurs en se nourrissant des excréments de leurs congénères. Cet acte de coprophagie est un moyen simple et usuel chez les petits mammifères de se transmettre des germes. À l'inverse, la transplantation de selles de souris normales diminue la fréquence de survenue du cancer. Encore faut-il ne pas se tromper de bactéries : les bactéroïdes sont des bactéries favorisantes, elles sécrètent du butyrate. En définitive, il faut une double conjoncture, composition du microbiote combinée à un facteur génétique de l'hôte. Le cancer n'est que l'accident d'une symbiose mal équilibrée. L'intégrité de la muqueuse intestinale dépendant en grande partie de la flore colique et des métabolites qu'elle engendre, on comprend que la moindre rupture de cet équilibre puisse entraîner un processus tumoral. Le bénéfice n'est plus réciproque et d'ailleurs se termine mal, car l'homme étant mort, les bactéries perdent gîte et couvert, sauf le temps d'une charogne.

Mais il existe d'autres formes de cancer dont l'apparition, bien que liée au microbiote, semble passer par un processus différent. C'est le cas du cancer hépatique.

Le mot foie renvoie au mot figuier, fruit dont se servaient les Romains pour gaver les oies (33). Dans la Bible, le figuier est l'arbre de la connaissance ; en hébreu, le même mot désigne figuier et désir. Prométhée avait dérobé le foie, c'est-à-dire la connaissance, il en sera puni par Zeus et condamné à avoir le foie rongé par un aigle. Quant aux Anglo-Saxons, la communauté de racine des mots *live* et *liver* établit une grande subordination entre la vie et le foie. Cet organe, que l'on dit silencieux et qui ne s'exprime jamais mieux que par la jaunisse, sert de réserve, sorte de garde-manger, à l'ensemble de l'organisme. Le microbiote est en contact étroit avec le foie par la veine porte qui le relie à l'intestin, et qui s'appelle ainsi car elle se termine à ses deux extrémités par des vaisseaux capillaires. Le foie a aussi ses cancers et les facteurs qui les déterminent sont nombreux. Le rôle de l'alcool est depuis longtemps connu et a été confirmé par de nombreuses études épidémiologiques. Même si des recherches anglo-saxonnes insistent sur les facteurs nutritionnels, l'un et l'autre sont sans doute liés car tous les alcools n'ont pas le même pouvoir délétère. Tandis que l'éthanol est rapidement absorbé, certains alcools forts agissent sur le pylore, cet orifice qui sépare l'estomac du reste du tube digestif, et sont retenus un temps plus long au niveau de l'estomac. Il en est de même quand l'absorption d'alcool est doublée de celle d'aliments. L'alcool et la tumeur ont pourtant parfois fait bon ménage. Arnaud de Villeneuve (1228-1313), médecin à Montpellier, inventa le terme « eau-de-vie » au XIVe siècle pour évacuer les humeurs superflues (34). Le bon vin servait alors de médecine. À la fin du XVe siècle, ce breuvage entrait ainsi dans la composition de 35 à 50 % des produits pharmaceutiques.

Les cancers du foie ont cependant d'autres causes. Plus de 130 millions de personnes dans le monde souffrent d'hépatite chronique et plus de 500 000 meurent chaque année de pathologies liées à l'hépatite C ; 90 % des cas d'hépatites C aboutissent à un carcinome hépatocellulaire. Ce cancer est aussi associé à des anomalies métaboliques telles que le diabète, ou génétiques, telles que l'hémochromatose.

Cependant, en dehors des causes citées, et notamment de l'alcool, certains hépatocarcinomes font suite à une surcharge du foie en graisses, appelée stéatose. De manière intrigante, cette stéatose, qui s'observe chez 20 à 30 % des individus même en l'absence de toute prise alcoolique, passe de 50 à 90 % chez les obèses. Or dans les cas de surcharge hépatique en graisse, le microbiote a une composition très différente de celle observée chez les sujets sains, se traduisant en particulier par une surreprésentation de bactéries Gram (35-37). Reste cependant à expliquer comment les bactéries commensales peuvent entraîner tant de dégâts dans le plus volumineux des organes du corps humain, habitué à filtrer des déchets et à produire des enzymes pour la digestion.

Le point initial est sans doute une augmentation de la pression du flux sanguin dans la veine porte (hypertension portale). Ce symptôme n'est pas sans conséquence sur la barrière intestinale dont il force et altère l'intégrité. Les produits bactériens habituellement contenus dans la lumière intestinale, tels que les lipopolysaccharides (ou LPS), ces fameux sucres constitutifs de la paroi des microbes, sont apportés directement au foie par le flux veineux. Ils y rencontrent les récepteurs Toll qu'ils stimulent au passage. Les macrophages hépatiques, qui ont un aspect particulier étoilé, ce qui leur a valu leur première description par Karl Vilhelm von Kupffer (1829-1902), sont en effet activés par les LPS bactériens. Ils se mettent alors à sécréter des substances qui induisent une prolifération des hépatocytes, les cellules nobles du foie. Que ce soit par antibiothérapie, qui diminue la production de LPS, ou par l'inactivation des récepteurs Toll, la mise en repos des cellules de Kupffer supprime la stimulation des hépatocytes et limite ou inhibe l'apparition du cancer du foie. D'autres expériences viennent plaider pour cette hypothèse physiopathologique. Le transfert du microbiote intestinal de souris non obèses dans des souris obèses, supprime ou diminue la stéatose hépatique. Trois facteurs semblent ainsi favoriser cette terrible évolution : la modification de la composition du microbiote, les anomalies de la barrière intestinale et l'inflammation. Autant de causes sur lesquelles pourrait agir une antibiothérapie préventive.

L'influence du microbiote ne s'observe cependant pas que dans la stéatose non alcoolique. Elle peut aussi être consécutive à la consommation d'alcool. De 8 à 20 % des consommateurs développent une cirrhose avec destruction de cellules hépatiques. L'administration chronique d'alcool entraîne la translocation du LPS, un phénomène qui peut être diminué par la prise de yaourt et la supplémentation en lactobacilles. Ainsi, les microbiotes de patients alcooliques sans ou avec hépatite chronique diffèrent. Si l'on prélève des échantillons fécaux de ces deux types d'individus et qu'on les introduit dans une chambre, à l'abri de l'oxygène, pour, après transport en inhalateur, nourrir des souris coprophages, les deux groupes de rongeurs auront des destinées distinctes. Celles qui ont reçu un microbiote provenant d'individus avec hépatites auront un foie plus lourd que l'autre, avec une forte infiltration de cellules immunitaires ainsi qu'une augmentation de leur perméabilité intestinale et un accroissement du taux de LPS dans la circulation sanguine.

Cependant, les bactéries elles-mêmes produisent de l'alcool. La fermentation est en effet la panacée des microbes : on leur doit le pain, les yaourts et le vin. Le microbiote produit de l'éthanol et sa production est augmentée chez les sujets obèses, un des facteurs favorisant sans doute l'apparition de stéatose. On rapporte ainsi le cas d'un patient dont la flore intestinale contenait une levure ordinairement présente sur les grappes de raisin (38). Ce dernier fut un jour trouvé en état d'ébriété avancée alors qu'il était parfaitement abstinent. Les prélèvements sanguins indiquèrent une importante quantité d'alcool et un simple traitement par antibiothérapie la fit diminuer. Ainsi, même en l'absence de toute ingestion d'éthanol, celui-ci peut être parfois décelé dans l'haleine. Le rôle de l'éthanol dans la production de stéatose chez les sujets normaux reste cependant relativement faible et ne suffit sans doute pas à l'expliquer. Ce même phénomène n'est sûrement pas responsable des nombreuses conduites en état d'ivresse, même si certains, à la lecture de ces pages, seront tentés d'y trouver un argument pour échapper à des sanctions justifiées.

D'un cerveau à l'autre : les bactéries digestives à l'origine de nos comportements

Avoir du « cœur au ventre », l'« estomac noué », la « peur au ventre », « avoir du mal à digérer une expérience », nombre d'expressions traduisent ainsi le lien entre nos émotions et nos intestins. Le tube digestif est un deuxième cerveau chez les taoïstes et au centre de l'intelligence dans la culture sino-japonaise. Certains scientifiques occidentaux n'hésitent pas à dire que l'être humain doit beaucoup aux neurones intestinaux car s'il n'avait disposé que des neurones du cerveau, il aurait été en permanence absorbé par ce processus très complexe qu'est la digestion et n'aurait pas développé d'autres activités cérébrales. Or, si le rôle du microbiote dans un certain nombre de pathologies fait intervenir le système immunitaire, ce qui apparaît raisonnable à défaut d'être toujours compris, il est plus difficile *a priori* de concevoir que la flore intestinale puisse avoir un impact sur la fonction cérébrale et les comportements humains. Il est cependant depuis longtemps admis qu'il existe un axe cerveau-intestin. Le cerveau influence les capacités motrices, sensitives et sécrétoires dans l'intestin. N'est-ce pas au cerveau que nous devons le péristaltisme intestinal qui assure la progression des aliments, mais aussi du microbiote, par la motilité qu'il instille à travers 200 millions de neurones, soit mille fois moins que le cerveau lui-même, mais autant que le cortex d'un chien ou d'un chat ? Quatre-vingt-quinze pour cent de la sérotonine, un des médiateurs du système nerveux qui participe à la gestion de nos émotions, sont sécrétées par l'intestin (39). Les sécrétions bactériennes peuvent influencer le cerveau en produisant des neurotransmetteurs, médiateurs neurologiques. Le nerf vague transmet directement des informations des viscères à l'hypothalamus, structure profonde du cerveau, dont le rôle est essentiel dans les comportements émotionnels, et à l'amygdale, une zone cérébrale qui coordonne des activités végétatives et sensitives. Tous ces éléments donnent ainsi du poids à une série d'expériences qui, depuis quelques années, relient le microbiote au comportement, à nos humeurs et notre manière d'être.

Ainsi, des souris qui naissent par césarienne, et qui ne possèdent pas les microbes qui vivent normalement dans le vagin ou le rectum maternel, semblent plus anxieuses que leurs congénères qui naissent par voie basse (40). D'autres données viennent des traitements par antibiotiques. Ceux-ci induisent chez la souris adulte des perturbations dans les populations bactériennes du côlon associées à un comportement de stress, en même temps qu'une élévation d'une protéine impliquée dans la croissance des neurones. Cette protéine intervient aussi dans la stimulation de l'hypothalamus et dans celle de l'amygdale. De telles anomalies cèdent à l'arrêt des antibiotiques.

L'inverse semble également vrai : le cerveau a un impact sur la composition du microbiote. En utilisant un modèle de dépression par ablation du bulbe olfactif, une manœuvre qui rend les souris anxieuses et très sensibles au stress, les chercheurs ont observé une altération du microbiote ainsi que l'arrêt de la production d'un neurotransmetteur libéré par l'hypothalamus. L'injection directe de ce neuromédiateur a pour conséquence de perturber la flore intestinale. De meilleures preuves viennent de la transplantation fécale croisée de rats ou de souris d'humeurs différentes. Deux souches de souris qui possèdent des habitudes comportementales distinctes peuvent échanger celles-ci par transplantation de leur microbiote. Des souris timides et anxieuses qui réagissent fortement au stress deviennent de véritables exploratrices, et vice versa.

Un rapprochement est sans doute fait un peu rapidement avec certaines pathologies, dont le syndrome de l'intestin irritable qui s'accompagne fréquemment de troubles psychologiques, de douleurs abdominales récurrentes, et d'une flore différente de celle des sujets sains (41). Le microbiote est également mis en cause chez des enfants présentant des douleurs abdominales périodiques, ou encore dans l'autisme (42). Ce fait s'appuie sur des modèles de souris qui reproduisent, ou plutôt imitent, les symptômes de cette pathologie : ces petits rongeurs ont une moindre population de bactéries *Bacteroides fragilis* que des souris normales. L'ingestion de telles bactéries diminue les comportements antisociaux et les symptômes observés chez les souris reproduisant des comportements autistiques. Un certain nombre d'explications viennent à l'appui de ces manifestations. En analysant les échantillons sanguins provenant de souris saines et asociales, les chercheurs ont découvert qu'une molécule (4EPS) est présente à un taux quarante-six fois plus élevé chez des animaux souffrant de troubles autistiques. Il a également été montré que ce composé chimique possède une structure semblable à une molécule retrouvée en quantité importante chez les personnes souffrant de tels symptômes. Injecté aux saines, ce traitement a eu l'effet escompté puisque les rongeurs traités ont commencé à se comporter comme des souris autistes, répétant plusieurs fois les mêmes mouvements ou couinant de manière inhabituelle.

L'absorption de quelques bactéries suffirait-elle ainsi à modifier nos comportements ? On conçoit que de telles observations soient un motif de recherche pour l'industrie du stress, mais aussi pour les chercheurs en neurosciences auxquels le microbiote ouvre un nouveau champ d'études. Le National Institutes of Health (NIH) états-unien ne s'y est pas trompé : il a consacré une ligne budgétaire de plusieurs millions de dollars pour financer de tels travaux en 2014. Quelles bactéries ou quel yaourt allons-nous un jour ingérer pour modifier ou moduler nos comportements, nos réactions au stress, et peut-être ainsi nous « nourrir » de nouvelles émotions ? Les microbes ouvrent à un domaine qui dépasse nos consciences et nos sensations ; il trouve place entre nos deux cerveaux, mettant l'alimentation et la digestion au cœur de nos vies en société, et de nos rapports aux autres.

CHAPITRE VI

Danser le tango à trois

Lorsque la pression de l'asepsie est exercée sur l'un, le microbe pathogène, l'autre, le microbe commensal, en souffre. Le système immunitaire réagit en fonction et en perd le nord. L'amélioration de l'hygiène est ainsi à la base d'une théorie dite hygiéniste, qui fait d'un certain nombre de maladies allergiques, inflammatoires et auto-immunes, une des conséquences d'un monde aseptisé. Vivre sans microbes n'est pas sans introduire de nouveaux dangers, secondaires à un dysfonctionnement de nos cellules immunes.

On doit les premières mesures expérimentales d'hygiène à Ignace Semmelweis (1818-1865) qui, avant que Pasteur ne prouve que les bactéries étaient à l'origine des putréfactions et des infections, démontra que le lavage des mains prévenait la contamination. Le 24 février 1846, tout juste engagé comme assistant à la maternité A de l'hôpital général de Vienne, Semmelweis reçoit une femme prise de douleurs quelques heures après son accouchement à l'hôpital. À cette époque, la rumeur viennoise est claire : le risque de complications postnatales est constant dans cette maternité, beaucoup plus que dans l'autre service, la maternité B, fermée ce jour-là. Entrer dans la maternité A revient à signer son arrêt de mort. Les infections y sont si fréquentes qu'accoucher dans la rue serait plus sûr. Or, la seule différence que Semmelweis note entre les deux services est le toucher génital, pratiqué par les étudiants dans sa maternité, et par les élèves sages-femmes dans l'autre. De cette observation, il tire une conclusion pratique : la mort est du côté des étudiants ; il faut les supprimer ou plutôt les remplacer par les sages-femmes. L'expérience est tentée et les statistiques lui donnent raison, les chiffres des deux maternités s'alignent. Les deux parties s'énervent et on en vient à expulser les étudiants. Cette mesure préliminaire suffit à baisser le taux de mortalité pendant plusieurs semaines. Mais Semmelweis veut aller plus loin, il cherche à comprendre comment les apprentis médecins transmettent la maladie et la mort. Il consigne alors scrupuleusement leurs faits et gestes et remarque qu'ils passent sans autres procédés des salles de dissection à celles où l'on examine les femmes enceintes. La vérité n'est pas loin. Le jeune gynécologue imagine bien vite que c'est la main des cliniciens qui transmet les infections morbides (1). C'est à cette occasion que, sans pouvoir apporter la preuve de l'origine du mal, il invente l'asepsie. Il oblige médecins et étudiants à se laver les mains avec une solution chlorée jusqu'à ce que disparaisse l'odeur du cadavre. L'application de cette méthode fut un succès, la mortalité des parturientes chuta, mais il fallut plusieurs dizaines d'années pour convaincre le corps médical de l'efficacité de cette mesure – ce que Semmelweis ne sut pas faire. « Sa découverte dépassa les forces de son génie », écrit Louis-Ferdinand Destouches dit Céline, qui y consacra sa thèse de médecine (2). Lister et l'antisepsie, Pasteur et sa doctrine microbienne firent le reste pour conduire aux règles d'asepsie et d'antisepsie et, surtout, aux progrès de l'hygiène hospitalière que le lavage des mains avait expérimentalement instituée[1].

Mais l'hygiène ne se cantonne pas au monde médical, elle dépasse de loin le lavage des mains et concerne les nombreuses mesures destinées à tuer, éliminer ou inactiver les micro-organismes, à limiter les infections, à favoriser la conservation des aliments, et à donner

1. Adrien Loir (1862-1941), le neveu de Pasteur, insiste sur ce geste systématique que le savant ne manquait jamais d'observer.

accès à une eau potable. En éloignant le microbe de l'homme, en supprimant les infections nosocomiales, en favorisant l'accès à un environnement propre et sain, évolution première d'un développement durable, les mesures d'hygiène ont fait beaucoup pour limiter les épidémies et augmenter l'espérance de vie des populations, qui était encore au XIXe siècle équivalente à celle de l'homme de Cro-Magnon. Pourtant, de nombreuses études indiquent aujourd'hui que la chute des maladies infectieuses est inversement corrélée avec l'apparition d'autres pathologies liées au fonctionnement anormal du système immunitaire. Moins il y a d'infections, plus on note une augmentation du nombre d'allergies et de maladies auto-immunes, telles le diabète ou la sclérose en plaques. Le microbiote semble au cœur de cet étrange phénomène. Les modifications de l'environnement et des populations de microbes qui nous entourent influent sur les germes qui nous habitent. Microbes commensaux, microbes pathogènes et défenses immunitaires, dansent un tango à trois, rythmé par nos règles d'hygiène.

Hygiène et hygiéniste

Toutes les religions en font usage en érigeant les principes d'une vie propre au sens d'un respect des valeurs morales. Les écrits de Moïse contiennent de nombreuses mesures d'hygiène, notamment alimentaires (3). En Égypte, en Perse ou en Chaldée, les lois comportaient des prescriptions minutieuses, se référant à l'eau, au climat et à la température. Le mot hygiène vient d'Hygie, fille d'Asclépios (Esculape chez les Romains), le dieu grec de la médecine, déesse de la santé et de la propreté, qui symbolise la prévention. Les Grecs pratiquaient cette philosophie à travers leurs exercices corporels et leur aspiration à une vie saine. Rome poussa plus loin encore cette vision à la fois physique et morale en créant de nouvelles formes d'urbanisme et des techniques innovantes de propreté. Les bains, les égouts, les latrines furent édifiés autant pour lutter contre l'insalubrité que pour créer des règles de société favorisant une vie communautaire pacifiée. Des magistrats dédiés, présents dans chaque ville, étaient en charge de les faire appliquer. Après la chute de l'Empire romain, le Moyen Âge ouvre une large période où plus aucune règle d'hygiène n'est respectée. La malpropreté des rues, l'air nauséabond offrent un environnement excrémentiel. Des cadavres et des charognes empestent l'atmosphère. Les vidangeurs d'urine déversent leurs tonneaux dans les ruisseaux pour éviter d'aller jusqu'à la voirie. La puanteur n'a ni limite ni géographie : les hommes vivent en permanence autour de leurs déchets, il faut éliminer les excrétas, sueur, matières fécales, urines pour purifier l'organisme, mais on ne s'en éloigne pas. L'hygiène individuelle, quand elle existe, est supportée avec réticence. Les lieux collégiaux sont à l'image des rues, il y règne saleté et crasse. Dans les prisons de Louis XIV, l'air vicié est le plus grand des supplices. L'hôpital est le royaume des odeurs fétides et putrides avec leurs excréments, les crachats de vieux, les plaies suintantes, les sécrétions fébriles. Les insectes et les rats pullulent dans les recoins. Les autres bâtiments publics ne valent pas mieux : salles de tribunaux, casernes, officines, rivalisent de miasmes et de puanteur. Les odeurs et leurs causes seront confondues jusqu'à l'édit de Villers-Cotteret en 1539 qui interdit à tout particulier de garder ses excréments par-devers soi, sage mesure de lutte contre les épidémies. On tâche d'assainir en redoublant de parfum musqué, odeurs de civette ou d'aulne qui viennent conforter les mauvais effluves. En temps d'épidémies, on se préserve avec des aromates, la marjolaine, la menthe, le thym qui, pense-t-on, permettront d'échapper à la peste. À la fin du XVIIIe siècle, Ernst Platner, philosophe et médecin, fustige les dangers théoriques de la malpropreté corporelle. Obstruction des pores, rétention des humeurs excrémentielles, conduisent à la putréfaction du corps. Mais à la même époque l'eau fait peur. L'église catholique avait interdit les bains, suspects de propager la peste et assimilés à des lieux de débauche. Aussi la toilette se fait-elle sèche, par friction, seuls le visage et les mains bénéficiant parfois d'une once de savon ou, pour les plus pauvres, d'herbe à foin. Ceux-ci marchent pieds nus dans leurs sabots, une partie du corps qu'ignore le peu de toilette réalisée. On ne faisait la lessive qu'une fois par an, avec de la sciure de bois qu'on jetait dans l'eau bouillante.

Les premières préoccupations des hygiénistes émergent à la fin du XVIIIe siècle (4-6). On assiste alors à la mise en place d'un début de stratégie sanitaire à l'échelle du pays. Les préceptes reposent sur trois principes.

Il s'agit d'abord d'isoler les espaces d'habitation des émanations telluriques pour éviter l'imprégnation du sol. Les rues sont donc pavées sur le modèle des voies romaines. Des trottoirs sont érigés, pour la première fois à Paris avec la rue de l'Odéon, en 1782. On blanchit les murs à la chaux. Des fosses d'aisance collectives sont créées. L'eau est utilisée non contre la saleté, mais surtout pour drainer la circulation sanguine. Ces mesures s'accompagnent d'autres plus sociétales : en même temps qu'on évalue les odeurs, on éloigne les vagabonds et les pauvres.

Le second précepte vise à contrôler l'air vicié. Il s'agit de désodoriser les eaux stagnantes. Les villes reçoivent les premiers édits qui associent des règles d'hygiène aux principes nouveaux d'urbanisme. Comme le propose l'abbé Jacquin (1721-1790) en 1762, il faut faire tomber les murailles qui retiennent saleté et crasse, chasser les tanneurs et les teinturiers qui empestent l'air, éloigner pêle-mêle les hôpitaux et les boucheries (7).

Enfin, troisième principe, il faut empêcher la trop grande promiscuité. À la campagne, la famille vit avec les animaux. Tous dorment ensemble : les jeunes comme les vieux se couchent dans le même lit. On doit envisager le lit individuel. On continuera longtemps à vivre sans eau courante et sans lieu d'aisances. Les eaux usées sont jetées dans des fosses, dans les cours où les ordures s'amoncellent. Des bacs extérieurs reçoivent l'urine, d'ailleurs revendue pour feutrer les peaux.

Ces principes hygiénistes sont d'abord appliqués à l'hôpital. Les malades sont séparés les uns des autres dès 1767, et leurs excréments contrôlés. Ils sont obligés de changer de vêtements au moins une fois par semaine. L'hôpital ressemble à un lieu disciplinaire où l'on inculque l'hygiène individuelle.

De la première moitié du XIXe siècle jusqu'à la Restauration, l'hygiène devient plus cohérente, dictée parfois par des mesures sanitaires. En 1807, à Meung, il est défendu, contrairement à l'habitude, de déposer des excréments devant les portes en raison des épidémies de dysenterie.

Les effluves nauséabonds symbolisent la lutte des classes : ce sont des résidus de la pauvreté, des sous-produits du manque à gagner. Or il faut éduquer les pauvres. Les hygiénistes du début du XIXe siècle enrôlent les indigents pour débarrasser les villes de leurs immondices. Mendiants et prisonniers sont réquisitionnés pour leur prêter main-forte. En même temps apparaît la volonté de récupérer et valoriser les déchets. L'excrément passe ainsi au rang de matière première de l'industrie chimique, et devient une source d'engrais. C'est aussi l'époque où l'on préconise l'emploi de chlorure de chaux, puis de chlore pour assainir les latrines.

La réglementation hygiénique entre lentement mais pleinement dans l'histoire. L'année 1802 voit émerger un conseil de salubrité, à Paris. Marquée par l'épidémie de choléra de 1832, la monarchie de Juillet met en place une stratégie de désinfection à l'échelle nationale. Haussmann (1809-1853), qui accède à la préfecture de la Seine en 1853, désenclave Paris et ouvre de larges espaces bien vite réservés à la bourgeoisie. On traque les demeures des pauvres, des juifs, des prostituées. L'odeur et la crasse dérangent. Aux riches, l'air et la lumière. Aux misérables, l'insalubrité. Derrière les principes d'une nouvelle pyramide sociale se tiennent l'hygiène et ses règles, autant liées à l'environnement qu'à la morale. Il faut extirper du peuple sa fétidité animale. Tenir à distance l'excrément participe d'une thérapeutique contre la misère sociale. Une commission s'intéresse aux causes d'insalubrité et impose aux propriétaires de respecter les règles édictées en 1830 concernant les habitations individuelles.

Le souci de propreté trouve toute sa justification à travers des arguments médicaux et scientifiques qui prônent l'éviction des germes. Le microscope, la découverte des microbes, le lavage des mains, la révolution pasteurienne font plus que les édits. Éliminer la crasse permet d'écarter l'infection, d'éviter les contagions. Le rituel de la toilette est vanté. Si décrotter le pauvre, le mendiant, le prisonnier, revient à l'assagir tout autant que l'assainir, convaincre le bourgeois de se laver, c'est le préparer aux vertus de sa classe. Mais la méfiance des médecins hygiénistes envers l'eau perdurera longtemps ; elle est prescrite avec parcimonie selon l'âge, le sexe, la température, les saisons. On continuera à lui attribuer de nombreux défauts comme le risque possible de débilité ou d'infertilité chez ceux qui se baignent trop souvent. Les bains partiels font le succès des pédicures et manucures. Il semble préférable de renouveler les vêtements plutôt que de se plonger dans une baignoire. Il est recommandé de ne pas se laver les cheveux mais de les démêler. La brosse à dents fait son apparition seulement au XXe siècle. Les pratiques d'hygiène que nous connaissons mettront ainsi longtemps à s'imposer – elles ne sont en vigueur dans le Nivernais qu'à partir de 1930.

Mais, petit à petit s'imposent des mesures politiques, sociales, des doctrines urbanistiques, des pratiques médicales : vaccins et antibiothérapie éloignent les microbes plus sûrement que ne le fait la propreté des lieux de vie où ils peuvent proliférer. Le respect de l'environnement donne lieu à toute une série de mesures et d'applications variées avec le développement des égouts, les traitements des eaux usées, jusqu'au comblement de certains bras de fleuve, tels que celui de la Loire à Nantes. Avec le développement du thermalisme, on voit le bourgeois et sa famille y prendre des bains d'eau froide.

De ces préconisations et règles d'hygiène (4-6) découlent la disparition des grandes épidémies en France et l'allongement considérable de l'espérance de vie. L'architecture devient scientifique, et s'adapte à l'hygiène, l'école républicaine propage les éléments de doctrine du mouvement hygiéniste. La France n'est pas la seule : la majeure partie des pays riches s'y plie. Pourtant, le sujet continue de diviser : des voix s'élèvent contre l'hygiène sanitaire et le vaccin. Les mouvements écologiques s'en mêlent, ils critiquent l'excès de consommation des produits d'entretien chimiques, vantent les mérites des médecines douces.

C'est dans ce contexte, au moment où chacun reconnaît que l'hygiène et ses règles ont fait reculer les épidémies, sans toutefois écarter définitivement le péril infectieux, qu'apparaît, à la fin du XXe siècle, une nouvelle théorie dite « hygiéniste ». Celle-ci montre du doigt la montée de nouveaux dangers, allergie en tête, mais aussi d'autres maladies, comme les affections inflammatoires du côlon, jusque-là négligées parce que négligeables au regard de la fréquence des pathologies infectieuses et transmissibles. Des voix suggèrent que le microbiote, évidemment modifié par les mesures d'hygiène, pourrait en être indirectement responsable.

Microbiote et théorie hygiéniste

À la fin des années 1990 naît en effet une théorie qui, en plus d'avoir fait couler beaucoup d'encre, a eu le mérite d'introduire l'immunologie jusque dans les conversations de comptoir. Cette théorie stipule que l'excès d'hygiène et d'antibiotique a favorisé l'essor de maladies allergiques, auto-immunes, et inflammatoires. Trop de propreté pourrait nuire à la santé. Cette hypothèse hygiéniste vient d'un médecin épidémiologiste qui fit une observation publiée en 1989 dans le *British Medical Journal*, la revue de l'association des médecins anglais (8). Il remarqua que dans les familles nombreuses, rhumes des foins et eczémas frappaient plus souvent les aînés, moins exposés que leurs cadets aux infections et aux défauts d'hygiène. Ceci suggérait que l'exposition en bas âge aux microbes était nécessaire à l'éducation du système immunitaire. Cette idée fut confortée par le fait que les enfants de milieux ruraux, en contact avec une grande variété de microbes, ont souvent moins de risque de devenir asthmatiques et allergiques. Cette théorie s'inscrit au cœur d'une approche particulière de la médecine : la médecine évolutionniste ou médecine darwinienne, qui applique les principes de la théorie de l'évolution aux questions de santé et de maladies (9). Il ne s'agit plus d'identifier la cause directe d'une maladie, mais de déterminer pourquoi notre organisme est susceptible de la développer. La médecine darwinienne cherche à analyser les causes lointaines des maladies et à comprendre pourquoi elles surviennent dans certaines conditions sociales, économiques, individuelles et sanitaires. L'augmentation des taux de résistance aux antibiotiques ou l'accroissement de la fréquence des maladies auto-immunes entre dans le champ de cette réflexion récente, qui n'a que peu influé sur les pratiques des études médicales à ce jour.

Les quatre ou cinq dernières décennies ont été marquées dans les pays qui ont adopté des normes exigeantes d'hygiène par une diminution considérable des maladies infectieuses, telles que l'hépatite, la tuberculose, la rougeole, ou le rhumatisme streptococcique. Simultanément, on a assisté à une augmentation spectaculaire des affections de nature allergique ou dysimmunitaire, telles que les maladies inflammatoires du côlon, parmi lesquelles la maladie de Crohn, le diabète insulinodépendant de type 1 ou la sclérose en plaques. L'image en miroir que montrent les courbes d'évolution de ces pathologies est à la base de théories qui établissent un lien, au moins épidémiologique, entre ces deux types d'affections (10, 11). Au-delà du simple constat, ces théories posent la question de l'influence de l'hygiène sur le microbiote qui pourrait ainsi en être indirectement responsable. La fréquence de ces maladies suit un gradient décroissant en partant des pays du Nord vers ceux du Sud. Ce gradient est clairement visible en Europe occidentale pour le diabète insulinodépendant et la sclérose en plaques. Leur incidence est plus élevée dans les pays scandinaves que dans la péninsule Ibérique. De telles différences apparaissent également entre l'Europe et l'Afrique ou entre l'Afrique du Nord et le sud du continent. Certes des facteurs génétiques ou ethniques doivent être pris en compte, mais leur contribution apparaît plus faible que les facteurs environnementaux, comme le montrent notamment les différences entre le risque des populations émigrées comparé à celui des populations de leur pays d'origine. Ainsi peut-on observer une incidence dix fois supérieure du diabète chez des enfants pakistanais vivant au Royaume-Uni comparé à ceux du Pakistan. De même, le lupus érythémateux, très rare en Afrique de l'Ouest, est fréquent chez les Noirs américains, qui sont exposés à un environnement différent de celui du sud du Sahara.

Ces manifestations semblent suivre ainsi le niveau socio-économique qui fait la place plus grande aux règles d'hygiène. En Irlande du Nord, il existe une corrélation entre la faible incidence du diabète et les conditions de vie défavorisées. De même, la dermatite atopique, affection allergique de la peau, augmente à Hanovre avec le niveau de vie familial, tandis que d'autres facteurs environnementaux, tels que la pollution, ne semblent pas les modifier (11).

Outre le niveau de vie, on constate une corrélation entre la fréquence de ces maladies et les conditions sanitaires, notamment l'amélioration de l'hygiène alimentaire et la qualité microbiologique de l'eau. L'introduction de l'eau chaude, l'utilisation de la salle de bains séparée dès le plus jeune âge semblent associées à un risque accru de maladie de Crohn (12). D'autres observations vont dans le même sens en montrant qu'un enfant scolarisé tôt ou vivant dans une famille nombreuse risque moins de développer un asthme, une infection atopique ou encore un diabète, que les enfants tenus à l'écart de collectivité ou sans fratrie (11). Ces théories ont suscité une série de recherches visant à prouver que le microbiote, par son effet immunomodulateur, pourrait, s'il était modifié par l'hygiène ou les antibiotiques, être à l'origine de l'augmentation de la fréquence d'un certain nombre de pathologies dysimmunitaires. La médecine évolutionniste a stimulé la publication d'ouvrages qui associent théories hygiénistes, médecine, mais aussi épidémiologie, études sociologiques, théories de l'évolution et d'éducation. On y décrit les risques d'obésité, apparus dès que nos ancêtres chasseurs-cueilleurs devenus agriculteurs ont remplacé leurs pratiques alimentaires ancestrales par la consommation de grandes quantités de grains, sels et glucides, modulant ainsi la diversité de leur microbiote. Les théories hygiénistes ont leur part dans cette réflexion. De fait, les traitements médicaux par antibiotiques pris de manière prolongée, le lavage fréquent du corps et des vêtements, les installations sanitaires modernes, nous éloignent des microbes dont il a été vu qu'ils ont un rôle crucial dans la stimulation et la maturation du système immunitaire. Les anomalies de régulation ainsi induites n'expliquent-elles pas alors plusieurs de nos maladies contemporaines ?

Allergie

Les hypothèses sur le rôle du microbiote dans l'apparition des maladies allergiques, asthme et rhume des foins en tête, s'appuient sur plusieurs séries d'observations.

Il a d'abord été remarqué qu'il existe des différences de composition de la flore intestinale chez les enfants qui développent des maladies allergiques comparé à ceux qui en sont indemnes. Il a en effet été montré qu'une diminution notable de la fréquence des lactobacilles et bifidobactéries précède l'apparition de l'allergie (13, 14). Fort de cette observation, un traitement du microbiote par apport de prébiotiques et probiotiques a été proposé chez des enfants à hauts risques allergiques. Une étude récente montre que l'apport de probiotiques pendant six mois chez des bébés nés par césarienne peut réduire l'incidence de l'eczéma et de l'allergie alimentaire. Cet effet n'est pas observé, ou seulement à titre transitoire, chez les enfants nés par voie vaginale. Cette différence était cependant significative à l'âge de 2 ans, mais plus à 5 ans. De plus, le lien de cause à effet reste encore à démontrer.

Ainsi, un groupe de chercheurs a publié dans la revue *Sciences*, en 2004, qu'un traitement antibiotique qui modifie la flore intestinale pouvait induire une susceptibilité à l'asthme (15-17). L'année suivante, des scientifiques chinois ont mis en évidence dans les poumons de patients asthmatiques une catégorie de cellules immunitaires nécessaire au déclenchement de l'asthme, appelées cellules iNKT (18). Plus récemment, une équipe nord-américaine a montré l'existence d'un lien entre les modifications du microbiote et l'augmentation excessive de ces cellules chez les asthmatiques. Les souris axéniques, dépourvues de flore intestinale, présentent d'importantes quantités de cellules iNKT dans le côlon et les poumons. Or ces animaux s'avèrent très susceptibles à l'asthme allergique et à l'inflammation du côlon (18).

La colonisation bactérienne de l'intestin de souris axéniques en gestation peu avant la mise à bas protège leur progéniture des maladies allergiques. Cette observation suggère que l'âge de l'exposition aux bactéries est, au moins chez les mammifères, primordial pour le développement du système immunitaire et, *de facto*, pour la prévention des maladies allergiques. Dans le même sens, le blocage de l'activation des cellules iNKT en début de vie protège ces souris contre l'asthme et les maladies inflammatoires du côlon.

Restait cependant à comprendre le lien entre les bactéries de la flore intestinale et la présence de ces fameuses cellules impliquées dans l'allergie. Une série d'expériences a indiqué qu'en l'absence de bactéries intestinales, les cellules épithéliales sécrètent un médiateur qui a la particularité d'attirer dans la muqueuse les cellules iNKT. Par leur présence, les germes commensaux bloquent l'expression de cette molécule attractive, CKCL16, et s'opposent ainsi à l'apparition des cellules iNKT responsables des manifestations allergiques (19, 20). Comment ne pas imaginer alors l'avènement de nouvelles règles de conduite comme celles de ne pas utiliser de manière excessive des antibiotiques dès le plus jeune âge ? D'autres envisagent d'intervenir sur le microbiote pour traiter les maladies allergiques, un chemin qui établirait ainsi un pont entre les théories hygiénistes et les dernières avancées de la pharmacopée.

Quand le microbiote rompt la tolérance au soi

La polyarthrite rhumatoïde est une maladie inflammatoire chronique des articulations, avec une atteinte souvent bilatérale et asymétrique, différente entre les membres gauches et droits. Elle évolue par poussée, entraînant déformations et destructions articulaires. C'est le plus fréquent des rhumatismes inflammatoires de l'adulte. Sa prévalence est variable selon les régions. Un certain nombre d'éléments suggère qu'elle aurait été introduite en Europe au XVIe et XVIIe siècle, à la suite des premières expéditions des Conquistadores dans le Nouveau Monde (21). Une combinaison de facteurs génétiques et environnementaux, dont les microbes et l'alimentation, semble en avoir favorisé la diffusion à l'ensemble de la planète. Parmi les arguments qui soutiennent cette thèse, il semble qu'à l'exception de la polyarthrite rhumatoïde, nombre d'atteintes articulaires, goutte en tête, existaient depuis longtemps en Europe. Pour ceux qui se fient aux diverses sources qu'utilisent les historiens, il n'existe aucun document écrit ou représentation qui en fasse mention avant le XVIIe siècle. Une des premières images de la polyarthrite rhumatoïde remonte à Rubens (1577-1640). Le peintre des trois Grâces a représenté des femmes exhibant des poignets, hanches et genoux déformés, ou bien encore une Catherine de Médicis affligée d'une atteinte du poignet. Ces œuvres constituent les premières représentations du mal, au demeurant plus fréquent chez les femmes que chez les hommes. L'artiste lui-même était atteint d'une forme sévère de polyarthrite rhumatoïde (22). Les paléontologues ont contribué à renforcer cette hypothèse en mettant au jour les stigmates de la maladie dans des squelettes amérindiens de 3000 à 6000 avant J.-C., tandis qu'on n'en trouve aucune trace dans l'Ancien Monde (23). La plus forte prévalence de polyarthrite rhumatoïde est d'ailleurs trouvée dans certaines communautés d'Amérique du Nord, chez les Chippewas, les Pimas et les Tlingit. À l'inverse, la maladie est rare en Afrique sous-saharienne et en Asie. Chez les Européens, sa fréquence se situe entre deux extrêmes, avec un taux moindre en Europe du Sud.

Ces constatations sont d'importance car on rattache la survenue de cette maladie à certaines communautés de microbes, ainsi qu'à leur raréfaction après l'arrivée des antibiotiques. De très nombreux travaux attestent du rôle possible des germes, notamment ceux de la bouche, conduisant même à prescrire, dans certains cas, des extractions dentaires. Ces traitements, appliqués depuis plusieurs dizaines d'années, se sont appuyés sur une littérature qui met en cause les infections buccales à certains germes, dont l'un ferait le lien entre parodontite et inflammation des articulations (24).

La polyarthrite rhumatoïde est avant tout une maladie auto-immune, notamment liée à des anticorps qui rompent la tolérance envers les antigènes du soi ou antigènes somatiques. Tout se passe comme si le système immunitaire attaquait les tissus de l'organisme qu'il est censé protéger. En cela, la polyarthrite rhumatoïde rejoint d'autres affections tels que le diabète de type 1, la sclérose en plaques ou le lupus érythémateux disséminé, qui se caractérisent également par la production d'anticorps ou de cellules dirigés contre les propres tissus ou constituants des malades. Ces affections, qui ont une plus grande prévalence dans les pays développés, ont en commun d'avoir un terrain génétique privilégié, notamment certains gènes HLA. Dans le diabète, la fréquence d'une association avec certains HLA passe ainsi de 0,4 à 5 % chez les apparentés. Quels que soient le mécanisme immunitaire et son résultat, ces maladies sont avant tout liées à une rupture de tolérance. On parle ainsi d'auto-immunité.

Nous avons vu plus haut, concernant la question de l'acceptation des greffes, que l'incompatibilité, barrière longtemps considérée infranchissable entre individus de la même espèce, n'est pas définitive, même s'il existe des espèces plus éloignées les unes que les autres, immunologiquement parlant. L'étude de la genèse du soi renvoie à l'équilibre entre immunité et reconnaissance, qui apparaissent comme deux processus permanents. Les microbes ont aussi leur part, qui est d'induire une tolérance contre eux-mêmes tout en participant au développement du système immunitaire. La composition du microbe a ainsi un rôle majeur pour maintenir au sein de l'organisme, sur la longueur de l'intestin et des autres muqueuses, un état qui favorise la stimulation des défenses immunitaires d'un côté et qui les contrôle de l'autre. Cet état permet de lutter contre les germes étrangers, en même temps qu'il stabilise le microbiote, et facilite l'introduction et le développement des germes commensaux. D'un côté des cellules stimulent les défenses immunitaires, tandis que d'autres populations cellulaires les régulent en modulant leur activation et leur nombre : ce sont les fameuses cellules régulatrices. Si la balance penche en leur défaveur, l'immunité contre le soi prend le dessus.

Cette double activité à l'image du yin et du yang avec l'une qui favorise la tolérance et les réactions anti-inflammatoires, et l'autre qui la rompt ou stimule l'inflammation, est le résultat d'un équilibre très subtil. L'équilibre est-il le reflet d'une action globale et moyenne ou la résultante de l'activité de populations microbiennes différentes, dépend-il de l'ensemble ou de certains microbes ? Un certain nombre de données font pencher pour la seconde hypothèse (25). Il a été en effet montré qu'une bactérie particulière, *Bacteroides fragilis*, stimule le développement de cellules T régulatrices avec une signature génétique particulière (26). Cette production semble liée à un antigène capsulaire. Ainsi, la colonisation de souris axéniques avec *B. fragilis* augmente les capacités immunosuppressives et induit la production de cytokines anti-inflammatoires au niveau de la muqueuse intestinale. La transplantation de cette bactérie non seulement prévient, mais peut guérir une colite expérimentale chez la souris.

Il est dès lors possible de comprendre que l'auto-immunité peut être induite ou influencée par le microbiote. Un défaut de régulation des populations bactériennes peut être à l'origine d'une rupture de tolérance. Dans des modèles expérimentaux de souris qui développent spontanément un diabète de type 1, les femelles ont dix fois plus de risque d'être atteintes que les mâles. Or la composition du microbiote des mâles n'est pas la même que celle des femelles, et ces différences disparaissent après castration. La colonisation des souris femelles par les lignages bactériens des mâles protège contre le diabète. De même, chez les souris axéniques qui développent un diabète par mutation du gène NOD, la repopulation par un consortium microbien provenant d'individus non diabétiques atténue la survenue du diabète. Une proportion importante de lymphocytes T régulateurs se développe sous l'effet de la flore intestinale, qui apparaît déterminante dans le développement d'un système immunitaire équilibré. De plus, ces cellules T régulatrices diminuent les réactions inflammatoires, notamment celles induites par les cellules iNKT.

Si tout n'est pas encore ainsi élucidé, loin de là, il n'en ressort pas moins que les anomalies du microbiote semblent induire ou favoriser nombre de processus auto-immuns. Il est possible de comprendre dans ces cas comment des mesures hygiéniques trop strictes ou la prise trop prolongée d'antibiotiques, peuvent prédisposer à de telles maladies. Ces conditions rendent également compte de l'effet génétique observé quand il agit sur les cellules immunitaires qui régulent ou sont elles-mêmes régulées par la présence du microbiote.

Quand les intestins s'enflamment

Le 14 mars 1643, jour de l'Ascension, vers 15 heures 45, Louis XIII s'éteignait à l'âge de 42 ans. Il mourait moins des derniers soubresauts de son règne, le complot de Cholais et la mise à l'écart d'Anne d'Autriche, que de ceux de son ventre. Louis XIII souffrait d'une maladie de Crohn, maladie inflammatoire du côlon. Après six semaines de colites, de douleurs abdominales épouvantables et de vomissements profus, le coup de grâce fut sans doute donné par son médecin, Charles Bouvard, qui n'avait prescrit pas moins de 34 saignées, 1 200 lavements et 250 purgations au cours des deux dernières années de sa vie.

Après la veillée funéraire, le lendemain matin, à 9 heures précises, on ouvrit le corps du roi. Le procès-verbal rapporte que ses valets de chambre, médecins et chirurgiens, dont Bouvard, le premier d'entre eux, assistaient à la scène. Il est écrit que :

> Les intestins grêsles [étaient] démesurément boursoufflés et de couleur blafarde et nageant dans une quantité de sérosités sanieuses et purulentes […]. L'estomac remplit d'une sérosité noirâtre avec un verre et demi-pied de longueur et plusieurs autres petits, laquelle matière aurait marqueté le fond de l'estomac, l'intestin duodénum d'une grandeur démesurée remplit de bile porace, le jéjunum rempli de même matière et tout jaune par dedans, l'iléon moins teint et moins plein d'une matière plus épaisse, le cecum dès son commencement rouge et dépouillé de sa membrane charnue, continuant de plus en plus jusqu'à la fin du côlon où se trouve un ulcère qui a percé l'intestin causé par la descente de la boue qui sortait du mésentère inférieur qui s'est trouvé ulcéré en plusieurs endroits et qui a versé sa matière purulente, qui se trouvait amassée dans tout le ventre dans laquelle nageaient les intestins (27).

Les maladies inflammatoires de l'intestin ne sont pas rares, elles atteignent 2,5 millions de personnes en Europe et aux États-Unis, dont 150 000 à 200 000 en France. Elles représentent un problème majeur de santé publique puisque leur coût est évalué à 1,7 milliard de dollars par an. Plus connues sous l'acronyme MICI (Maladies inflammatoires chroniques de l'intestin), elles touchent surtout l'homme jeune et revêtent principalement deux formes : la maladie de Crohn, qui peut concerner tout le tube digestif, et la rectocolite hémorragique ou colite ulcéreuse, limitée aux régions du rectum, parfois du côlon. Invalidantes par la survenue de douleurs abdominales et de diarrhées sanglantes, elles évoluent par poussées. Leur fréquence varie d'un pays à l'autre, mais les taux les plus importants sont notamment relevés en Europe du Nord-Ouest et aux États-Unis. En France, sur 40 000 habitants, environ cinq nouveaux cas de maladie de Crohn et autant de rectocolites hémorragiques sont diagnostiqués chaque année. Le fait que ces maladies se développent dans les pays industrialisés a conduit à suspecter un rôle de l'environnement dans leur genèse. Les MICI apparaissent peu à peu dans les pays émergents et le suivi de migrants a montré que le risque d'en développer une rejoint celui des populations avec lesquels ils vivent. Sans qu'aucune preuve ait été apportée, les soupçons se sont portés sur l'alimentation et surtout sur les conditions d'hygiène. D'où l'incrimination possible du microbiote... Plusieurs facteurs de risques génétiques ont été identifiés, et concernent une dizaine de gènes. Les plus importants d'entre eux codent pour des produits cellulaires qui interagissent avec les populations de microbes intestinaux. Des mutations sur certains de ces gènes se traduisent en effet par un dysfonctionnement du microbiote[1].

D'autres gènes peuvent également intervenir, comme ceux impliqués dans la qualité du mucus intestinal (28). Le mucus est composé de glycanes, formés par des associations de sucres. Ces glycanes sont indispensables pour que les espèces bactériennes se fixent et se développent au niveau de la paroi intestinale. Plus d'une centaine de ces molécules assurent et pérennisent ainsi la diversité bactérienne. Or la synthèse des différents glycanes par les cellules épithéliales, parmi lesquelles les entérocytes, est sous la dépendance de différents gènes. L'un d'entre eux appelé FUT2 permet d'accoler deux sucres : le fructose et le galactose. Il est responsable de la

1. L'un d'entre eux, le gène NOD2, aujourd'hui appelé CARD15, code pour un récepteur intracytoplasmique, situé donc au cœur de la cellule, et qui peut se lier aux bactéries. NOD2 est exprimé par les cellules immunitaires et intestinales, les entérocytes, principalement au niveau de l'iléon, à la base des cryptes. La stimulation des entérocytes par l'intermédiaire de NOD2 entraîne la sécrétion de défensines, des molécules antimicrobiennes. Trois mutations de NOD2 sont fréquentes chez les patients atteints de Crohn qui, en conséquence, se défendent moins efficacement contre les bactéries.

sécrétion dans le mucus du sucre ainsi composé. Mais 20 % des individus caucasiens sont non sécréteurs. L'allèle FUT2 non sécréteur a été naturellement sélectionné au cours de l'évolution pour protéger l'hôte des infections par les bactéries, champignons et virus pathogènes. En effet, chez les FUT2 non sécréteurs, de nombreux agents infectieux ne peuvent ni adhérer à la paroi intestinale, ni coloniser l'hôte. Bien que cet effet protecteur soit potentiellement bénéfique, il est responsable d'un appauvrissement de la diversité du microbiote, et donc d'une dysbiose, déséquilibre de la flore, présente dès la naissance. S'il existe différentes formes de maladies inflammatoires, et si celles-ci semblent ainsi liées à diverses anomalies génétiques, elles le sont aussi, directement ou non, aux sous-populations des bactéries intestinales[1] (29, 30, 31).

Ce constat ne doit pas cacher les fortes disparités individuelles, ni les difficultés d'interprétation de ces anomalies. Elles ouvrent cependant la voie à de nouveaux traitements car le déséquilibre de la flore intestinale s'accentue avec la sévérité des symptômes et l'activité inflammatoire de la maladie. Le choix thérapeutique mérite cependant réflexion, car des recherches tendant à analyser l'effet des antibiotiques parfois proposés pour traiter les symptômes de maladie de Crohn avant que son évolution ne s'aggrave, montrent que ces traitements amplifient la dysbiose microbienne. Dans ce cas, l'usage des antibiotiques pourrait davantage augmenter les symptômes que les soulager. C'est ce que semble montrer une étude récente qui a mis en évidence une fréquence accrue de maladies de Crohn chez les enfants traités par antibiotiques en période périnatale ou de façon itérative pour des infections ORL.

1. Dans les MICI, le microbiote de l'iléon et du jéjunum est globalement déséquilibré au profit de certaines familles de bactéries comme les entérobactéries, *Fusobacterium* et les *Pasteurella*. À l'inverse, il existe une réduction d'autres souches, parmi lesquelles les firmicutes et une catégorie particulière, les bactéries *prausnitzii*, dont certaines études montrent l'effet anti-inflammatoire par blocage de la sécrétion de certaines cytokines, notamment l'IL-8.

L'hygiène, chef d'orchestre

Toutes ces maladies ont en commun d'avoir une forte composante immunologique, à défaut d'en être totalement la cause. Les microbes de l'intestin ont un effet vaccinal, ils induisent une mémoire immunitaire protectrice. C'est d'ailleurs cette qualité qui est recherchée et obtenue par la vaccination orale, comme dans le cas du vaccin contre la poliomyélite. Mais le microbiote n'a pas qu'un rôle de défense. Par son interaction avec le système immunitaire, il déclenche toute une série de réponses inflammatoires ou régulatrices, qui dépassent la lumière de l'intestin et les quelques anses grêles dévolues à notre digestion pour s'exercer dans tout le corps. La présence des microbes est indispensable à l'équilibre de l'ensemble de l'organisme, même si certains gènes plus particulièrement exprimés au niveau du côlon les contrôlent. L'influence de l'intestin par lymphocytes interposés s'étend ainsi bien au-delà de son territoire.

Tout renvoie cependant à l'entrée des germes dans notre corps et par conséquent à l'influence de l'hygiène. Bien évidemment, le contrôle de notre environnement bactérien modifie sa composition. L'hygiène nous protège des microbes pathogènes, notamment des infections nosocomiales rencontrées dans les hôpitaux. Il est donc indispensable d'en respecter les règles. Les « lave-toi », « mouche-toi », « ne crache pas » se déclinent de concert avec la propreté de la maison, la qualité de l'alimentation ou encore l'asepsie chirurgicale évitant les surinfections. Combien de milliards de mouchoirs en papier sont utilisés dans le monde, combien de nouveaux désinfectants, aérosols, et autres déodorants traquent les microbes dans les moindres replis de notre corps ? Combien de contrôles de qualité dans les lieux publics, des cuvettes des toilettes aux sièges d'avion, sans oublier la surveillance alimentaire ? Or toutes ces règles d'hygiène, qui se veulent préventives et prétendent nous protéger des infections, influent sur notre microbiote, modulent l'effet stimulant et vaccinal qu'il exerce sur le système immunitaire. Trop d'hygiène protège certes du danger des pathogènes, mais dans le même temps risque de déséquilibrer la flore commensale. Modifier l'équilibre du microbiote pourrait lui faire perdre sa valeur vaccinale et affaiblir son rôle dans la maturation du système immunitaire. Il ne faut pas pour autant renoncer aux règles d'hygiène, mais plutôt étudier, comprendre leurs conséquences sur nos moyens de défense et de protection, examiner leurs effets sur ces cellules et anticorps qui nous préservent des maladies infectieuses, mais qui parfois se retournent contre nous. En prenant en compte son action potentiellement délétère sur le microbiote, la société doit s'interroger : comment et jusqu'où l'hygiène ?

CHAPITRE VII

Nous sommes ce que nous mangeons

En janvier 2014, la revue *Nature* publiait une étude américaine des Universités de Harvard et Duke consacrée à l'effet de l'alimentation sur les bactéries intestinales. Lawrence A. David et ses coauteurs indiquaient que le passage d'un régime alimentaire carné à un régime basé exclusivement sur des végétaux pouvait, dans un délai bref, modifier profondément le microbiote (1).

Les deux équipes avaient suivi 11 volontaires et étudié leur flore intestinale en fonction de leur alimentation. La première série de mets, absorbée pendant cinq jours, comportait des plats végétariens à base de riz, tomates, courges, petits pois, ail, lentilles, bananes, mangues et papayes. Les bénévoles reprenaient ensuite une alimentation équilibrée pendant une semaine, puis recevaient un nouveau régime ne comportant que des produits animaux et gras tels que des côtes de porc, du veau, des jambons, des fromages. En même temps que les ingestats étaient contrôlés, le microbiote de leurs excrétats était analysé. Trois jours suffisaient à faire basculer les bactéries intestinales d'une diversité à l'autre, tout en modifiant leur activité. Ainsi, une alimentation d'origine animale, plus riche en graisse et avec moins de fibres qu'une alimentation normale, augmentait la concentration d'organismes microscopiques tolérant un niveau élevé d'acides biliaires. Le nombre de bactéries firmicutes qui métabolisent habituellement les sucres végétaux et les fibres alimentaires était alors réduit.

Les plats savoureux n'ont donc pas pour seules vertus d'éduquer nos palais et de soulager les crampes gastriques qu'occasionne la faim. Ils nourrissent les milliards de nos bactéries saprophytes. Si les auteurs de l'élégant article de *Nature* envisageaient ainsi de modeler le microbiote au gré de repas soigneusement choisis, ils illustraient par la science les qualités providentielles de nos habitudes culinaires. Les Japonais, par exemple, digèrent les algues, un élément habituel de leur régime alimentaire, grâce à des enzymes spécifiques produites par certaines bactéries de leur microbiote. Celles-ci ont acquis cette propriété il y a plusieurs milliers d'années en intégrant des gènes de bactéries marines par transfert latéral de matériel génétique (2). La flore intestinale s'adapte à notre alimentation, et réciproquement. La carotte qui nous rend aimable n'est peut-être pas une fable, si l'on se réfère aux bactéries commensales et à leurs effets sur nos comportements…

Certes il y a encore largement place pour des études contrôlées afin de totalement comprendre ces interactions. De nombreuses recherches agroalimentaires se poursuivent aujourd'hui pour trouver les aliments du futur qui nourriront nos bactéries et influenceront leur distribution. Probiotiques, prébiotiques, xénobiotiques, transplantations fécales, sont autant de moyens scientifiques pour modifier notre microbiote. Dès lors, verra-t-on les meilleurs cuisiniers, toques à plusieurs étoiles, suivre d'autres règles que celles de Lucullus, ce roi des gourmets et des jouisseurs, pour montrer jusqu'où des mets succulents le sont aussi pour les bactéries commensales ?

Des microbes pour guérir

« Probiotique » est un mot audacieux autant qu'ambitieux. Il signifie « pour la vie », un concept que l'on doit à Metchnikoff, qui pensait à sa propre longévité. Ce terme, par opposition à antibiotique, date de 1965. Il fallut attendre 2001 pour que l'OMS et l'Organisation des Nations unies pour l'alimentation et l'agriculture (FAO) en donnent une définition officielle, à savoir « des micro-organismes vivants qui, lorsqu'ils sont ingérés en quantité suffisante, exercent des effets positifs sur la santé, au-delà des effets nutritionnels traditionnels (3) ». Des précisions encore vagues, sans doute volontairement, pour ne pas évoquer le fait que l'homme absorbe des bactéries depuis les temps les plus anciens, sans en avoir rationalisé l'emploi, sinon pour le goût et la consistance que la fermentation donne à nos aliments.

Comme toutes les espèces, les hommes, ainsi que les bactéries, se sont adaptés à leur environnement et aux denrées qui leur étaient accessibles. L'histoire de l'humanité se confond avec celle des animaux et des microbes qu'elle a rencontré sur son chemin, pour le meilleur comme pour le pire. Un changement profond du régime alimentaire apparut avec la révolution néolithique, lorsque nos ancêtres devinrent sédentaires, se concentrèrent dans des villages et pratiquèrent l'agriculture ainsi que la domestication des animaux. Ce passage à une nouvelle ère socioculturelle correspond au temps des premières émergences infectieuses, raison pour laquelle on parle d'une première transition épidémiologique. Il y a 10 000 ans, les hominidés sortaient du dernier âge glacière, un peu plus rapidement qu'ils n'y étaient entrés. Les groupes humains isolés et dispersés qui couraient la forêt du Paléolithique supérieur en s'agrippant aux arbres se sédentarisèrent. Leurs aïeuls chasseurs-cueilleurs n'avaient pas un régime alimentaire que l'on pourrait qualifier d'universel. Leur nourriture variait selon le lieu géographique, le climat, la niche écologique. Ils ingéraient principalement des végétaux et du gibier, d'abord pris sur les charognes lorsque les grands fauves le leur permettaient, puis autour des feux avec la découverte de cette technique. Avec la domestication des plantes et des animaux sauvages, les hommes cessèrent de courir les savanes et les forêts progéniture aux bras, ils se rassemblèrent autour des foyers, changèrent leur mode de vie. D'autres formes de cuisson et de transformation des aliments apparurent. Le terme « néolithique » vient d'ailleurs du grec *néos*, « nouveau », et *lithos*, « pierre », un signe certain de culture nouvelle qui fait référence à l'invention d'outils. Les hommes établirent leurs campements le long des plaines et des cours d'eau où apparurent les premiers villages et, plus tard, des villes. Au moment de l'extinction de l'homme de Neandertal et de l'abandon des grottes peintes de l'ouest de la France, débuta une seconde période de la préhistoire. Révolution est un grand mot pour ce qui ne s'est pas modifié brutalement, mais qui est lié à l'installation progressive de techniques, de pratiques et de nouvelles habitudes. De là date sans doute le microbiote des temps modernes, ou tout du moins ses principales caractéristiques (4).

Les produits laitiers, les céréales, les sucres raffinés, les huiles végétales affinées et l'alcool fournissent le tiers de l'énergie que nous consumons quotidiennement. Les aliments fermentés apportent pour leur part l'essentiel des microbes qui colonisent notre intestin. Ces produits n'existaient pas ou peu dans le régime des hominidés. Comme tous les mammifères, nos ancêtres avaient besoin que leurs mères les nourrissent au sein, mais après le sevrage, la consommation de lait et de produits dérivés, beurre, crème, yaourts, n'avait pas cours car ils ne savaient ni capturer, ni élever le bétail, et encore moins transformer les ressources animales. Tandis que les moutons et les chèvres, ainsi d'ailleurs que les chevaux, étaient domestiqués il y a 10 000 ans, les premières productions de graisse provenant du lait datent de 6 500 à 5 500 ans, comme l'attestent les traces retrouvées sur des poteries de Grande-Bretagne. La production de produits laitiers est donc relativement récente, et avec elle l'envahissement de notre microbiote par les bactéries et les levures qui les fermentent.

Une des premières occurrences de la consommation de vin tiré de vignes domestiques a été découverte en Géorgie ; elle date du VIe millénaire avant J.-C., tandis que le vinaigre fait son apparition il y a 5 000 ans en Mésopotamie, et la bière en 3100 av. J.-C. sur le site Godin Tepe dans l'actuel Kurdistan iranien. Des techniques de distillation émergent entre 1300 et 800 av. J.-C. chez diverses populations d'Europe, au Proche-Orient et en Chine. À chacune de ces occasions provoquées par la main de l'homme, de nouvelles bactéries alimentaires investissent notre système digestif. Elles continuent aujourd'hui leur œuvre de fermentation en parcourant les sinuosités de nos intestins.

En fait, la fermentation, qui se produit spontanément, est sans doute apparue à l'homme de nombreuses fois avant qu'il n'apprenne à en contrôler le processus. Des laits fermentés ont été fabriqués en Asie centrale à l'époque néolithique, il y a 6 000 ans. Située au croisement de nombreuses routes, région d'échanges et de brassage des peuples, l'Asie centrale facilite la circulation des produits. Transporté dans des peaux de bêtes par des tribus nomades, le lait aurait spontanément fermenté sous l'action des bactéries environnantes. La famille des laits fermentés est aussi vaste que celle des animaux qui les produisent. Vaches, brebis, buffles, il n'existe pas moins de 400 sources de lait différentes, traditionnel ou maintenant industriel. Du lait ribot, dont l'origine remonte aux Gaulois, à l'airan ou kéfir de Russie, le shubat du Kazakhstan, le chal de chamelle du Turkménistan, les koumis de jument de Mongolie, le kourout du Kirghizistan, l'ergo éthiopien, toutes ces préparations attestent de la diversité des amorces microbiennes et des traditions culinaires.

En réalité, les fermentations doivent autant leur persistance à travers les âges à leur goût et leurs vertus prophylactiques ou thérapeutiques qu'à l'une de leurs principales caractéristiques : la conservation des aliments par l'acidité. Les techniques de conservation de la nourriture sont légion : salage, confinage, saumurage, fumage, voire pasteurisation et maintenant stérilisation. Parmi celles-ci, la fermentation occupe une place de choix et présente un avantage dont aucune autre ne peut se prévaloir : elle utilise un microbiote approprié à notre écosystème intestinal.

Elle se distingue ainsi des autres méthodes, qui cherchent à détruire les pathogènes par des procédés physiques ou thermiques. Actuellement, ce sont plus de 3 500 aliments dans le monde que la tradition doit à la fermentation (5). Ils sont autant d'origine animale que végétale et nous les côtoyons au quotidien : produits laitiers, comme les fromages ou les yaourts, produits carnés, comme le saucisson, ou des végétaux, comme la choucroute. Les boissons alcoolisées ne sont pas les seules boissons fermentées : cacao, thé, café en font partie. Après leur récolte, les fèves, graines ou feuilles dont ils sont issus fermentent en développant des arômes caractéristiques. La fermentation est une réaction biochimique qui libère de l'énergie sans consommer d'oxygène. Son origine latine, qui signifie bouillir, évoque bien cette dynamique.

Si la fermentation est une méthode de conservation, c'est qu'elle favorise le développement d'une flore utile, tout en protégeant l'aliment d'une prolifération microbienne indésirable. Elle maintient en l'état les fibres alimentaires et empêche leur putréfaction. La pullulation microbienne fait des aliments et boissons obtenus par fermentation nos premiers probiotiques. Avant même d'avoir rejoint les courbes et sinuosités de nos intestins, ces bactéries jouent déjà leur rôle commensal en écartant les germes pathogènes. En même temps, la qualité du bol alimentaire en est améliorée. Le lactose du lait est transformé en acide lactique, mieux toléré par l'organisme. En Afrique, la fermentation du manioc par rouissage permet d'éliminer l'acide cyanhidrique, composé hautement toxique. En Asie, la fermentation du soja détruit les facteurs nocifs.

Absorbant des microbes alimentaires pendant des siècles, l'homme était toutefois loin d'en avoir conscience et encore moins d'en faire une prescription contrôlée. L'occasion ici d'un clin d'œil à Pasteur, premier savant à démontrer que le processus est dépendant des microbes. Cette découverte lui valut de quitter le champ de la chimie, ses réflexions sur l'asymétrie des molécules organiques et de la vie, pour investir tous les champs de la microbiologie naissante, qu'il allait vite dominer. Mais, nous l'avons vu, c'est à Metchnikoff que revient le mérite et la gloire d'avoir introduit le yaourt bulgare dans l'histoire des probiotiques en vantant les vertus des *Lactobacillus bulgaricus*, supposés accroître l'espérance de vie. Avec *Lactobacillus bulgaricus* et *Streptoccocus thermophilus*, le yaourt introduit en 1917 par Isaac Carasso (1874-1939) est en France le lait fermenté le plus consommé (6).

Les autres pionniers des probiotiques

L'un des premiers pionniers des probiotiques fut Joseph Lister, qui cultiva à partir du lait le premier isolat de *Lactobacillus lactis* (7). Cette brillante découverte fut suivie quelques années plus tard de l'identification de la première bactérie bifide dans les selles d'un nouveau-né par le pédiatre français Henri Tissier, en 1899 (8). C'est dans celles de chèvres que le micro-organisme modèle, notre colibacille commun, fut décrit par l'Allemand Theodor Escherich (1857-1911) en 1885. Devenue la bactérie la plus étudiée au monde, elle fut aussi la première séquencée. En 1917, lors de la Première Guerre mondiale, Alfred Nissle (1874-1965) isola dans les selles d'un vaillant officier allemand une nouvelle souche qui semblait protéger contre les gastro-entérites. C'est pourquoi la bactérie *Escherichia coli* Nissle est prescrite depuis cent ans dans la prévention des troubles intestinaux. Suivit une série d'autres observations à l'origine de probiotiques de diverses natures, depuis l'emmental suisse jusqu'aux levures des litchis d'Asie, une découverte du Français Henri Boulard, en 1920. Il isola *Saccharomyces boulardii*, qui pour certains est plus efficace que le yaourt, parce qu'il avait remarqué que les populations d'Asie du Sud-Est mâchaient la peau de litchis et de mangoustans pour contrôler le choléra. De Floratil®, Reflor®,

Repoflor®, Florastor®, DiarSafe®, Magicflora®, Perenterol®, Enterol®, Pediarol®, Biolatte Boulardii®, à Ultra levure®, les noms de préparations contenant, sous différentes latitudes, le précieux microbe, témoignent de sa valeur marchande.

De fait, il existe plusieurs types de probiotiques qui se distinguent et se concurrencent, par leurs bienfaits sur la santé et, plus spécialement, leurs performances intestinales (9, 10). Identifiés par genres, espèces, capacités d'adhésion, les bactéries et levures des probiotiques correspondent à plusieurs catégories de microbes. Les bacilles lactiques groupent aujourd'hui plus de 50 espèces de lactobacilles. Ce sont, dans le monde des bactéries, les germes les plus fréquemment appliqués pour la fermentation des produits animaux et végétaux. Certaines espèces sont de vrais commensaux tandis que d'autres semblent faire partie d'un microbiome transitoire, et ne restent que peu de temps dans l'intestin. Leurs performances, si tant est qu'on puisse les comparer, sont liées à la conversion de sucre en acide lactique, voire en un mélange d'acides lactiques. Les bifidobactéries, qui regroupent une trentaine d'espèces et qui se retrouvent chez les enfants nourris au sein, sont utilisés en probiotiques. Les levures *boulardii*, particulièrement résistantes à l'oxygène, sont parmi les souches alimentaires les plus diffusées.

Nombreux sont les candidats à entrer dans la composition de poudres ou capsules, mais combien ont fait la preuve de leur efficacité ? Comment d'ailleurs la mesurer et l'apprécier ? Tous ces microbes avalés pour remplir certaines fonctions risquent fort de se retrouver dans les selles sitôt absorbés. Leur renommée dépend de leur capacité à survivre dans le tractus intestinal. Pour cela les bactéries doivent parvenir à se diriger au cours de leur périple intestinal, à flotter sur le mucus, à lutter contre les enzymes, les sels biliaires et à échapper aux reflux évacuateurs. Pour l'expérimentateur ou celui qui développe un nouveau probiotique industriel, le premier exploit est de faire ingérer un nombre suffisant de bactéries, de l'ordre de 10 × 8 à 10 × 12 CFU (colonies bactériennes) par jour. De plus, ces bactéries doivent résister à l'environnement hostile de l'estomac, puis du duodénum, et affronter le stress hydrique, physique, chimique, notamment l'acidité, la pepsine gastrique, les enzymes de la bile. Or, la plupart des études chez l'homme reposent sur la quantification fécale des souches ingérées, sans plus de précision sur les étapes du trajet parcouru. Culture et analyse génétique permettent également de distinguer les bactéries vivantes des mortes et d'évaluer jour après jour les micro-organismes qui continueraient d'être excrétés, en pratique jusqu'à une semaine après l'ingestion. En bref, il s'agit de savoir si la greffe a pris. On parle de robustesse lorsque les souches ont survécu à plus de 50 %. Elles sont alors en mesure d'être commercialisées.

Mais il ne suffit pas de compter. Il faut encore montrer que les bactéries sont métaboliquement actives. Les essais menés chez l'homme sont peu ou mal contrôlés ; ils testent des modes d'action et des paramètres si différents et qui concernent des populations si variées en ethnies ou en âges, qu'il est impossible d'en tirer des conclusions générales, bien qu'on puisse au moins relier l'amélioration métabolique à la richesse de la bactérie résidente. L'efficacité cependant est à rechercher dans l'action du probiotique contre un envahisseur pathogène. Il existe trois manières d'empêcher les microbes pathogènes de proliférer au sein du microbiote, trois façons pour le probiotique d'être actif. La première est de stimuler la production d'acide butyrique précédemment décrit comme un des premiers facteurs trophiques pour l'épithélium intestinal (voir chapitre IV). Le second est de modifier suffisamment l'environnement physique ou chimique pour intervenir sur la diversité du microbiote et favoriser ainsi la prolifération de germes commensaux. De nombreux probiotiques modulent la quantité des sels biliaires ou produisent des vitamines, voire d'autres facteurs utiles à la prolifération des bactéries du microbiote naturel. Le troisième, enfin, est la capacité à stimuler les défenses immunitaires, IgA notamment, peptides entéro-microbiens, ou encore d'augmenter la sécrétion de mucus. La plupart des études cliniques, qui ne se sont pas contentées de compter les bactéries dans les selles, ont évalué l'effet des probiotiques sur le microbiote. Elles ont été menées le plus souvent chez l'enfant, particulièrement les prématurés, bien que de nombreuses indications soient encore attendues chez l'adulte, notamment chez les sujets âgés. Certes, de multiples résultats démontrent que les probiotiques peuvent gagner l'intestin, survivre et se développer, même à titre transitoire, et accroître ainsi la diversité du microbiote. Mais il faut admettre que leur impact sur la santé est encore faible si on le compare à celui de l'alimentation ou des antibiotiques. La part de l'environnement, de la nourriture ou de la diète sur l'effet observé reste difficile à quantifier.

Une des questions essentielles, celle qui résume toutes les autres, est de savoir déterminer si les probiotiques ont un impact sur la santé de l'homme, et pas seulement sur l'écologie du microbiote. Cette preuve n'a pas encore été apportée, particulièrement au regard de la longue liste des maladies qu'une dysbiose du microbiote est supposée entraîner. L'avenir dira si les recherches en cours permettront de rationaliser le développement de nouvelles générations de microbes réellement efficaces dans la prévention et le traitement des principales affections de l'homme (11). Chez les animaux, depuis la fin des années 1940, les probiotiques se sont révélés avoir un effet sur la prise de poids. Ce résultat est-il lié à la production d'antibiotique dont on connaît l'action stimulante sur la croissance et la masse musculaire ? Peut-être, de nombreuses études ayant en effet montré que la plupart des probiotiques ont une forte activité antibiotique, facile à visualiser et déterminer. Une goutte d'un produit lacté fermenté entraîne une inhibition de culture de bactéries prélevées dans l'intestin. Un tel effet semble dû à plusieurs classes d'antibiotiques. Cette propriété naturelle, que l'industrie cherche à reproduire par synthèse chimique afin de faire grossir les animaux, a conduit à rechercher d'autres bactéries probiotiques douées de cette propriété. La découverte de ces médicaments biologiques de nouvelle génération semble montrer qu'ils agissent aussi bien contre la flore naturelle que contre la flore invasive, ce qui explique leur action dans les diarrhées. Les conséquences des probiotiques et antibiotiques seraient-elles les deux facettes d'un même effet ? La question vaut d'être posée (12, 13).

Nourrir nos bactéries

Ce mutualisme, ou vie en commun, profite à l'homme autant qu'à ses bactéries commensales. Pour que le partage soit gagnant-gagnant, chacun des mutualistes doit prendre soin l'un de l'autre, ce qui implique que nous nourrissions nos microbes. Ce besoin a réveillé les imaginations, plus scientifiques que culinaires. On compte aujourd'hui plus de 10 000 publications consacrées aux prébiotiques, ces aliments spécifiques du microbiote, non utilisables par l'hôte humain (14). Les prébiotiques sont des sucres, oligosaccharides (du grec *oligos*, « peu ») ou polysaccharides (sucres complexes), constitués approximativement de 2 à 20 unités sucrées. Ils se trouvent dans les fruits, les légumes, le miel, les racines des plantes, telles que la chicorée qui stocke l'insuline pour son énergie. L'espèce humaine en fabrique : 15 à 20 % des sucres du lait maternel ne proviennent pas de la digestion des aliments. Par comparaison, les oligosaccharides sont pratiquement absents du lait de vache, qui fut introduit pour la première fois dans l'alimentation infantile au XIXe siècle. À eux seuls, ces petits éléments carbonés au goût sucré représentent plus de 100 000 molécules distinctes. L'évolution de l'homme, si on la considère à l'aune de la qualité des sucres de son lait, a dû s'effectuer en fonction de l'extraordinaire composition du microbiote pour en sélectionner une telle diversité. Dit autrement, la diversité des microbes s'est adaptée aux multiples sucres du lait maternel, mais l'inverse est sans doute vrai car les microbes sont indispensables pour transformer en calories et donc sélectionner de nombreux sucres bénéfiques à l'homme. Depuis 2002, de nombreuses études ont exploré sous divers angles ces sucres à longue ou courte chaîne, et leur présence dans l'alimentation lactée (15). Chez l'homme, les prébiotiques augmentent la prolifération des bifides, dont le métabolisme favorise la fermentation des sucres, un effet qui s'observe jusqu'à l'âge de six mois, avant toute diversification de la nourriture, mais qui semble avoir une action autrement plus prolongée. Le microbiote, celui que l'on observe tôt après la naissance, s'enrichit de germes fonctionnels qui transforment les sucres en acide gras à courte chaîne et qui diminuent le pH intestinal par la production de lactates. Lait de vache et lait de femme, qui diffèrent en prébiotiques, ont leurs effets respectifs sur la composition du microbiote, avec les modifications métaboliques qui en découlent.

Les nourrices offraient un substitut au lait maternel. Leur métier existe depuis le fond des âges. Il était fréquent de faire appel à leurs services lorsque les mères ne pouvaient ou ne souhaitaient pas allaiter. Au Moyen Âge, on parlait d'allaitement mercenaire lorsque le sein était donné par la nourrice. Les nobles confiaient volontiers leurs enfants à ces femmes afin de pouvoir enfanter plus rapidement et s'assurer d'une descendance, en particulier masculine, à une époque où nombre de nouveau-nés mouraient en bas âge. Le microbiote de Louis XIV, dont on vit l'effet sur les selles quelque soixante ans plus tard, devait sans doute beaucoup au lait d'Élisabeth Longuet de la Giraudière, peinte par Charles Beaubrun en 1640 alors qu'elle allaitait le royal enfant (16). Au XIXe siècle, l'arrivée du lait maternisé, ou lait artificiel, devait mettre en déclin cette profession et faire ainsi disparaître les frères et sœurs de lait, unis par le sein, sinon par le sang. On doit une des premières préparations de lait infantile au célèbre chimiste Justus von Liebig (1803-1873). Inventeur du bouillon de viande lyophilisé pendant la guerre de 1870, il avait analysé la composition chimique du lait humain et du lait de vache, et avait créé en 1865 le premier lait artificiel pour enfant, mélange réalisé à partir de farine de blé, d'extrait de malt et de bicarbonate de potasse, délayé ensuite dans de l'eau et du lait de vache écrémé. Dès 1866, Henri Nestlé (1814-1890) conçut une farine lactée sur le même principe, et qu'il commercialisa en 1867 avec plus de succès que son prédécesseur, une réussite à l'origine de l'entreprise Nestlé. Selon la définition de l'OMS (1981), le lait infantile concerne « tout aliment commercialisé ou présenté de toute autre manière comme produit de remplacement partiel ou total du lait maternel, qu'il convienne ou non à cet usage » (Code international de commercialisation des substituts du lait maternel, Organisation mondiale de la santé, Genève, 1981) (17). De nos jours, la composition du lait maternisé est réglementée (18). Il s'agit de lait de vache transformé pour s'adapter à la physiologie des nourrissons, notamment celle de leur microbiote. Les graisses animales sont remplacées par des graisses végétales riches en acides gras. Ils sont également enrichis en prébiotiques, voire en probiotiques.

L'alimentation par le lait humain et l'utilisation de prébiotiques ont plusieurs avantages. Les prébiotiques réduisent le nombre de pathogènes, une qualité attestée par l'incidence diminuée des diarrhées infectieuses et la moindre utilisation des antibiotiques. Il reste à en comprendre le mécanisme, qu'il s'agisse d'une redistribution de la colonisation des pathogènes par modification du biofilm, ou d'une stimulation des réponses innées et adaptatives du système immunitaire par les bactéries commensales. Mais cet impact direct sur le microbiote n'est pas le seul avantage conféré à l'hôte pour lutter contre les pathogènes. Les prébiotiques du lait humain sont par eux-mêmes capables de se lier à des récepteurs de cellules intestinales et d'empêcher ainsi bactéries et virus pathogènes de s'y fixer pour y attaquer l'organisme. Les salmonelles, les vibrions du choléra, ou autres microbes dangereux colonisent en effet plus difficilement l'intestin en présence des sucres prébiotiques.

Ceux-ci possèdent d'ailleurs d'autres vertus. D'abord sur les bactéries du microbiote, dont ils stimulent la production en boucle. Les produits de fermentation libérés par les bactéries bifides favorisent en effet leur propre prolifération et renforcent la colonisation de leur espèce. La fermentation elle-même obéit à ses propres règles. Elle se fait essentiellement dans le côlon proximal, de sorte que le taux des acides gras dans les selles dépend pour une part du temps de transit dans cette portion du tractus digestif. D'autres métabolites de l'organisme sont influencés par les prébiotiques. C'est le cas de la bilirubine, ce composé de l'hémoglobine des globules rouges, responsable de la jaunisse du nouveau-né et parfois de troubles neurologiques complexes. La fermentation a également une valeur énergétique, non seulement par l'apport simple en calories, mais par la production d'acide butyrique et l'effet de ce dernier sur la muqueuse intestinale.

Outre leur action sur les pathogènes, les prébiotiques agissent sur le système immunitaire *via* leur action sur le microbiote. Ils agissent comme stimulateurs de l'immunité, d'où leur rôle indirect, mais bénéfique, sur l'allergie et les infections de la petite enfance. Le mécanisme est sans doute subtil, il associe des effets sur la réponse inflammatoire ou anti-inflammatoire selon les conditions, la modulation des lymphocytes T régulateurs, ou encore des actions sur les Toll récepteurs. Quels qu'en soient les mécanismes subtils, les prébiotiques peuvent agir à la fois sur la maturation, l'homéostasie et la régulation du système immunitaire.

Le lait humain, et notamment les prébiotiques qui le composent, n'ont pas encore livré tous leurs secrets. Prébiotiques et probiotiques peuvent en effet avoir des actions qui se synergisent, se complémentent. Car le nouveau-né nourri au sein absorbe également des bactéries et puise ainsi dans les deux ressources (19). Le lait est source continue de germes, streptocoques, staphylocoques et bifides : l'enfant qui absorbe 800 ml de lait maternel ingère de 100 000 à 10 millions de bactéries dont l'origine est diverse. La peau fine du sein et la douceur du mamelon fourni des germes saprophytes. Mais les bactéries ne viennent pas uniquement de ces territoires si goulûment désirés par la bouche du nouveau-né. Le lait humain contient des bactéries qui semblent provenir de l'intestin et qui gagnent les canaux lactifères en empruntant le réseau lymphatique. Quel incroyable périple, si l'on pense que ces bactéries capables de fermentation font le lien d'une alimentation à l'autre, entre la mère et son bébé.

Prébiotiques et probiotiques associés, alors appelés symbiotiques, n'ont pas pour seule valeur d'enrichir notre vocabulaire aux racines latines. Ils accroissent la diversité des préparations alimentaires, stimulent la compétition industrielle, ciblent les différents temps de la vie, du nouveau-né au vieillard. En viendra-t-on à composer ces nourritures élémentaires selon un menu adapté à nos populations microbiennes afin de les diversifier ou de les restreindre, de les stimuler ou de les adoucir ? Composés artificiels ou miracle de la nature, des feuilles d'acacia aux tubercules du topinambour, combien de prébiotiques iront rejoindre les microbes du yaourt pour stimuler la flore de nos entrailles et définir ainsi une nouvelle hygiène de la vie ? Sans parler d'alicaments qui sont autant l'objet de débats médicaux que de controverses chez les adeptes du bio.

Xénobiotique et résilience

Le terme de xénobiotique associe deux mots grecs anciens : *xenos* pour étranger et *bios* pour la vie. Il correspond à une substance présente dans un organisme vivant, mais qui lui est étrangère, car ni produite par cet organisme, ni apportée par son alimentation. Ce substantif désigne typiquement les pesticides et les médicaments, notamment les antibiotiques. Or les xénobiotiques agissent sur la diversité de notre microbiote (20). L'une de fonctions de la flore commensale est de dégrader les substances toxiques de notre nourriture ou des drogues médicamenteuses, mais en retour, celles-ci jouent sur sa diversité. Les résultats d'une telle interaction sont variables. L'effet du microbiote sur le métabolisme d'un médicament comme la *L-dopa*, utilisée dans la maladie de Parkinson, ou la digoxine, extrait de la feuille de digitale laineuse autrefois indiqué dans diverses affections du cœur, semble avoir des conséquences limitées. À l'inverse, il a été montré qu'un médicament qui diminue l'absorption du cholestérol modifie aussi la composition du microbiote. Dans ce cas, cependant, il n'est pas démontré que les perturbations de l'écosystème bouleversent en retour le métabolisme des acides biliaires et du cholestérol. En bref qu'on puisse contrôler le taux de cholestérol par la prise de xenobiotique. Un autre exemple est fourni par la capacité des antibiotiques à moduler l'action des traitements anticancéreux chez l'animal. Chez la souris, l'effet antitumoral des sels de platine ou de l'endoxan est compromis, voire annulé après antibiothérapie (21). Quels que soient les mécanismes sous-jacents, le microbiote est à prendre en compte dans l'activité des médicaments pris par voie orale ou anale, leur métabolisme, leur dégradation, et, en définitive, leur efficacité. L'approche métagénomique, c'est-à-dire la caractérisation génomique des populations de microbes (voir chapitre II), devrait apporter des précisions sur les dégradations des médicaments par les bactéries commensales et permettre ainsi d'optimiser leur utilisation en fonction du type de microbiote. Faut-il y voir une nouvelle voie de personnalisation des thérapeutiques ? Sans doute. Ainsi, au lieu de personnaliser les médicaments en fonction de la génétique de l'individu, comme beaucoup le préconisent, ceux-ci seraient sélectionnés en plus ou en moins en fonction de la flore digestive. Utopie ? Sans doute plutôt l'ouverture d'un nouveau marché !

Tout aussi importante, sinon plus, est l'action directe des antibiotiques sur la flore microbienne, qu'ils modifient ou détruisent selon les cas. Ici encore la métagénomique permet d'appréhender ces effets, comme cela a été étudié pour certains antibiotiques de la famille des fluoroquinolones. On observe trois à quatre jours après la prise du médicament un effet important et rapide sur le microbiote intestinal, avec perte de diversité bactérienne et redistribution des communautés microbiennes. Qu'ils soient à large spectre ou non, les antibiotiques déséquilibrent notre flore, et à travers ce phénomène, ont un impact indirect sur de nombreuses maladies, dont l'obésité comme cela a été vu (chapitre VI). À cet égard, la perturbation de la flore intestinale par des antibiotiques pris dans les premières semaines de la vie est très certainement à éviter (22).

L'écotoxicologie, qui étudie l'effet des xénobiotiques sur les organismes et les écosystèmes, doit ainsi prendre en compte nos flores commensales. Malgré la difficulté à comprendre et à modéliser des systèmes si complexes, on comprend qu'un nouveau champ d'étude s'ouvre pour l'industrie agroalimentaire et du cosmétique, en même temps qu'un terrain de vigilance pour le législateur qui veille à la santé et pour l'écologiste soucieux du maintien de la biodiversité. De fait, l'étude du microbiote comme celle des bactéries immergées dans le sol et exposées aux polluants industriels ou agricoles, permet de contrôler indirectement la qualité de nos aliments et d'évaluer les indicateurs d'une dérive biologique, la sélection de certaines bactéries alimentaires, qui pourrait à terme nuire à la physiologie de l'homme. Aucune technique ne peut quantifier à elle seule l'impact écologique des effets observés. C'est en multipliant les approches qu'on peut espérer avoir une vision plus réaliste de la diversité écologique, et comprendre les fluctuations qui affectent la composition et le fonctionnement des communautés microbiennes naturelles soumises aux toxiques et substances polluantes. L'une des tâches de cette écotoxicologie naissante consiste à mesurer la taille et la diversité des communautés bactériennes, à évaluer leur activité respiratoire ou celle d'autres fonctions. Mais ces études sont délicates et plus souvent extrapolées à partir de la métagénomique. Le défi consiste à déterminer dans quelle mesure l'expression des gènes ainsi caractérisés reflète l'adaptation des communautés bactériennes à leur environnement, leur habitat, mais aussi à la toxicité des xénobiotiques.

Évidemment, comme dans toutes méthodes quantitatives, la stratégie de l'échantillonnage a son importance. En plus du « qui sont les xénobiotiques ? » et du « que font-ils ? », il faut, pour comprendre leurs effets, tenir compte des interactions des bactéries entre elles et avec leur écosystème. C'est ici qu'intervient l'écologie numérique qui traite des relations entre l'évolution des espèces et la qualité de l'habitat, et évalue l'effet des pressions xénobiotiques sur les traits génétiques des différentes espèces présentes dans une niche spécifique. On entre ici dans l'univers des big data, le traitement bio-informatique d'un grand nombre de données qui mesurent le rôle de l'environnement sur l'expression des gènes. L'écologie rejoint la microbiologie, en l'occurrence celle du tube digestif... Il reste que comme tout impact d'un médicament ou d'un toxique, il faut étudier à distance l'effet des xénobiotiques. C'est ici qu'intervient la notion de résilience.

On ne compte plus aujourd'hui le nombre d'ouvrages, de travaux ou d'institutions qui se sont consacrés à l'étude de ce concept introduit en 1969 par Fritz Redl (1902-1988). La résilience s'applique autant à la réorganisation d'une société qu'à la reconstruction d'un individu après une agression ; c'est le temps de l'apaisement après l'orage. En psychologie, la résilience désigne la capacité à refaire sa vie, à s'épanouir après un choc traumatique grave. Largement médiatisée au travers de l'ouvrage *Un merveilleux malheur* de Boris Cyrulnik, la résilience est la capacité à triompher des fracas de l'existence (23). Cet art de « naviguer entre les torrents », comme cet auteur le suggère, s'applique aussi aux bactéries qui subissent l'action dévastatrice des antibiotiques. Les microbes sont confrontés aux stress qu'ils subissent occasionnellement. Victimes de nos maladies du tube digestif, de nos habitudes alimentaires ou des violences thérapeutiques, ils ont une aptitude très particulière à réagir. Leur endurance et leur capacité à résister aux stress sont un peu comme cette part de nous qui sait se battre contre l'adversité. Les bactéries comme les hommes ont une grande capacité à résister grâce au soutien de leurs réseaux, aux ressources propres de leurs gènes, aux échanges ou transactions qu'elles ont entre partenaires.

De manière remarquable, les bactéries réagissent aux toxiques en retrouvant leur diversité initiale : les populations de microbes se réorganisent pour se reconstruire comme à l'origine. Peut-on alors parler de résilience ? Certainement. On observe en effet une restitution *ad integrum* des espèces constitutives et de l'écosystème auxquelles elles participent. La plaie se cicatrise comme une blessure du corps. Le génome humain et son microbiote forment un tout qui se reconstitue après un traumatisme dû aux xénobiotiques. Il s'agit bien d'un hologénome, le génome d'un ensemble (voir chapitre II). Nous sommes uniques et multiples à la fois. Dans les périodes d'infortune, la société de nos microbes, celle qui assure la résilience du système grâce à ses multiples fonctions, gènes et enzymes, tend vers un seul but : retrouver l'équilibre initial. En recouvrant la qualité de la symbiose après un trauma, nos commensaux reconstituent la vie avec l'homme, par et pour lui. Ils le réparent.

La transplantation fécale

Transplanter les selles d'un donneur sain à un malade, lui injecter beaucoup plus de gènes que n'en compte son propre génome, a de quoi surprendre et faire réfléchir sur cette nouvelle forme de traitement des infections. Si le microbiote est une part de l'homme, la transplantation fécale doit-elle être considérée par le philosophe, le médecin, le scientifique et le législateur, à l'égal de la transplantation d'organes, comme un geste analogue à une transfusion, un don de cellules apparentées ? S'agit-il là d'une thérapeutique innovante ou d'une vieille chimère mise au goût du jour ? Car l'Histoire nous apprend que cette méthode a une longue vie : elle nous plonge dans les racines de civilisations passées qui se posaient plus de questions sur l'efficacité du procédé que sur son éthique.

L'utilisation de ce traitement remonte à la Chine ancienne. On doit à Ge Hong (283-343) les premières prescriptions (24). Fin lettré, alchimiste et médecin, Ge Hong est connu pour l'intérêt qu'il porta au taoïsme, en disciple de Bao Jing (260-327), ancien fonctionnaire et lui aussi alchimiste, qui lui donna sa fille en mariage. Il était né dans une famille de la haute société, non loin de l'actuelle Nankin. Après une courte carrière militaire qui le promut général et le gratifia de fonctions honorifiques, il dispensa une partie de son savoir de façon ésotérique, distillant à ses disciples des principes d'alchimie, de pharmacopée naturelle, des techniques respiratoires et des pratiques sexuelles. Ces doctes recommandations furent exposées dans la *Baopuzi*, un livre qui eut une grande influence dans l'alchimie chinoise. Entre pratiques corporelles selon le yang-sheng, et préceptes d'immortalité régis par une conduite de vie spirituelle, c'est à lui que l'on doit les premières prescriptions de prise de selles humaines par voie orale pour le traitement des diarrhées. Des résultats spectaculaires de cette thérapeutique nouvelle en firent presque une panacée. Le premier livre de médecine chinois, *Zhou Hou Bei Ji Fang*, fut le premier apport de la littérature spécialisée à cette technique. Plus tard, au XVIe siècle durant la dynastie Ming, Li Shizhen (1518-1593) décrit dans le livre le plus connu de la médecine traditionnelle chinoise, *Ben Cao Gang Mu*, une série d'utilisations de suspensions fécales. Il proposait aux patients de boire une magnifique soupe aux couleurs chamarrées, jaune paille ou dorée, qui n'était autre que des excréments dissous et dilués dans l'eau. Les indications du potage miraculeux se multiplièrent : diarrhées, fièvres, douleurs abdominales, vomissements et même constipations (24).

Mais l'intelligence des hommes sait franchir les frontières et ne pas réserver à l'Empire céleste ses potions miracles. Cette technique de coprophagie a également été pratiquée pendant des siècles par les Bédouins, qui avalaient les selles encore chaudes de leurs chameaux, lorsque, au bord des oasis, ils étaient pris de dysenterie, infectés par quelques bactéries provenant de l'eau croupissante des puits (25). Cette pratique fut confirmée par les soldats allemands de la Seconde Guerre mondiale. On doit probablement l'effet salvateur de ce traitement à un antibiotique produit par une bactérie trouvée dans ces milieux : la bactérie *Subtilis*.

L'Europe n'échappa pas à la transplantation de flore entérique. Fabricius d'Acquapendente (1533-1619), cet anatomiste italien du XVIIIe siècle auquel on doit la description du petit appendice d'où naissent les lymphocytes B (chapitre IV), rapporte des cas d'automédication chez l'animal : « J'avais entendu parler d'animaux ayant perdu la capacité de ruminer et lorsqu'on leur a mis dans la bouche une partie des matières déjà ruminées et récupérées dans la bouche d'autres ruminants, ils recommençaient à ruminer et retrouver un bon état de santé (26). » Sans doute, ces ancêtres européens préféraient-ils principalement réserver l'usage de telles pratiques au bétail, comme le prouve son utilisation fréquente en médecine vétérinaire. Vaches, veaux, moutons recevaient cette potion naturelle en cas de troubles de la rumination ou de simples diarrhées. Les ruminants semblaient y être particulièrement sensibles. On leur administrait non seulement des selles, mais aussi les aliments à peine digérés sortis de leurs panses, tout enrobés de sucs gastriques et infiltrés des multiples bactéries anaérobies attrapées au passage.

Guidés par leur sagesse et leur instinct, les animaux ont largement recours à cette technique. Les éléphants, hippopotames, koalas, pandas, naissent avec des intestins stériles, sans microbes. Pour digérer les plantes de la savane, les herbes des cours d'eau ou les feuilles des bambous, ils ont pour habitude d'ingérer les bactéries de leurs mères en avalant leurs excréments. De nombreux autres mammifères se nourrissent de selles, celles d'autres individus de leur espèce ou les leurs propres. Le microbiote tire avantage de ce rituel que nous, humains, jugeons répugnant. Les bactéries sont en effet plus en sûreté dans un corps qui les nourrit que dans un environnement parfois hostile. Les lapins et les rats du désert sont coprophages car leur régime alimentaire, pauvre en nutriments, justifie une seconde digestion qui remet les bactéries rejetées en contact avec la flore intestinale. D'autres, tels que les pikas, se servent des excréments pour maintenir leur niveau de sel.

Les premières publications de l'utilisation de la transplantation fécale chez l'homme datent de 1958 (27). Eiseman et ses collaborateurs avaient réussi à guérir 4 patients atteints de colite sévère, sans toutefois en avoir diagnostiqué la cause. L'infection était vraisemblablement due à une pullulation de *Clostridium difficile*.

Clostridium difficile, qui représente l'indication majeure de ce type de traitement, est la principale bactérie responsable des diarrhées infectieuses, essentiellement en milieu hospitalier. Cette bactérie, Gram positif, qui vit sans air, a la particularité de sporuler et de se disséminer ainsi dans l'environnement. Présente dans les selles de 5 % des adultes et de 20 à 70 % des enfants sains, elle est responsable d'infection, mais aussi d'une mortalité qui a plus que doublé au cours des dix dernières années, au moins en milieu hospitalier (28). L'infection hospitalière est en effet beaucoup plus fréquente qu'en milieu communautaire, ce qui peut s'expliquer par la résistance des spores, leur dissémination, la promiscuité des patients, la pression des antibiotiques ou le manuportage. La gravité de la maladie semble due à l'émergence d'un clone particulièrement virulent, qui diffuse ces dernières années dans de nombreux établissements de santé aux États-Unis, au Canada et en Europe. Plus de 30 patients sont morts en 2011 des suites d'une contamination par cette souche (29). Les manifestations digestives graves sont dues à deux toxines particulièrement pathogènes sécrétées par la bactérie, qui n'est pas fortement invasive par elle-même. Celles-ci provoquent une érosion de la muqueuse intestinale, désorganisent le squelette des cellules, et induisent en réponse la production de médiateurs inflammatoires qui attirent les globules blancs. Les fameux phagocytes, polynucléaires et monocytes, convergent vers le lieu de l'infection et forment cette membrane blanchâtre caractéristique de la maladie.

Le principal facteur de risque de cette infection est l'utilisation d'antibiotiques. En détruisant le microbiote, ceux-ci permettent l'envahissement des territoires de l'intestin par les spores de *Clostridium*. Le contact d'homme à homme fait le reste pour propager le germe. Le lavage des mains comme l'avait préconisé Semmelweis autant que les autres règles d'hygiène sont plus que jamais indispensables. L'hospitalisation met le patient en contact avec une multitude d'agents infectieux, de bactéries qui résistent à la dessiccation, aux détergents classiques, aux hautes températures et contaminent l'atmosphère sans parade possible.

Le nombre des années ajoute aux risques, le *Clostridium*, profitant du microbiote déficient des personnes âgées, colonise plus aisément l'intestin quand la biodiversité décroît et que la flore intestinale perd sa fonction de barrière. Quant aux animaux de compagnie, chez lesquels le *Clostridium* est parfois retrouvé, ils ne peuvent être que marginalement incriminés dans la transmission. L'infection n'est ni une zoonose, ni une maladie d'origine alimentaire. L'environnement reste la principale source de contamination et l'homme son principal réservoir. Diarrhées, douleurs abdominales, fièvres parfois, traduisent les dégâts infligés par les toxines. Or, si le traitement antibiotique est de première intention, il faut trouver des solutions aux multiples récidives, à l'émergence des résistances aux traitements chroniques, et aux formes sévères dues aux nouvelles souches. Ici intervient la transplantation fécale qui représente pour beaucoup un des principaux traitements d'avenir, tant pour le transplanté que pour le microbiote. Car il s'agit bien d'introduire un microbiote sain au beau milieu d'une population bactérienne endommagée, de réparer les lésions provoquées par les toxines, de reconstituer un environnement cellulaire et biologique qui permet à l'épithélium de se régénérer, aux bactéries saines de reconstituer un biofilm.

Qui dit transplantation, dit donneurs, dont la volonté, les souhaits et la disponibilité doivent être pris en compte pour s'inscrire dans un protocole thérapeutique. Qui sont ces donneurs de selles fraîches ? Qui sont ces personnes prêtes à offrir une part d'eux-mêmes, à rétrocéder leur microbiote sans contrepartie ? Connus du receveur ou anonymes, quels sont ces hommes et ces femmes qui se dépouillent de leurs commensaux pour arrêter l'écoulement excrémentiel, offrent des bactéries nourries en leur sein pour soulager les douleurs abdominales et restaurer un écosystème délabré ? Et à quels critères doit répondre celui ou celle qui se dévoue pour reconstituer la flore bactérienne appauvrie de son prochain ? Tous ne peuvent pas se porter volontaires. Sont éliminés ceux qui présentent des affections intestinales, une obésité, des allergies ou des maladies auto-immunes, ceux qui souffrent de troubles du comportement, de pathologies transmissibles, et ceux qui viennent de voyager dans les terres florides où incubent d'autres formes de diarrhées. Sont également écartés les porteurs d'infections sexuellement transmissibles, les tatoués et autres percés. Ces donneurs sont avant tout des proches, plus volontiers le conjoint ou un ami de la famille, mais aussi des anonymes volontaires dont les selles peuvent être utilisées pour plusieurs patients (29).

Préparé avec soin, divisé, congelé, l'excrément thérapeutique peut être expédié aux quatre coins du monde. Il sera alors décongelé, remis en suspension, administré au souffrant. La préparation du matériel reste simple. Une fois transformé en boue liquide par un diluant, du liquide physiologique ou du lait, l'échantillon est filtré sur gaze, et rapidement absorbé par le patient. L'administration se fait par la bouche, à l'aide d'une sonde, ou par le bas, par endoscopie ou lavement ; les deux orifices s'y prêtent. La transplantation est considérée comme un acte médical qui fait l'objet d'un florilège de recommandations. Le receveur doit donner son consentement éclairé, être informé du risque potentiel de surinfection – ce qui laisse supposer que des bactéries ou virus indésirables peuvent éventuellement échapper à la sagacité des thérapeutes. Édictées par la FDA nord-américaine (Food and Drug Administration) ou en France par l'Agence nationale de sécurité des médicaments (ANSM), les recommandations sont précises. Très peu d'effets secondaires ont été rapportés à ce jour. Mais il faut savoir être vigilant. Ainsi, un article de février 2015 a rapporté le cas d'une possible transmission intrafamiliale d'obésité (30). On ne saurait être trop prudent…

Nombre d'études, cependant, confirment l'efficacité de la méthode. Depuis les quatre premiers patients traités en 1958 avec des résultats spectaculaires, plus d'une trentaine d'essais non contrôlés avec des groupes placebo ont obtenu des taux de succès de plus de 80 % en moyenne. Une seule et unique étude a été réalisée en 2013 de manière randomisée en comparaison avec des groupes témoins ayant reçu un traitement classique par antibiotiques (31). Au regard des guérisons enregistrées dans le groupe de transplantation fécale, l'étude a été arrêtée avant la fin projetée car elle n'était plus éthique : les patients sous antibiotiques avaient une perte de chances par rapport à ceux recevant le remède novateur.

Si le traitement fécal a pour principale indication l'infection bactérienne à *Clostridium difficile*, les relations de plus en plus évidentes entre les anomalies du microbiote, la perte de sa biodiversité, le déséquilibre de ses fonctions, et nombre de pathologies, plaident en faveur de son utilisation dans d'autres maladies. Constipation chronique et rectocolite hémorragique ont fait l'objet d'essais avec ce type de traitement. L'avenir dira si le syndrome du côlon irritable, les maladies inflammatoires de l'intestin, les allergies, l'obésité, l'autisme ou l'anorexie mentale, tout autant que le diabète de type 1 ou d'autres affections auto-immunes pourront bénéficier de cette modalité d'utilisation du microbiote humain, qui viendra alors s'ajouter à la panoplie des thérapeutiques déjà existantes. Jusqu'où pourra-t-on reproduire en culture ou sous forme de pilule les bienfaits connus ou cachés de la flore naturelle ? Ira-t-on jusqu'à envisager des donneurs universels, choisis pour leurs vertus microbiotiques, voire des porteurs dont les selles seront enrichies par des passages successifs de microbiotes sécurisés, catégorisés, standardisés selon les indications et la présence plus ou moins importante de firmicutes ou de bactéroïdes, nos plus fidèles alliés ? Mais s'il s'agit d'évoquer la transplantation du microbiote, ne faut-il pas avoir une pensée pour la plus douce, la plus tendre, la plus ancienne des mesures préventives qui, mieux qu'une greffe, mêle nos germes, nos humeurs, et fusionne les corps : l'échange des baisers ?

CHAPITRE VIII

Vers une nouvelle symbiose

La vie est un roman (1). Dans *La Guerre des mondes*, écrite à la fin du XIXe siècle, une époque encore imprégnée par la découverte des microbes, Herbert George Wells (1866-1946), plus connu sous la signature H. G. Wells, imagine que les Martiens suceurs de globules rouges humains sont décimés par contact avec les bactéries terrestres (2). Protégés de ce phénomène par une longue cohabitation avec leurs partenaires bactériens, les hommes doivent les conserver pour survivre, comme la limace élysie émeraude dépend des chloroplastes fournis par les algues vertes dont elle se nourrit. Une vie sans germes, comme un homme sans microbes, est condamnée à disparaître. La fiction est réalité : l'homme ne peut vivre sans les microbes.

Habituée à l'idée de lutte contre les micro-organismes pathogènes, l'opinion courante fait du microbe un agent néfaste qui attente à la vie. Sociologiquement, le débat n'est pas neuf : il oppose les partisans de l'intégration de l'étranger à ceux qui réclament son éviction. Les associations intimes de l'homme et des microbes ont longtemps fait peur, et continuent d'inquiéter, notamment à l'occasion d'épidémies infectieuses émergentes. De ces rapprochements, il faut retenir que la nature, si l'on est en droit d'en tirer une quelconque vision, nous apprend que les interactions entre les microbes et les autres organismes vivants, parmi lesquels les hommes, sont extrêmement diverses. Tantôt infectieux, tantôt commensaux, les rapports entre le microbe et ses hôtes offrent de nombreux visages. En même temps, la lutte contre les épidémies implique de mieux comprendre le commensalisme. Le terme de « parasitisme », qui a pour beaucoup une signification pathologique, peut traduire en réalité les relations complexes, mais nécessaires, entre l'hôte et ses microbes.

Les voies de la symbiose

De nombreux exemples de relations symbiotiques entre l'homme et les microbes ont été rapportés dans ce livre, mais on ne saurait en écrire les dernières pages sans faire référence aux travaux de Kwang W. Jeon sur l'origine des cellules eucaryotes qui, en mettant la symbiose en exergue, furent une révolution dans l'étude de l'évolution (3). Jeon étudiait les amibes, animaux unicellulaires ou protistes qu'il cultivait aisément dans ses tubes à essai. Elles pouvaient se diviser jusqu'à deux fois tous les deux jours. À sa surprise, il constata que les amibes cessaient de se multiplier. Elles mouraient en grand nombre dans les cultures. L'examen au microscope devait lui montrer qu'elles étaient infectées par des bactéries présentes parfois en plusieurs dizaines de milliers d'exemplaires dans leur cytoplasme. Il sélectionna alors quelques-unes de celles qui avaient survécu et ne semblaient pas être autrement atteintes par l'invasion bactérienne. Elles se conduisaient en porteurs sains comme si elles reproduisaient à l'échelle unicellulaire la tolérance de Marie Mallon pour les salmonelles de la typhoïde : contaminée certes, mais pas malade. En biologiste avisé, Jeon prit alors autant de soin à cultiver les amibes « bactérisées » que la population des amibes saines. Les premières semblaient plus sensibles au stress thermique ou à des privations nutritionnelles, mais elles parvenaient à se diviser, si bien qu'il obtint en quelques années des colonies d'amibes infectées qui se multipliaient aussi bien que leurs contemporaines des populations saines. Afin de mieux comprendre le phénomène, Jeon, et c'est là une part de son génie, eut l'idée de transférer le noyau d'une amibe infectée dans le cytoplasme d'une de ses congénères saines. Les unicellulaires ainsi transplantés moururent tandis que l'expérience inverse n'eut aucune incidence sur leur survie. Plus extraordinaire encore, après transfert du noyau d'amibe infectée dans un protiste sain, s'il contaminait les receveurs, alors ceux-ci survivaient. Les amibes infectées ne pouvaient plus vivre sans leurs bactéries devenues commensales. Telle était la conclusion paradoxale à laquelle aboutissait cette expérience.

Une deuxième série d'expériences consista à appliquer un traitement antibiotique qui bloquait le développement des bactéries. Les amibes infectées ne survécurent pas à la disparition des microbes. L'extinction des uns signifiait la mort des autres. Jeon montra enfin que les bactéries produisaient une protéine, en l'occurrence une enzyme, dont le protiste ne pouvait plus se passer. Bactéries et amibes étaient liées au point de donner une nouvelle espèce, si tant est qu'une espèce ainsi modifiée mais qui se reproduit peut être appelée nouvelle.

Ces expériences appuyaient à l'évidence les théories du microbiologiste Lynn Margulis (1938-2011) sur « l'origine des cellules eucaryotes (4) », titre éponyme d'un de ses fameux ouvrages où il décrivait l'origine des mitochondries, ces organites contenus dans le cytoplasme des cellules eucaryotes en général, et humaines en particulier, comme nous l'avons vu dans le chapitre premier. On peut donc apprivoiser les microbes et vivre en bonne intelligence avec eux. Tout est affaire de temps.

Les techniques actuelles permettent d'aller plus loin dans l'étude de ces coopérations. L'interaction des bactéries avec les organismes eucaryotes se présente sous de multiples formes. Le transfert vertical désigne la transmission de gènes parentaux à la descendance, tandis qu'on appelle le transfert horizontal le processus par lequel un organisme intègre du matériel génétique d'un autre organisme sans en être le descendant.

Le transfert horizontal est bien connu dans le monde des êtres unicellulaires, c'est notamment la fameuse sexualité des bactéries décrite par Lederberg. Plus de 80 % des procaryotes semblent être concernés par ce phénomène à un moment ou l'autre de leur vie. Il est responsable pour une large part de la rapidité de l'évolution des souches et espèces bactériennes soumises à une pression de sélection, par exemple dans l'acquisition d'une résistance aux antibiotiques. Dans le cas des organismes pluricellulaires, le phénomène existe également, mais il était jusqu'à présent très peu décrit (5). Quelques observations seulement l'avaient rapporté : c'est par le transfert d'un gène de champignon que le puceron vert du pois acquiert sa belle couleur, qui lui permet d'échapper aux prédateurs par biosynthèse de carotinoïdes (6). Autre exemple, celui de la bactérie *Wolbiachia* qui infecte des insectes et qui, dans certaines conditions, pourrait se transmettre horizontalement d'un arthropode à l'autre (7). Malgré ces quelques cas, le phénomène est moins connu chez les organismes supérieurs que chez les unicellulaires. Dans un article récent, des auteurs de l'Université de Cambridge ont examiné en détail le transfert de gènes possible dans vingt-six espèces (5). Leur étude a porté sur des nématodes, plusieurs espèces de drosophiles et dix de primates, dont l'homme. Ils montrent que le transfert de gènes bactériens à des cellules eucaryotes peut être impliqué dans diverses voies métaboliques, dont celle des lipides, ainsi que dans la réponse immunitaire innée. Cela n'est pas invraisemblable car la réponse innée est la plus ancestrale, mais ce n'est pas sans conséquence, comme on l'a vu, sur la qualité de nos défenses, ainsi que sur celle de l'attaque. Ils ont également constaté qu'un tel phénomène intervient sur la production d'acide hyaluronique, sorte de glue cellulaire, aussi utilisée pour ses vertus dans l'industrie cosmétique. Certes, la majorité des transferts de gènes chez les singes sont anciens et correspondent aux ancêtres communs des primates, mais ces données indiquent que l'intégration horizontale a contribué à la biodiversité évolutive des mammifères.

Eucaryotes et procaryotes ont évolué non seulement l'un par rapport à l'autre, l'un pour l'autre, mais ensemble, comme des entités intégrées. Un des exemples les plus extraordinaires, qui rapproche les bactéries de nos globules rouges, concerne les découvertes récentes faites à propos des groupes sanguins A, B, O (8). Leur caractérisation est indispensable à la compatibilité des transfusions. Ces groupes sanguins, faits de molécules possédant des radicaux sucrés, sont sous la dépendance de gènes. Ces gènes ne s'expriment pas seulement dans les globules du sang qu'on transfuse, ils s'expriment aussi dans les cellules épithéliales de l'intestin de nombreuses espèces. Or les procaryotes les possèdent également. Ainsi, les bactéries de la flore intestinale, parmi lesquelles *Escherichia coli* et *Helicobacter pylori*, expriment les antigènes A et B. Cette expression semble avoir été acquise à la fois par transfert horizontal de gènes entre espèces de bactéries puis par transfert vertical aux bactéries filles. Chez l'homme, lorsque l'un des antigènes est absent, il existe des anticorps dirigés contre celui-ci, ce qui guide les modes et types de transfusion. Ces anticorps n'ont pas été faits pour faciliter ou éviter les transfusions mais comme une défense contre des pathogènes intrus. De là à concevoir que le polymorphisme des groupes sanguins A, B, O, dépende des bactéries, et de leur interaction avec le système immunitaire. Une évolution croisée a permis aux uns, les microbes, de s'adapter et aux autres, les hommes, de résister (9). Cet étrange parallélisme relie la circulation sanguine au voyage des bactéries dans les circonvolutions de nos intestins.

Si l'on se donne la peine de chercher des preuves de la sélection naturelle au travers du partenariat entre eucaryotes et procaryotes, il n'est pas trop difficile de les trouver. Pour aller plus loin cependant, il faudrait montrer comment et jusqu'où les séquences génétiques des microbes qui évoluent avec l'homme contribuent par elles-mêmes, individuellement et ensemble, à l'homéostasie de l'hôte infecté. En termes de survie, ou plutôt de vie, se pose cependant la question de l'unité de sélection : gène, organisme ou symbiote ?

De l'homme ou du microbe, qui fut sélectionné sinon l'ensemble, bien qu'aucune preuve scientifique formelle n'y soit aujourd'hui apportée.

Intervenir sur les voies de la symbiose

Au-delà des épidémies agressives dont les plus dramatiques comme le sida, l'Ebola, le paludisme par exemple, continuent de décimer l'humanité, l'étude du mutualisme pourrait avoir des implications profondes sur l'avenir de l'homme. Dans *The Ascent of Man*, Jacob Bronowski (1908-1974), mathématicien, poète et philosophe des sciences, déclare que l'homme est une créature singulière (10). Il a reçu, dit-il, une série de dons qui le rend unique parmi les animaux. Or si nous avons dépassé les autres êtres vivants, c'est que nous les façonnons et les contrôlons. Le génome des bactéries évolue bien plus vite que celui de l'homme. Les bactéries représentent plus de 90 % des êtres vivants, mais la plupart des espèces restent inconnues, dont de nombreuses bactéries du microbiote. Notre force réside dans la capacité que nous avons à les dominer. Les antibiotiques ne sont pas sans défaut. Mais de nouveaux horizons s'ouvrent avec les manipulations génétiques des procaryotes et leurs conséquences sur le contrôle des maladies.

Une équipe de l'Université Cornell de New York a ainsi modifié le lactobacille du yaourt pour lui permettre de produire des peptides à fonction hormonale luttant contre le diabète (11). De tels probiotiques seraient-ils les médicaments de demain ? L'homme en serait changé autant que guéri. Par ces nouveaux OGM, la guérison du diabète apparaît possible. Mais il existe aussi d'autres moyens d'utiliser le microbiote. La prévention du diabète induit chez la souris par un régime enrichi peut s'effectuer par immunisation à l'aide d'une souche de bactéries issues du microbiote de souris diabétique, un mécanisme expliqué par une réponse immunitaire limitant l'inflammation chronique de faible intensité. L'évolution de notre microbiote n'est cependant pas régie par la thérapie génique, la nature n'a pas attendu la technologie pour pourvoir à de telles modifications génétiques dans le bon comme dans le mauvais sens. Le commensalisme rejoint parfois l'apparition des épidémies. De commensal et bon vivant, c'est-à-dire faisant de l'homme un porteur sain, un microbe peut devenir agressif. Ainsi, le 14 janvier 2011, on rapportait le bilan à la fois cruel et limité d'une épidémie due à un mutant commensal d'*Escherichia coli* (12). De plus, nombre de résistances aux antibiotiques apparaissent dans notre flore intestinale.

Une analyse rigoureuse des mécanismes moléculaires et cellulaires de la symbiose, et celle des interactions entre bactéries commensales et pathogènes, pourrait ainsi faire naître de nouveaux espoirs thérapeutiques. Une meilleure gestion de la flore intestinale, en favorisant les espèces bactériennes les plus aptes à métaboliser le bol alimentaire ou à lutter contre les membres les plus agressifs des populations commensales, devrait permettre de mieux contrôler nombre de maladies métaboliques, comme l'obésité, le cancer, les troubles du comportement ou les pathologies inflammatoires. C'est là un nouveau paradigme en microbiologie, qui devrait intéresser toutes les sciences de la médecine et de la biologie, qui devrait de fait favoriser une approche pluridisciplinaire, associant la métagénomique aux sciences sociales, telles celles qui étudient nos habitudes alimentaires, la culture cellulaire à l'immunologie, les maladies infectieuses à l'étude du métabolisme énergétique. Car l'étude de l'écologie microbienne doit concilier une approche environnementale, qui inclut les différentes populations et territoires du monde, à une exploration des niches endogènes, des microbes qui vivent dans les replis de nos muqueuses, dans nos profondeurs intestinales, sinon intestines.

Philosophes et poètes appellent de leurs vœux un monde où le loup et l'agneau pourraient cohabiter. Face à eux, le fanatisme religieux et la trajectoire de projets qui risquent de détruire la planète montrent que la mort thermique est plus qu'une fable pédagogique. De nombreux aspects de la nature (limitation des ressources, prédation, maladies, etc.) sont violents et cruels. Traiter la souffrance comme un fait brut, comme une fin en soi, est nécessaire mais ne suffit pas. Encore faut-il la comprendre. La lutte contre les épidémies fait souhaiter pour beaucoup un monde stérile, un monde sans microbes. C'est traiter sans interpréter, détruire sans connaître. L'interaction durable entre l'homme et les microbes procède de cette nécessaire connaissance. L'étude du microbiote est indispensable pour mieux appréhender les lois et les risques encourus dans notre tentative d'apprivoiser les bactéries. De grands programmes, aussi nécessaires que ceux qui relèvent de l'exploration des espaces sidéraux, seraient utiles pour mieux connaître nos espaces intérieurs et les nombreuses formes de vie qui s'y développent. L'homme, loin d'être une exception de la nature, doit son existence aux microbes, acteurs primordiaux des processus évolutifs du vivant. La bactérie est ainsi le point de départ d'une suite continue d'interactions qui mène à l'être humain. Afin de mieux saisir et contrôler cet univers interne, la biologie et la médecine tiennent entre leurs mains, pour une part, le devenir de l'homme « microbiotique », et la possibilité qu'il a, par les micro-organismes, de changer sa condition. Plus qu'une menace, le microbe est ainsi une source d'avenir. Il n'y a pas d'homme sans microbe : le futur de l'homme ne se construit pas sans mais avec lui.

Bibliographie

CHAPITRE PREMIER

1. Perez S., *Journal de santé de Louis XIV*, Jérôme Millon, 2004, p. 301.
2. Baudelaire C., « La charogne », *Les Fleurs du mal*.
3. Debré P., *Louis Pasteur*, Flammarion, 1994, p. 387.
4. Macagno G., *Les micro-organismes dominent-ils le monde ?*, De Boeck, « Sciences », 2012, p. 7.
5. Larousse P., *Grand Dictionnaire universel du XIXe siècle*, 1865, tome XI, p. 231.
6. Hooke R., Wikipédia (https://fr.wikipedia.org/wiki/Robert_Hooke).
7. Van Leeuwenhoeck A., *Collected letters*, vol. IV, pl. X, Gemeentelijke Archiefdienst, 1683.
8. Article « Schwann T. », *Encyclopædia Universalis* (www.universalis.fr/encyclopedie/theodor-schwann).
9. Debré P., *Louis Pasteur*, *op. cit.*, p. 362.
10. *Ibid.*
11. Christian H. Gram, Wikipédia (https://en.wikipedia.org/wiki/Hans_Christian_Gram).
12. Woese C. R et Fox G. E., « Phylogenetic structure of the prokaryotic domain : The primary kingdoms », *Proceedings of the National Academy of Sciences of the United States of America*, 1977, 74, p. 5088-5090.
13. Brock T. D., Brock. K. M., Belly R. T., Weiss R. L., « Sulfolobus : A new genus of sulfur-oxidizing bacteria living at low pH and high temperature », *Archiv. für Mikrobiologie*, 1972, 84, p. 54-68.
14. Gould S. J., *La vie est belle* (1989), Seuil, 1998, p. 35.
15. Cox M. M., « Rising from the Ashes : DNA Repair in Deinococcus radiodurans », *PloS Genetics*, 2010, 6, e1000815.
16. Bowden M., *Science vs Evolution*, Sovereign publications, 1991, p. 56.

17. Debré P., *Jacques Monod*, Flammarion, 1994, p. 182.
18. Jacob F., *La Logique du vivant, une histoire de l'hérédité*, Gallimard, 1970.
19. Macagno G., *Les micro-organismes dominent-ils le monde ?*, *op. cit.*, p. 57.
20. « Les mers phosphorescentes », *Gaïa, bulletin de santé* (droitdanslemur.blogspot.com/2005/10/les-mers-phosphorescentes.html).
21. Macagno G., *Les micro-organismes dominent-ils le monde ?*, *op. cit.*, p. 98.
22. Perru O., « Les lichens et l'histoire de la symbiose vers 1870. Notes historiques portant en particulier sur le genre *Usnea* », *Bulletin mensuel de la Société Livenne de Lyon*, 2003, 72, p. 283-288.
23. Prusnati E., « Mousse de chêne », Olfathèque cinquième sens (http://olfatheque.com/fiche-matiere-117-Mousse-de-chene.html).
24. Ronsheim M. L., « The effect of Mycorrhizae on plant growth and reproduction varies with soil Phosphorus and developmental stage », *The American Midland Naturalist*, 2012, 167 (1), p. 28-39.
25. *Acacia cornigera*, Wikipédia (https://fr.wikipedia.org/wiki/Acacia_cornigera).
26. Heil M., Barajas-Barron A., Orona-Tamayo D., Wielsch N., Svatos A., « Partner manipulation stabilises a horizontally transmitted mutualism », *Ecology Letters*, 2014, 17 (2), p. 185-192.
27. Macagno G., *Les micro-organismes dominent-ils le monde ?*, *op. cit.*, p. 105.
28. La Fontaine J. de, « Le singe et le chat », *Fables*, Livre IX, 17, extrait de l'article « commensal » du Littré.
29. Green J.-B., Li W.-Y., Manhart R. J., Fox C. T., Summer J. E., Kennedy A. R., Pierce K. S., Rumpho E. M., « Mollusc-algal chloroplast endosymbiosis. Photosynthesis, thylakoid protein maintenance, and chloroplast gene expression continue for many months in the absence of the algal nucleus », *Plant Physiology*, 2000, 124, p. 331-342.
30. Levure, Wikipédia (https://fr.wikipedia.org/wiki/Levure).
31. Brian F., *Virus et hommes, un destin commun*, Le Pommier, 2009, p. 144.
32. Britten R. J., « DNA sequence insertion and evolutionary variation in gene regulation », *Proceedings of the National Academy of Sciences*, 1996, 93, p. 9374-9377.
33. Maynard Smith J., Szathmáry E., *The Major Transitions in Evolution*, Oxford, Oxford University Press, 1995.
34. Caroll L., *Alice au pays des merveilles*, Le Livre de Poche, 2009, p. 18.

CHAPITRE II

1. Les bactéries anaérobies sont des bactéries qui n'utilisent pas l'oxygène et peuvent être détruites en présence de ce gaz. On distingue les anaérobies stricts, pour lesquels l'oxygène atmosphérique est toxique et qui trouvent leur énergie dans la fermentation. Les anaérobies facultatifs peuvent s'accommoder de la présence d'oxygène.

2. Pasteur L., « Observation relative à la note précédente de M. Desclaux », *Comptes rendus de l'Académie des sciences*, 1885, 68, p. 100.
3. Duclaux É., « Sur la germination dans un sol riche en matières organiques mais exempt de microbes », *Comptes rendus de l'Académie des sciences*, 1885, 100, p. 66-68.
4. Luckley T., *Germfree Life and Gnotobiology*, Academic Press, 1963, p. 63.
5. Metchnikoff É., « Médecin et philosophie », *La Revue de Paris*, 1910, n° 11, p. 476- 493.
6. Metchnikoff É., « Études sur la flore intestinale, deuxième mémoire. Poisons intestinaux et sclérose », *Annales de l'Institut Pasteur*, octobre 1910, n° 10, p. 766.
7. *Ibid.*, p. 486.
8. *Ibid.*
9. Cohendy M., « Expériences sur la vie sans microbes », *Annales de l'Institut Pasteur*, 1912, p. 106-137.
10. Nous n'avons pas pu en savoir davantage sur l'identité réelle de cet Ignotus. On peut cependant affirmer qu'il ne s'agit pas du baron Félix Platel (1832-1888), célèbre chroniqueur du *Figaro* qui signait également Ignotus, mais qui décéda en 1888, plus de dix ans avant la publication de cet article.
11. Document accessible en ligne à l'adresse suivante : http://www.memoireetactualite.org/fr/presse_consultation.php.
12. « Thrive without microbes : Sterilzed guinea-pigs grow 30 percent faster than others », *New York Times*, 10 mai 1914, p. 3. Article cité par Kirk R. G., « Life in a germ-free world : Isolating life from the laboratory animal to the bubble boy », *Bulletin of the History of Medicine*, 2012, 86, p. 237-275.
13. *Ibid.*, p. 242.
14. Kirk R. G., « Life in a germ-free world : Isolating life from the laboratory animal to the bubble boy », art. cit., p. 237-275.
15. *Ibid.*, p. 248.
16. *Ibid.*, p. 259-262.
17. Les cochons humanisés sont des porcs obtenus par manipulation génétique pour rendre leurs organes compatibles avec une transplantation dans un organisme humain. Ces recherches ont été abandonnées surtout par crainte d'une contamination avec un virus inconnu.
18. Alpert S. *et al.*, « A study of patients operated on using a surgical isolator technique or in a conventionnal operating room environnement », *Surgical Forum*, 1968, 19, p. 68-69. Cité par Kirk R. G., « Life in a germ-free world : Isolating life from the laboratory animal to the bubble boy », art. cit.
19. Maladie héréditaire liée à des mutations d'un gène situé sur le chromosome X. Ce sont chez ces patients que les premières thérapies géniques furent tentées aux États-Unis dans les années 1990. Les premiers succès de cette thérapie génique furent obtenus en France, par l'équipe d'Alain Fischer et Marina Cavazzana-Calvo à l'hôpital Necker (Paris).

20. Desbrosses D., Poupardin D., « Entretien avec Robert Ducluzeau », Archorales-INRA, Cassette DAT 213-1 et 213-2, 11 janvier 2000.
21. Poupardin D., « Entretien avec Pierre Raibaud », Archorales-INRA, Cassette DAT 5-1 et 5-2, 11 octobre 1995.
22. Desbrosses D., Poupardin D., documents cités. Voir également, S. Mouchet, J.-F. Sicard, « Entretien avec Claude Griscelli », Histrecmed, novembre-décembre 2001.
23. Savage D. C., « Microbiotal biota of the human intestine : A tribute to some pioneering scientists », *Current Issues in Intestinal Microbiology*, 2001, 2 (1), p. 1-15.
24. Dubos R. J., Schaedler R. W., « The effect of the intestinal flora on the growth of rate of mice, on their susceptibility on the experimental infections », *The Journal of Experimental Medicine*, 1960, 111 (3), p. 407-417.
25. *Ibid.*
26. René Dubos est crédité de la découverte du premier antibiotique en 1930. À cette époque, il travaillait avec Oswald T. Avery sur des cultures de pneumocoques. Il trouve une enzyme sécrétée par une bactérie qui décompose l'enveloppe du pneumocoque et permet de guérir des souris infectées. Cette première observation le conduisit à la découverte de la gramicidine à la fin des années 1930, qu'il purifia et produisit en grande quantité.
27. Hirsch J. G., Moberg C. L., « René Jules Dubos 1901-1982, a Biographical memoir », *National Academy of Science*, 1989, p. 133-161.
28. Dubos R. J., Savage D. C., Schaedler R. W., « The indigenous flora of the gastrointestinal tract », *Disease of the Colon and Rectum*, 1967, 10 (1), p. 23-34.
29. *Ibid.*
30. Bachelard G., *La Formation de l'esprit scientifique*, Vrin, 1938.
31. *Ibid.*, p. 14. Spiritualisation ne doit pas être pris au sens religieux du terme, mais dans celui de transfiguration du réel au profit de l'idée.
32. Burnet M., *Natural History of Infectious Disease*, Cambridge University Press, 1953, p. IX.
33. Cité par Kirk R. G., « Life in a germ-free world : Isolating life from the laboratory animal to the bubble boy », art. cit., p. 239.
34. « *It is time to close the book on infectious diseases, and declare the war against pestilence won.* »
35. Rosebury T., *Microorganisme Indigenous to Man*, McGraw-Hill, 1962. Dans la préface de cet ouvrage, Rosebury précise : « À ma connaissance, personne n'a jamais fait un travail comparable à ce jour. »
36. Rosebury T., *Life on Man*, Secker and Warburg, 1969.
37. *Ibid.*, p. XIV-XVI.
38. Malouin P.-J., *Chimie médicale*, vol. 2, 2e édition, Paris, 1755, tome I, p. 112. Cité par Bachelard G., *La Formation de l'esprit scientifique*, *op. cit.*, p. 178.

39. Paullini F., *Heilsame Dreck Apotheke wie nämlich mit Koth und Urin fast alle, ja auch die schwerste griffstigste Krankheiten und bezauberte Schäden vom Haupt bis zum Füssen, in und äusserlich glücklich curirt worden*, Knoch, 1696.
40. Monestier M., *Histoire et bizarreries sociales des excréments, Des origines à nos jours*, Le Cherche Midi, 2012, p. 197.
41. Diderot D., Le Rond d'Alembert J., *Encyclopédie ou dictionnaire raisonné des sciences, des arts et des métiers* (http://encyclopedie.uchicago.edu/mode/161).
42. *Ibid.*, p. 197-198.
43. Bachelard G., *La Formation de l'esprit scientifique*, *op. cit.*, p. 180.
44. Escherich T., « Die Darmbakterien des Neugeborenen und Sauglings », *Fortschritte der Medizin*, 1885, n° 3, p. 515-522, p. 547-447.
45. On appelle méconium les premières selles émises par l'enfant à sa naissance et au cours des premiers jours de sa vie.
46. Shulman S. T., Friedmann H. C., Sims R. H., « Theodor Escherich : The first pediatric infectious diseases physician ? » *Clinical Infectious Diseases*, 2007, 45, p. 1025-1029.
47. L'agar-agar est un produit gélifiant qui provient d'une algue et qui est largement utilisé dans les milieux de culture en microbiologie.
48. Collins C., Petts D., « Culture methods for pathogenic anaerobes : A breaf history », *The Biomedical Scientist*, juillet 2008, 599, p. 598-601.
49. La cellulose est un polysaccharide (un sucre) qui est le principal composant du bois, en particulier, et des végétaux, en général, dont elle constitue la paroi cellulaire.
50. Dorothy B. A., « In memoriam : Robert Edward Hungate (1906-2004) », *Journal of Eucaryotic Microbiology*, 2005, 52 (4), p. 396-397.
51. Hungate R. E., « Symposium : Selected topics in ecology. I. Microbial ecology of the rumen », *Bacteriological Reviews*, 1960, 24 (4), p. 352-364.
52. Moberg C. L., *René Dubos , Friend of the Good Earth, Microbiologist, Medical Scientist, Environnementalist*, ASM Press, 2005, p. 122.
53. Il s'agit du gène de gène de la bêta-glucoronidase, plus connu par son abréviation GUS et qui est utilisé dans les laboratoires comme gène rapporteur, autrement dit comme gène témoin de l'activité d'un autre gène.
54. Arnold C., « The hologenome : A new view of evolution », *New Scientist*, 2013, 2899, p. 30-34.
55. *Ibid.*
56. Reshef L., Koren O., Loya Y., Zilber-Rosenberg I., Rosenberg E. « The coral probiotic hypothesis », *Environmental Microbiology*, 2006, 8 (12), p. 2068- 2073.
57. Sharon G., Segal D., Ringo J.-M. *et al.*, « Commensal bacteria play a role in mating preference of *Drosophila melanogaster* », *Proceedings of National Academy of Sciences*, 2010, 107 (46), p. 20051-20056.

58. Les phéromones sont des substances chimiques produites par la plupart des animaux, et même certains végétaux, qui agissent notamment sur l'attirance sexuelle entre représentants d'une même espèce.
59. Arnold C., « The hologenome : A new view of evolution », art. cit.
60. La première classification de bactéries a été réalisée en 1872 par Ferdinand Julius Cohn (1828-1898) sur la base de critères morphologiques. Christian Albert Theodor Billroth (1829-1893) fut un chirurgien célèbre connu comme l'un des fondateurs de la chirurgie abdominale. Il publia en 1874 une monographie à l'occasion de son étude sur les septicémies (infections généralisées) après intervention chirurgicale, dans laquelle il s'opposait à certains critères de Cohn.
61. Cité par Lherminier P., Solignac M., *De l'espèce*, Éditions Syllepse, « Matériologiques », 2005, p. 420.
62. Cité par Lherminier P., Solignace M., *ibid.*
63. Dauga C., Doré J., Sghir A., « La diversité insoupçonnée du monde microbien », *Médecine Sciences*, 2005, 21 (3), p. 290-295.
64. *Ibid.*
65. Venter J.-C., Remington K., Heidelberg J.-F. *et al.*, « Environmental genome shotgun sequencing of the Sargasso Sea », *Science*, 2004, 304, p. 66-74.
66. Smillie C. S., Smith M. B., Friedman J. *et al.*, « Ecology drives a global network of gene exchange connecting the human microbiome », *Nature*, 2011, 480, p. 281- 284.

CHAPITRE III

1. Proust M., *À la recherche du temps perdu. Du côté de chez Swann*, Gallimard, « Quarto », 1999, p. 166.
2. Debré P., Le Gall J.-Y., *Le Microbiote intestinal*, Académie nationale de médecine, 2014 (http://www.academie-medecine.fr/wp-content/uploads/2014/12/9.12.14-DEBRE-LE-GALL-site.pdf).
3. Catherine A., Lozupone C. A., Stombaugh J. I., Gordon J. I., Janet K., Jansson J. K., Knight R., « Diversity, stability and resilience of the human gut microbiota », *Nature*, 2012, 489, p. 220-230.
4. Corthier G., *Bonnes bactéries et bonne santé*, Éditions Quae, 2011, p. 16.
5. Downes J.-L., Hooper S. J., Wilson M. J., Wade W. G., « Prevotella histicola sp. nov., isolated from the human oral cavity », *Int. J. Syst. Evol. Microbiol.*, 2008, 58, p. 1788-1791.
6. Dragon de Komodo, Wikipédia (https://fr.wikipedia.org/wiki/Dragon_de_Komodo).

7. « La bouche du dragon de Komodo n'est pas un nid à bactéries mortelles », 2013 (http://www.gurumed.org/2013/06/29/la-bouche-du-dragon-de-komodo-nest-pas-un-nid-bactries-mortelles/).
8. Barbagallo A., *L'Étude de la diversité microbienne sous gingivale chez des patients diabétiques*, mémoire présenté à la faculté des études supérieures et postdoctorales de l'Université Laval dans le cadre du programme de maîtrise en sciences dentaires pour l'obtention du grade de maître ès sciences (M. Sc.). Faculté de médecine dentaire, Univeristé Laval Québec, 2012.
9. Mucine, Wikipédia (https://fr.wikipedia.org/wiki/Mucine).
10. *Histoire des naturels des îles Tonga ou des amis situées dans l'océan pacifique, depuis leur découverte par le capitaine Cook ; rédigée par John Martin, sur les détails fournis par William Mariner, qui y a passé plusieurs années*, traduit de l'anglois par A.-J. B. DEF. Tome premier, Paris, GIDE Fils, Libraire, 1817.
11. Peltier C., « Le baiser des amoureux, un partage utile de microbes ! », *Futura-Sciences*, 2011 (http://www.futura-sciences.com/magazines/sante/infos/actu/d/biologie-baiser-amoureux-partage-utile-microbes-27729/).
12. *Helicobacter pylori*, Wikipédia (https://fr.wikipedia.org/wiki/Helicobacter_pylori).
13. Partipilo M. L., Woster P.-S., « The role of Helicobacter pylori in peptic ulcer disease », *Pharmacotherapy : The Journal of Human Pharmacology and Drug Therapy*, 13, 1993, 13 (4), p. 330-339.
14. Marshall B. J., Armstrong J. A., Mc Gechie D. B., Glancy R. J., « Attempt to fulfil Koch' postulates for pyloric campylobacter », *The Medical Journal of Australia*, 1985, 142, p. 436-439.
15. Biographie de Barry J. Marshall sur le site des Nobel (http://www.nobelprize.org/nobel_prizes/medicine/laureates/2005/marshall-bio.html).
16. Linz B., Balloux F., Moodley Y *et al.*, « An African origin for the intimate association between humans and Helicobacter pylori », *Nature*, 2007, 445, p. 915-918.
17. Corthier G., *Bonnes bactéries et bonne santé*, *op. cit.*, p. 19a.
18. Calary M. C., « Comment allez-vous ? », *Cahiers jungiens de psychanalyse*, 2007, 121, p. 51-59.
19. Caradec F., Nohain J., *Le Pétomane*, Pauvert, 1965, nouvelle édition, Mazarin, 2000.
20. Lewino F., Dos Santos G., « 1er mai 1894. Pujol, l'artiste pétomane, fait souffler un vent de folie sur Paris », *Le Point*, 2012 (http://www.lepoint.fr/c-est-arrive-aujourd-hui/1er-mai-1894-depuis-deux-ans-le-petomane-fait-souffler-un-vent-de-folie-sur-paris-video-01-05-2012-1456867_494.php).
21. La Charité C., « Rabelais et l'art de péter honnêtement en société », *Contre jour : cahiers littéraires*, 2008, 16, p. 111-124. Voir aussi Noël F., *Philologie française ou Dictionnaire étymologique*, tome second, Librairie Le Normant Père, 1831, p. 602.
22. Hurtaut P.-T.-N., *L'Art de péter*, préface d'Antoine de Baecque, Payot, 2006.

23. Mind P., « Les pétomanes de la tribu Komas au Cameroun/Nigéria », (http://www.crypto-investigations.org/t311-les-petomanes-de-la-tribu-komas-au-cameroun-nigeria).
24. Dounias E., « Contribution à l'étude ethnoécologique et alimentaire des Koma G + 'Mbé », Le Havre, ORSTOM, 1988 (mémoire de l'Institut supérieur technique d'outre-mer, 1987), p. 27.
25. Larousse P., *Grand dictionnaire universel du* XIX*e* *siècle* 1865, tome XII, p. 700.
26. Flaubert G., *La Tentation de saint Antoine*, 1874.
27. http://globometer.com/climat-bovins.php.
28. Rouland C., « Les mécanismes de production de méthane par les termites en forêt tropicale », *Le Courrier de l'environnement de l'INRA*, 1994, 23.
29. Keppler F., Hamilton J. T., Brass M. *et al.*, « Methane emissions from terrestrial plants under aerobic conditions », *Nature*, 2006, 439, p. 187-191.
30. Qin J., Li R., Raes J., Arumugam M., Burgdorf K. S., Manichanh C. *et al.*, « A human gut microbial gene catalogue established by metagenomic sequencing », *Nature*, 2010, 464, p. 59-65.
31. Lagier J.-C., Million M., Hugon P., Armougon F., Raoult D., « Human gut microbiota : repertoire and variations. Frontiers in cellular and infection », *Microbiology*, 2012, 2, p. 1-19.
32. Cotillard A., Kennedy S. P., Chun Kong L., Prifti E., Pons N., Le Chatellier E. *et al.*, « Dietary intervention impact on gut microbial gene richness », *Nature*, 2013, 500, p. 585-588.
33. Ochman H., Worobey M., Kuo C.-H., Ndjango J.-B. N., Peeters M., Hahn B. H., Hugenholtz P. (2010), « Evolutionary relationships of wild hominids recapitulated by gut microbial communities », *PLoS Biology*, 2010, 8 (11), e1000546.
34. « The human microbiome project consortium. Structure, function and diversity of the healthy human microbiome », *Nature*, 2012, 486, p. 207-214.
35. « The human microbiome project consortium. A framework for human microbiome research », *Nature*, 2012, 486, p. 215-221.
36. « Pourquoi et comment repeupler le microbiote de bonnes bactéries » (http://novaprobiotics.com/fr/microbiote-intestinal/).
37. Chow J., Lee S. M., Shen Y., Khoshavi A., Mazmaniam S. K., « Host bacterial symbiosis in health and disease », *Adv. Immunol.*, 2010, 107, p. 243-274.
38. El Kaoutari A., Armougom F., Raoult D., Henrissat B., « Le microbiote intestinal et la digestion des polysaccharides », *Med. Sci.*, 2014, 30, p. 259-265.
39. Corthier G., *Bonnes bactéries et bonne santé*, *op. cit.*, p. 36.
40. *Bifidobacterium*, Wikipédia (https://fr.wikipedia.org/wiki/Bifidobacterium).
41. Corthier G., *Bonnes bactéries et bonne santé*, *op. cit.*, p. 37.
42. Lait, Wikipédia (https://fr.wikipedia.org/wiki/Lait).
43. Courdent M., « Les bébés kangourous », *Allaiter Aujourd'hui*, n° 11, LLLFrance, 1992.
44. Corthier G., *Bonnes bactéries et bonne santé*, *op cit.*, p. 41.

45. Berthelot L., Warnet J., *Les Secrets de l'intestin, filtre de notre corps*, Albin Michel, 2011.
46. Butel M. J., « Le microbiote intestinal du prématuré : ses caractéristiques, sa mise en place, ses facteurs d'influence », Séminaire GEN-IF/Guigoz 2014-Gastroentérologie néonatale Deauville, 17 au 18 novembre 2014.
47. Tremaroli V., Backhed F., « Functional interactions between the gut microbiota and host metabolism », *Nature*, 2012, 489, p. 242-249.
48. Delzenne N. M., Cani P. D., « Implication de la flore intestinale dans le métabolisme énergétique », *Med. Sci.*, 2008, 24, p. 505-510.
49. Pruneau, Wikipédia (https://fr.wikipedia.org/wiki/Pruneau).
50. Nicholson J. K., Holmes E., Kinross J., Burcellin R., Gibson G., Jia W. *et al.*, « Host-gut microbiota interactions », *Science*, 2012, 336, p. 1262-1266.
51. Casimir Funk, Wikipédia (https://fr.wikipedia.org/wiki/Kazimierz_Funk).
52. Döderlein A., « Das Scheidensekret und seine Bedeutung für das Puerperalfieber », *Zbl Bakteriol*, 11, p. 699.
53. Rampersaud R., Randis T. M., Ratner A. J., « Microbiota of the upper and lower genital tract. Semin fetal », *Neonatal. Med.*, 2012, 17 (1), p. 51-57.
54. Hickey R. J., Zhou X., Pierson J.-D., Ravel J., Forney L. J., « Understanding vaginal microbiome complexity from an ecological perspective », *Transl. Res.*, 2012, 160 (4), p. 267-282.
55. Debré P., *Louis Pasteur*, *op. cit.*, p. 314.
56. Chalvet de Rochemonteix A. de, *Les Biofilms et la peau*, thèse vétérinaire, École vétérinaire de Maison-Alfort, octobre 2009.
57. Schreck C. E., James J., « Broth cultures of bacteria that attract female mosquitoes », *Mosquito News*, 1968, 28, p. 33-38.
58. « Le microbiote ou la "flore" de la peau » (www.leblogdelapeausaine.org/microbiota).

CHAPITRE IV

1. Bernard J., Bessis M., Debru C., *Soi et non-soi*, Seuil, 1990.
2. Valéry P., *La Soirée avec Monsieur Teste*, 1896, volume II du *Centaure*.
3. Platon, *Le Banquet*, 189d, traduction Luc Brisson, Garnier-Flammarion, 2001, p. 114.
4. Leibniz L., « VIII. Remarques sur la lettre de M. Arnaud, touchant ma proposition : que la notion individuelle de chaque personne enferme une fois pour toutes ce qui luy arrivera à jamais », *GP* II, 43.
5. Carosella E. D., Pradeu T., *L'Identité, la part de l'autre*, Odile Jacob, 2010, p. 133.
6. Sève L., « De la reconnaissance comme similitude et comme gratitude », *in* J. Bernard, M. Bessis, C. Debru, *Soi et non-soi*, *op. cit.*, p. 139.

7. Matzinger P., « The danger model : A new sense of self », *Science*, 2002, 296, p. 301-305.
8. Chrestien A.-T., *De l'immunité et de la susceptibilité morbides au point de vue de la clinique médicale*, thèse d'agrégation, Montpellier, 1852.
9. Debré P., Gonzalez J.-P., *Vie et mort des épidémies*, 2013, Odile Jacob, p. 105.
10. Phagocytose, Wikipédia (https://fr.wikipedia.org/wiki/Phagocytose).
11. www.pasteur.fr/ip/resource/filecenter/document/01s-00002l-2h/
12. Metchnikoff É., « Études biologiques sur la vieillesse : I. Sur le blanchiment des cheveux », *Ann. Inst. Pasteur*, 1901, 12, p. 864-879.
13. Metchnikoff É., Weinberg M., « Études biologiques sur la vieillesse : II. Recherches sur la vieillesse des perroquets », *Ann. Inst. Pasteur*, 1902, 13, p. 913-917.
14. Metchnikoff É., *Études sur la nature humaine. Essai de philosophie optimiste*, Masson, 1903.
15. Lelouch A., « Metchnikoff É., (1845-1916) et le vieillissement », Communication présentée aux séances du 25 janvier et 22 février 1992 de la Société française d'histoire de la médecine.
16. Moulin A.-M., *Le Dernier Paysage de la médecine. Histoire de l'immunologie de Pasteur au sida*, PUF, 1991, p. 71.
17. Ehrlich P., *Collected Studies on Immunity*, traduites et éditées par Charles Boldman, Londres, 1906.
18. Arrhenius S., *The Application of the Principles of Physical Chemistry to the Studies of Antibodies*, Macmillan, 1907.
19. Ehrlich P., « The relations existing between the chemical constitution, distribution, and pharmacological action », *Attached papers*, 1898, tome I, p. 436.
20. Moulin A.-M., *Le Dernier Paysage de la médecine*, *op. cit.*, p. 100-105.
21. Debré P., Gonzalez J.-P., 2013, *Vie et mort des épidémies*, *op. cit.*, p. 110.
22. Kabat E. A., « Getting started fifty years ago. Experiences, perspectives and problems of the first twenty one year », *Annual Review of Immunology*, 1983, *Attached papers*, tome I, p. 436.
23. Simon C. E., *An Introduction in the Study of Infection and Immunity Including Chapters on Vaccine Therapy, Chemotherapy*, Lea & Febifer, 1906.
24. Debré P., Gonzalez J.-P., *Vie et mort des épidémies*, *op. cit.*, 2013, p. 111.
25. Landsteiner K., *The Specificity of Serological Reactions*, Charles C. Thomas, 1933.
26. Breinl A., Haurowitz F., « Chemische untersuchung des präzipitates aus Hämoglobin und Anti-Hämoglobin Serum. Uber die Natur der antikörper », *Hoppe-Seyler's Zeitschrift für Physiologische Chemie*, 1930, 192, p. 1005.
27. Pauling L., « Fifty years of progress in structural chemistry and molecular biology », *Daedalus*, 1970, 99, p. 1005.

28. Burnet F. Macfarlane, *The Production of Antibodies*, Melbourne, Walter and Elisa Hall Institute, MacMillan, 1941, p. 91. Monod J., « The phenomenon of enzymatic adaptation and its bearing on problem of genetics and cellular differentiation », *Grooth Symposium*, 1947, 11 (8), p. 223-289.
29. Burnet F. Macfarlane, « A modification of germe's theory of antibodies production using the concept of clonal selection », *Australian Journal of Sciences*, 1957, 20, p. 67-69.
30. Fagraeas A., « The plasma cellular reaction and its relation to the formation of antibodies in vitro », *Journal of Immunology*, 1948, 58, p. 1-13.
31. Miller J., « Immunological function of the thymus », *Lancet*, 1961, 278 (7205), p. 748-749.
32. Maclean L. D., Zak S. J., Varco R. L., Good R. A., « Thymic tumor and aquired agammaglobulinemia. A clinical and experimental studies of the immune responses », *Surgery*, 1955, 40, p. 1010.
33. Chatenoud L., Bach J.-F., *Immunologie. De la biologie à la clinique*, Lavoisier, 6e édition, 2012, p. 182-188.
34. *Ibid.*, p. 34.
35. *Ibid.*, p. 69-70.
36. Jacob F., *Le Jeu des possibles. : essai sur la diversité du vivant*, Fayard, 1981.
37. Nüsslein-Volhard C., Wieschaus E., « Mutations affecting segment number and polarity in Drosophila », *Nature*, 1980, 287 (5785), p. 795-801.
38. Hashimoto C., Hudson K. L., Anderson K. V., « The Toll gene of Drosophila, required for dorsal-ventral embryonic polarity, appears to encode a transmembrane protein », *Cell.*, 1988, 52 (2), p. 269-279.
39. Lemaitre B., Nicolas E., Michaut L., Reichhart J.-M., Hoffmann J. A., « The dorsoventral regulatory gene cassette spätzle/Toll/cactus controls the potent antifungal response in *Drosophila* adults », *Cell*, 1996, 86 (6), p. 973-983.
40. Medzhitov R., Preston-Hurlburt P., Janeway C. A. Jr, « A human homologue of the *Drosophila* Toll protein signals activation of adaptive immunity », *Nature*, 1997, 388, p. 394-397.
41. Duerkop B. A., Vaishnava S., Hooper L. V., « Immune response to the microbia at the intestinal mucosal surface », *Immunity*, 2009, 31, p. 368-376.
42. Wills-Karp M., Luyimbazi J., Xu X., Schofield B., Neben T. Y., Karp C. L., Donaldson D. D., « Interleukin-13 : central mediator of allergic asthma », *Science*, 1998, 282 (5397), p. 2258-2261.
43. Kantor F. S., Opeda A., Benaceraff B., « Studies on artificial anti-gens, antigenicity of DNP polylysine and DNP copolymer of lysine and glutamic acid in Guinea pigs », *Journal of Experimental Medicine*, 1963, 117, p. 65-69.
44. Dausset J., *Clin d'œil à la vie. La grande aventure du HLA*, Odile Jacob, 1991.

45. Benaceraff B., *Son of the Angel*, Todd & Honeywell, 1990.
46. Nomenclature HLA, Voir *Bull. WHO*, 1968, 39, p. 483-486.
47. Debré P., Gonzalez J.-P., *Vie et mort des épidémies*, *op. cit.*, p. 118.
48. Carosella E. G., Pradeu T., *L'Identité, la part de l'autre*, *op. cit.*, p. 170.
49. Owen R. D., « Immunogenetics consequences of vascular anastomosis between bovine twins », *Science*, 1945, 102, p. 400-401.
50. Billingham R. E., Brent L., Medawar P. B., « Actively acquired tolerance of foreign antigen cells », *Nature*, 1953, 172, p. 603-606.
51. Chatenoud L., Bach J.-F., *Immunologie*, *op. cit.*, p. 282-283.
52. *Ibid.*, p. 34.
53. Eberl G., « A new vision of immunity : Homeostasis of the super organism », *Mucosal Immunology*, 2010, 3, p. 450-460.
54. Ivanov I. I., Atarashi K., Manel N., Brodie E. L., Shima T., Karaoz U., Wei D., Goldfarb K. C., Santee C. A., Lynch S. V., Tanoue T., Imaoka A., Itoh K., Takeda K., Umesaki Y., Honda K., Littman D. R. « Induction of intestinal Th17 cells by segmented filamentous bacteria », *Cell*, 2009, 139, p. 485-498.
55. Round J.-L., Mazmanian S. K. « Inducible Foxp3 + regulatory T-cell development by a commensal bacterium of the intestinal microbiota », *PNAS*, 2010, 107, p. 12204-12209.
56. Talham G. L., Jiang H. Q., Bos N. A., Cebra J.-J., « Segmented filamentous bacteria are potent stimuli of a physiologically normal state of the murine gut mucosal immune system », *Infect. Immun.*, 1999, 67, p. 1992-2000.
57. Burnet F. Macfarlane, *The Production of Antibodies*, MacMillan, 1941, p. 46.
58. Bernard J., Bessis M., Debru C., *Soi et non-soi*, *op. cit.*, p. 209.

CHAPITRE V

1. Debré P., Gonzales J.-P., *Vie et mort des épidémies*, *op. cit.*, p. 178.
2. Dargent J., *Le Corps obèse. Obésité, science et culture*, Champ Vallon, 2005, p. 56.
3. Burwell C. S., Robin E. D., Whaley R. D., Bickelmann A. G. « Extreme obesity associated with alveolar hypoventilation : A pickwickian syndrome », *Am. J. Med.*, 1956, 21, p. 811.
4. Saint-John Perse, « La gloire des rois », *in Collected Poems*, Princeton University Press, 1983, p. 76.
5. WHO Media centre, « Obésité et surpoids », *Aide-mémoire* n° 311, janvier 2015.
6. adosurf.free.fr/sante/obesite.html, 3 février 2015.
7. Calcul de l'indice de masse corporelle (IMC) (obesite.ulaval.ca/obesite/generalites/evaluation.php).
8. Comprendre l'obésité (http://www.obesite-sante.com/comprendre_l_obesite.shtml).
9. www.who.int/nutrition/global-target-2025/fr/

10. Angelakis E., Armougom F., Million M., Raoult D. « The relationship between gut microbiota and weight gain in humans », *Future Microbiol.*, 2012, 7, p. 91-109.
11. Devaraj S., Hemarajata P., Versalovic J., « The human gut microbiome and body metabolism : Implications for obesity and diabetes », *Clin. Chem.*, 2013, 59, p. 617-628.
12. Chun Kong L., Wuillemin P. H., Bastard J. H., Sokolovska N., Gougis S., Fellahi S. *et al.*, « Insulin resistance and inflammation predict kinetic body weight changes in response to dietary weight loss and maintenance in overweight and obese subjects by using a bayesian network approach », *Am. J. Clin. Nutr.*, 2013, 98, p. 1385-1394.
13. Qin J., Li Y., Cai Z., Li S., Zhu J., Zhang F. *et al.*, « A metagenome-wide association study of gut microbiota in type 2 diabetes », *Nature*, 2012, 490, p. 55-60.
14. Karlsson F. H., Tremaroli V., Nookaew I., Bergstrom G., Behre C. J., Fagerberg B. *et al.*, « Gut metagenome in European women with normal, impaired and diabetic glucose control », *Nature*, 2013, 498, p. 99-103.
15. Amar J., Serino M., Lange C., Chabo C., Iacovoni J., Mondot S. *et al.*, « Involvement of tissues bacteria in the onset of diabetes in humans : evidence for a concept », *Diabetologia*, 2011, 54, p. 3055-3061.
16. Le Chatellier E., Nielsen T., Qin J., Prifti E., Hildebrand F., Falony G. *et al.*, « Richness of human gut microbiome correlates with metabolic markers », *Nature*, 2013, 500, p. 541-546.
17. Burcelin R., « L'intestin métabolique : dualité fonctionnelle des incrétines et de la flore intestinale », *Bull. Acad. Natle. Med.*, 2013, 197, p. 79-92.
18. Aron-Wisnewsky J., Dore J., Clement K., « The importance of the gut microbiota after bariatric surgery », *Nat. Rev. Gastr. Enterol.*, 2012, 9, p. 590-598.
19. www.notre-planete.info/actualites/actu_2790_antibiotiques_elevage.php
20. Goodrich J. K., Waters J.-L., Poole A. C., Sutter J.-L., Koren O., Blekhman R., Beaumont M., Van Treuren W., Knight R., Bell J. T., Spector T. D., Clark A. G., Ley R. E., « Human genetic shape the gut microbiome », *Cell*, 2014, 159, p. 789-799.
21. OMS, « Cancer », *Aide-mémoire* n° 297, février 2015.
22. Barthelme E., « Histoire de la notion du cancer », communication présentée à la séance du 13 juin 1981 de la Société d'histoire de la médecine.
23. Lichtenthaeler C., *Histoire de la médecine*, Paris, Fayard, 1978.
24. *Encyclopédie ou dictionnaire raisonné des sciences, des arts et des métiers*, 1776, tome II, p. 587.
25. Barthelmé É., « Histoire de la notion de cancer » (http://www.biusante.parisdescartes.fr/sfhm/hsm/HSMx1981x015x002/HSMx1981x015x002x0167.pdf).
26. Larousse P., *Grand dictionnaire universel du XIXe siècle*, 186e, p. 252.

27. Burkitt D., « A sarcoma involving the jaws in African children », *British Journal of Surgery*, 1958, 46, p. 218-223.
28. « Science's Top 10 breakthroughs of 2013 » (http://news.sciencemag.org/breakthrough-of-the-year-2013#.VcS68p3tlHw).
29. Cancer du côlon, Wikipédia (https://fr.wikipedia.org/wiki/Cancer_du_côlon).
30. Grivennikov S. I., « Inflammation and colorectal cancer : Colitis-associated neoplasia », *Sem. Immunopathol.*, 2013, 35, p. 229-244.
31. Arthur J.-C., Perez-Chanona E., Muhlbauer M., Tomkovich S., Uronis J.-C., Fan T. J. *et al.*, « Intestinal inflammation targets cancer-inducing activity of the microbiota », *Science*, 2012, 338, p. 120-123.
32. Elinav E., Strowig G. T., Kau A. L., Henao-Mejia J., Thaiss C. A., Booth C. L. *et al.*, « NLRP6 inflammasome regulates colonic microbial ecology and risk for colitis », *Cell*, 2011, 145, p. 745-757.
33. Foie, Wikipédia (https://fr.wikipedia.org/wiki/Foie).
34. Villeneuve A. de, *Encyclopædia Universalis* (www.universalis.fr/arnaud-de-Villeneuve).
35. Schnabl B., Brenner D. A., « Interactions between the intestinal microbiome and liver diseases », *Gastroenterology*, 2014, 146, p. 1513-1524.
36. Dapito D. H., Mencin A., Gwak G. Y., Pradere J. P., Jang M. K., Mederacke I. *et al.*, « Promotion of hepatocellular carcinoma by the intestinal microbiota and TLR4 », *Cancer Cell.*, 2012, 21 (4), p. 504-516.
37. Faivre J., Brechot C., Moniaux N., « Communication foie/tube digestif. Rôle du microbiote dans la carcinogenèse hépatique », *Med. Sci.*, 2013, 19, p. 954-956.
38. Loumé L., « Le syndrome d'autobrasserie ou comment être ivre sans boire une goutte d'alcool », *Sciences et Avenir*, 2015.
39. Landry Y., Gies J.-P., *Pharmacologie des cibles vers l'indication thérapeutique*, Dunod, 2009 (2e édition).
40. Collins D. M., Surette M., Bercik P., « The interplay between the intestinal microbiota and the brain », *Nature Reviews Microbiology*, 2012, 10 (11), p. 735-742.
41. Hemarajata P., Versalovic J., « Effects of probiotics on gut microbiota : mechanisms of intestinal immunomodulation and neuromodulation », *Therap. Adv. Gastroenterol.*, 2013, 6, p. 139-151.
42. Borre Y. E., O'Keeffe G. W., Clarke G., Stanton C., Dinan T. G., Cryan J.-F., « Microbiota and neurodevelopmental windows : implications for brain disorders », *Trends Mol. Med.*, 2014, 20 (9), p. 509-518.

CHAPITRE VI

1. Debré P., *Louis Pasteur, op. cit.*, p. 289-294.
2. *Ibid.*, p. 290.
3. « L'hygiène et les lois sanitaires de la Bible » (www.rosee.org/rosee/page77.html).
4. Vigarello G., *Le Propre et le Sale. L'hygiène du corps depuis le Moyen Âge*, Seuil, 1985.
5. Hygiène individuelle et collective (http://www.fmp-usmba.ac.ma/umvf/UMVFmiroir/mae/basereference/SGF/SGF-Campus/cours-hygieneind.pdf).
6. Corbin A., *Le Miasme et la Jonquille. L'odorat et l'imaginaire social, XVIIIe-XIXe siècles*, Flammarion, 1986 (1re éd. 1982).
7. Quevauviller A., « L'hygiène au XVIIIe siècle d'après l'abbé Jacquin », *Revue d'histoire de la pharmacie*, 1980, 68 (244), p. 24-38.
8. Strachan D. P., « Hay fever, hygiene, and household size », *British Medical Journal*, 1989, 299, p. 1259-1260.
9. Médecine évolutionniste, Wikipédia (https://fr.wikipedia.org/wiki/Médecine_évolutionniste). La médecine évolutionniste ou médecine darwinienne est l'application des principes actuels de la théorie de l'évolution aux questions concernant la santé.
10. Bach J.-F. « The effect of infections on susceptibility of autoimmune and allergic diseases », *N. Engl. J. Med.*, 2002, 347, p. 911-920.
11. Hygiène et affections dysimmunitaires, Institut Danone (http://institutdanone.org/objectif-nutrition/hygiene-et-affections-dysimmunitaires-quel-lien/dossier-hygiene-et-affections-dysimmunitaires-quel-lien/).
12. Prévost J., Monnet E., Carbonnel C., « Les facteurs d'environnement dans la maladie de Crohn et la rectocolite hémorragique (tabac et appendicectomie exclus) », *Gastroentérologie clinique et biologique*, 2006, 30, p. 859-867.
13. Nover M. C., Huffnagle G. B., « The microflora hypothesis of allergic diseases », *Clin. Exp. Allergy*, 2005, 35, p. 1511-1520.
14. Sjogren Y. M., Jenmaïm M. C., Bottcher M. F., Bbjorksten B., Sverremark-Ekstrom E., « Altered early infant gut microbiota in children developing allergy up to 5 years of age », *Clin. Exp. Allergy*, 2009, 39 (4), p. 518-526.
15. Cerf-Bensussan N., Caboriau-Routhiau V., « The immune system and The gut microbiota friends or foes », *Nature*, 2010, 10 (10), p. 735-744.
16. Kultunem M. *et al.*, « Probiotics prevent IgE associated allergy until age 5 years in cesarean-delivered children but not in the total cohort », *J. Allergy Clin. Immunol.*, 2009, 123, p. 335-341.
17. Novert M., Falkowski C., McDonald N. R., McKenzie R. A., Huffnagle G. B., « Developpement of allergic airway disease in mice following antibiotic

therapy and fungal microbiota increase : role of host genetics, antigen, and interleukin 13 », *Infect. immunol.*, 2005, 73, p. 30-38.
18. medicine-of-sickness.blogspot.com/2012_05_15_archive.html
19. Morin S., *Influence de la présence et de la composition du microbiote intestinal sur le développement et la prévention des allergies alimentaires*, thèse, 2012, université Paris-Descartes.
20. Olszak T., An D., Zeissig S., Vera M. P., Richter J., Franke A., Glickman J. N., Siebert R., Baron R. M., Kasper D. L., Blumberg R. S., « Microbial exposure during early life has persistent effect in natural killer T cell function », *Science*, 2012, 336 (6080), p. 489-493.
21. Sherlock J. U., Abramson S. B., « The microbiome and rheumatoid arthritis », *Nat. Rev. Rheumatol.*, 2011, 7, p. 569-578.
22. Appelboom T., « Hypothesis : Rubens-one of the first victims of an epidemic of rheumatoid arthritis that started in the 16th-17th century ? », *Rheumatology* (Oxford), 2005, 44 (5), p. 681-683.
23. Rothschild B. M., Woods R. J., Sebes J. I., « Geographic distribution of rheumatoid arthritis in ancient North America : Implications for pathogenesus », *Semin, Arthritis Rheum.*, 1992, 22, p. 181-187.
24. Mikuls T. R. *et al.*, « Antibody response to *Porphyromonas gingivalis* are associated with anticitrullinated protein antibodies in patients with rheumatoid arthritis and their relatives », *J. Rheumatol*, 2010, 37, p. 1105-1112.
25. Round J.-L., Mazmanian S. K., « The gut microbiota shapes intestinal immune response during health and disease », *Nat. Rev. Immunol.*, 2009, 9, p. 313-323.
26. Ivanov I. I., Atarashi K., Manel N., Brodie E. L. *et al.*, « Induction of Th17 cells by segmented filamentous bacteria », *Cell*, 2009, 30, p. 485-498.
27. 18 mai 1643 : L'autopsie de Louis XIV (http://louisxiv.over-blog.com/article-18-mai-1643-l-autopsie-110618420.html).
28. Debré P., Le Gall J.-Y., *Le Microbiote intestinal, op. cit.*
29. Gevers D., Kugathasan S., Denson L. A., Vasquez-Baela Y., Van Treuren W., Ren B. *et al.*, « The treatment-naive microbiome in new onset Crohn's disease », *Cell Host. Microbe*, 2014, 15, p. 382-392.
30. Shaw S. Y., Blanchard J.-F., Bernstein C. N., « The association between the use of antibiotics in the first year of live and pediatric inflammatory bowel disease », *Am. J. Gastroenterol.*, 2010, 105, p. 2687-2692.
31. Sokol H., Pigneur B., Watterlot L., Lakhdari O., Bermudez-Humaran L. G., Gratadoux J. J. *et al.*, « Faecalibacterium prausnitzii is an anti-inflammatory commensal bacterium identified by gut microbiota analysis of Crohn disease patients », *PNAS*, 2008, 105, p. 16731-16736.

CHAPITRE VII

1. David L. A., Maurice C. F., Carmody R. N., Gootenberg D. B., Button J. E., Wolfe B. E., Ling A. V., Devlin A. S., Varma Y., Fischbach M. A., Biddinger S. B., Dutton R. J., Turnbaugh P. J., « Diet rapidly and reproducibly alters the human gut microbiome », *Nature*, 2014, 505, p. 559-563.
2. Hehemann J. H., Correc G., Barbeyron T. *et al.*, « Transfer of carbohydrate-active enzymes from marine bacteria to Japanese gut microbiota », *Nature*, 2010, 464 (8), p. 908-912.
3. Probiotique, Wikipédia (https://fr.wikipedia.org/wiki/Probiotique).
4. Cordain L., Eaton S. B., Sebastian A., Lindeberg S., Watkins B. A., O'Keefe J. H., Brand-Miller J., « Origin and evolution of the western diete : Health implications for the 21st century », *Am. J. Clin. Nutr.*, 2005, 81, p. 341-354.
5. Campbell-Platt G., « Fermented food. A world perspective », *Food Research International*, 1994, 27 (3), p. 253-254.
6. Isaac Carasso, Wikipédia (https://fr.wikipedia.org/wiki/Isaac_Carasso).
7. Cryan J.-F., Dinan T. G., « Mind-altering microorganisms : The impact of the gut microbiota on brain and behaviour », *Nat. Rev. Neurosci.*, 2012, 13, p. 701-712.
8. *Bifidobacterium*, Wikipédia (https://fr.wikipedia.org/wiki/Bifidobacterium).
9. Derrien M., Van Hylckama J., « Fate, activity, and impact of ingested bacteria within the human gut microbiota », *Trends in Microbiology*, 2015, 23 (6), p. 356-366.
10. O'Toole P. W., Cooney J.-C., « Probiotic bacteria influence the composition and function of the intestinal microbiota interdisciplinary perspectives on infectious diseases », *Interdisciplinary Perspectives on Infectious Diseases*, 2008, Article ID 175285.
11. Korneychuk N., « L'avenir radieux des probiotiques », *Med. Sci.*, 2013, 29, p. 969.
12. Raoult D., « Probiotiques et antibiotiques : les deux faces d'un même produit », 2012, www.lepoint.fr (http://www.lepoint.fr/invites-du-point/didier_raoult/probiotiques-et-antibiotiques-les-deux-faces-d-un-meme-produit-26-09-2012-1510548_445.php).
13. Angelakis E., Merhej V., Raoult T., « Related actions of probiotics and antibiotics on gut microbiota and weight modification », *Lancet Infect. Dis.*, 2013, 13, p. 889-899.
14. Petschow B., Dore J., Hibberd P., Dinan T., Reid G., Blaser M. *et al.*, « Probiotics, prebiotics, and the host microbiome : The science of translation », *Ann. N. Y. Acad. Sci.*, 2013, 1306, p. 1-17.
15. Oozeer R., Van Limit K., Ludwig T., Ben Amor K., Martin R., Wind R. D., Boehm G., Knol J., « Intestinal microbiology in early life : Specific probiotics

can have similar functionalities as human – milk oligosaccharides », *Am. J. Clin. Nutrition*, 2013, 98 (2), p. 561S-571S.
16. http://www.museehistoiredefrance.fr/index.php?option=com_oeuvre&view=detail&cid=47
17. Koletzko B., Koletzko S., Ruemmele F., *Drivers of Innovation in Pediatric Nutrition*, Karger-Nestle Nutrition Institute, 2010, p. 4.
18. Walker A., « Breast milk as the gold standard for protective nutrients », *J. Pediatr.*, 2010, 156, p. 3-7.
19. https://bienvivrelallaitement.wordpress.com/2013/01/09/lait-maternel-une-flore-bacterienne-plus-riche-quon-le-croyait/
20. Définitions lexicographiques et étymologiques de « xénobiotique » du *Trésor de la langue française informatisé*, sur le site du Centre national de ressources textuelles et lexicales.
21. Viaud S., Saccheri F., Mignot G., Yamazaki T., Daillère R., Hannani D., Enot D. P., Pfirschke C., Engblom C., Pittet M. J., Schlitzer A., Ginhoux F., Apetoh L., Chachaty E., Woerther P. L., Eberl G., Bérard M., Ecobichon C., Clermont D., Bizet C., Gaboriau-Routhiau V., Cerf-Bensussan N., Opolon P., Yessaad N., Vivier E., Ryffel B., Elson C. O., Doré J., Kroemer G., Lepage P., Boneca I. G., Ghiringhelli F., Zitvogel L., « The intestinal microbiota modulates the anticancer immune effects of cyclophosphamide », *Science*, 2013, 342 (6161), p. 971-976.
22. Dethlefsen L., Huse S., Sogin M. L., Relman D. A., « The pervasive effects of an antibiotic on the human gut microbiota, as revealed by deep 16 secondes rRNA sequencing », *PLoS Biology*, 2008, 6, e280.
23. Cyrulnik B., *Un merveilleux malheur*, Odile Jacob, 1999.
24. Zhang F., Luc W., Shi Y., Fan Z., Ji G., « Should we standardize the 1,700-year-old fecalmicrobiota transplantation ? », *Am. J. Gastroenterol.*, 2012, 107, p. 1755.
25. Ettinger G., Burton J. P., Reid G., « If microbial ecosystem therapy can change your life, what's the problem ? », *Bioessays*, 2013, 35, p. 508-512.
26. Barody T. J., Campbell J., « Fecal microbiota transplantation : Techniques, applications, and issues », *Gastroenterology Clinics of North America*, 2012, 41, p. 781.
27. Eiseman B., Silen W., Bascom G. S. *et al.*, « Fecal enema as an adjunct in the treatment of pseudomembranous enterocolitis », *Surgery*, 1958, 44 (5), p. 854-859.
28. Kachrimanidou M., Malisiovas N., « *Clostridium difficile* infection : A comprehensive review », *Crit. Rev. Microbio.*, 2011, 37, p. 178-187.
29. Hue M., *Transplantation fécale : une nouvelle approche thérapeutique dans la récidive d'infection à clostridium difficile*, thèse, Paris, 2014.
30. Rosier F., « Un cas d'obésité après une transplantation fécale », *Le Monde* (http://www.lemonde.fr/sciences/article/2015/02/16/un-cas-d-obesite-apres-une-transplantation-fecale_4577638_1650684.html).

31. Van Nood E., Vrieze A., Nieuwdorp M., Fuentes S., Zoetendal E. G., De Vos W. M., Visser C. E., Kuijper E. J., Bartelsman J.-F., Tijssen J. G. P., Speelman P., Dijkgraaf M. G., Keller J. J., « Duodenal infusion of donor feces forrecurrent Clostridium difficile », N. *Engl. J. Med.*, 2013, 368, p. 407-415.

CHAPITRE VIII

1. Debré P., *Le Roman de la vie*, Flammarion, 1999.
2. Wells G. H., *La Guerre des mondes*, Heinemann, 1898.
3. Kwang W. J., « Bacterial endosymbiosis in amoebae », *Trends in Cell Biology*, 1995, p. 37-140.
4. Margulis L., *Origin of Eukaryotic Cells*, Yale University Press, 1970.
5. Crisp A., Boschetti C., Perry M., Alan Tunnac T., « Expression of multiple horizontally acquiert genes is a hallmark of both vertebrate and invertebrate genomes », *Genome Biology*, 2015, 16, p. 50.
6. Moran N. A., Jarvik T., « Lateral transfer of genes from fungi underlies carotenoid production in aphids », *Science*, 2010, 328, p. 624 -627.
7. Werren J. H., Baldo L., Clark M. E., « Wolbachia : Master manipulators of invertebrate biology », *Nature Reviews Microbiology*, 2008, 6 (10), p. 741-751.
8. « Genetically modified people. Human being's ancestors have susceptibility stolen genes from other species », *The Economist*, 14 mars 2015.
9. Yamamoto F., Cid E., Yamamoto M., Saitou N., Bertranpetit J., Blancher A., « An evolution theory of histo-blood group ABO and related genes », *Scientific Reports*, 2014, Article 6601.
10. Bronowski J., *The Ascent of Man* (1974).
11. Franklin F. D., Joy H., Liu H. J., March J.-C., « Engineered commensal bacteria reprogram intestinal cells into glucose-responsive insulin-secreting cells for the treatment of diabetes », *Diabetes*, 2015, 64 (5), p. 1794-1803.
12. Définitions, virulence et propriétés des souches entérohémorragiques, 9 mai 2012 (opac.invs.sante.fr/doc_num.php?explnum_id=8147).

Index des noms

Index des notions

Remerciements

Cet ouvrage a bénéficié du concours de Gérard Lambert, que je remercie pour ses riches réflexions sur le microbiote et ses excellents conseils éditoriaux. Je remercie également Jean-Yves Le Gall ainsi que les membres de la Commission de biologie de l'Académie nationale de médecine pour leurs riches échanges, et Virginie Brulé pour sa constance et remarquable assistance de secretariat. Mes remerciements vont aussi à Christine M'Rini et ses collaborateurs de chez Danone pour les documents bibliographiques qu'ils m'ont fournis. Je tiens également à remercier particulièrement Laurence Devillairs pour sa relecture attentive et efficace du manuscrit, ainsi qu'Odile Jacob pour ses conseils enthousiastes et son appui.

Table

DU MÊME AUTEUR

CHEZ ODILE JACOB

Vie et mort des épidémies, avec Jean-Paul Gonzalez, 2013.

CHEZ D'AUTRES ÉDITEURS

Louis Pasteur, Flammarion, 1993.

Jacques Monod, Flammarion, 1996 (grand prix de la biographie de l'Académie française).

Les Traitements du sida, Flammarion, 1998.

La Maîtrise du vivant, Flammarion, 1998.

Le Roman de la vie, Flammarion, 1999.

Le Sida à l'ère multithérapies (avec J. Thèze), Elsevier, 2000.

Cet ouvrage a été composé
en Electra et en Whitney
par Nord Compo
à Villeneuve-d'Ascq (Nord).

Achevé d'imprimer en octobre 2015
par Corlet Imprimeur
14110 Condé-sur-Noireau
N° d'édition : 7381-3337-X — N° d'impression : 176455
Dépôt légal : octobre 2015